건축계획

1 건축물의 색채 계획에 대한 내용으로 옳지 않은 것은?

① 건물의 형태, 재료, 용도 등에 따라 배색 계획을 수립한다.

② 식당의 벽면에는 식욕을 돋우는 한색계통을 사용한다.

③ 교실의 색채는 교실 종류와 학생의 연령에 따라 달라야 한다.

④ 저학년 교실의 벽면은 난색계통이 좋다.

2 다음 설명에 해당하는 미술관 채광방식은?

> • 관람자가 서 있는 위치 상부에 천장을 불투명하게 하고 측벽에 가깝게 채광창을 설치하는 방식이다.
> • 관람자가 서 있는 위치와 중앙부는 어둡게 하고 전시벽면은 조도를 충분히 확보할 수 있는 이상적 채광법이다.

① 측광창 형식   ② 고측광창 형식

③ 정측광창 형식   ④ 정광창 형식

ANSWER   1.②   2.③

1 한색계통은 식욕을 돋우는 기능과는 거리가 멀다.

2 보기의 내용은 정측광창 형식에 관한 설명이다.

Preface

모든 시험에 앞서 가장 중요한 것은 출제되었던 문제를 풀어봄으로써 그 시험의 유형 및 출제경향, 난이도 등을 파악하는 데에 있다. 즉, 최소시간 내 최대의 학습효과를 거두기 위해서는 기출문제의 분석이 무엇보다도 중요하다는 것이다.

건축계획 기출문제집은 그동안 시행된 국가직, 지방직, 서울시 기출문제를 과목별로, 시행처와 시행연도별로 깔끔하게 정리하여 담고 문제마다 상세한 해설과 함께 관련 이론을 수록한 군더더기 없는 구성으로 기출문제집 본연의 의미를 살리고자 하였다.

수험생은 본서를 통해 변화하는 출제경향을 파악하고 학습의 방향을 잡아 단기간에 최대의 학습효과를 거둘 수 있을 것이다.

1%의 행운을 잡기 위한 99%의 노력! 본서가 수험생 여러분의 행운이 되어 합격을 향한 노력에 힘을 보탤 수 있기를 바란다.

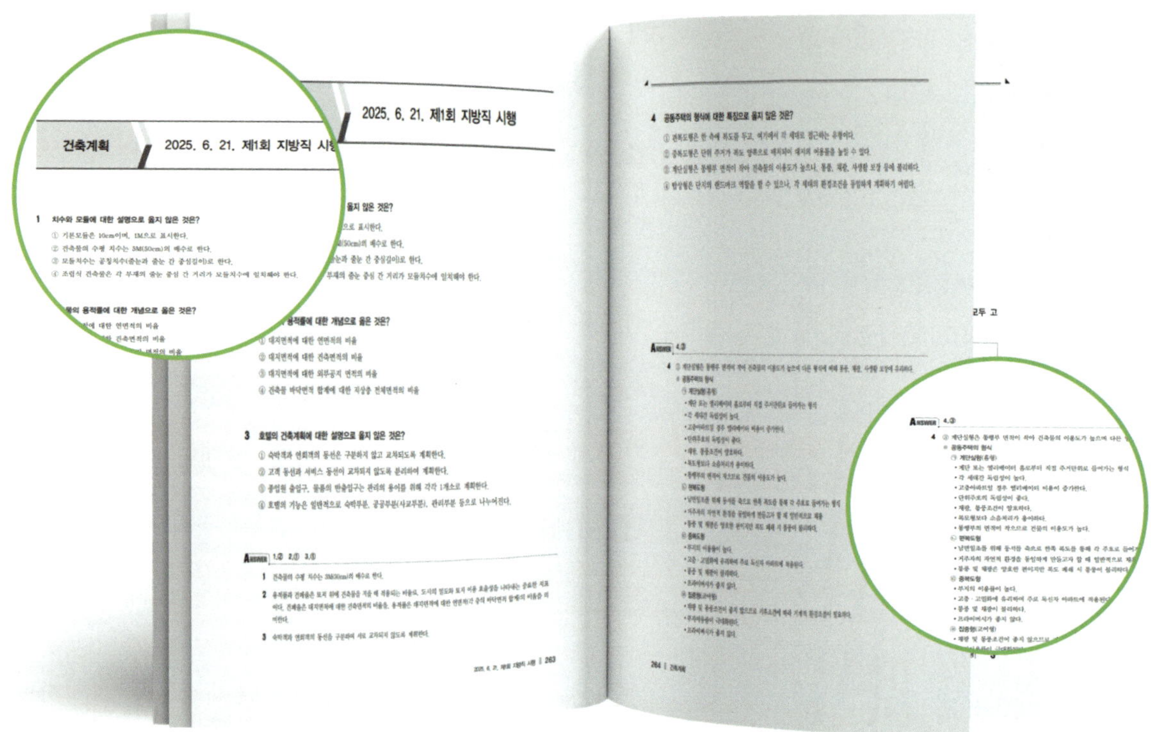

최신 기출문제분석

2025년 최신 기출문제를 비롯한 최다 기출문제를 통해 모든 시험에서 가장 중요한 기출 동향을 파악하고 학습한 이론을 기출 문제로 정리할 수 있습니다. 기출문제들을 반복하여 풀어봄으로써 이전 학습에서 확실하게 깨닫지 못했던 세세한 부분까지 철저하게 파악하여 실전대비 최종 마무리를 완성하고, 스스로의 학습상태를 점검할 수 있습니다.

상세한 해설

상세한 해설을 통해 한 문제 한 문제에 대한 학습을 가능하도록 하였습니다. 정답을 맞힌 문제라도 꼼꼼한 해설을 통해 다시 한 번 내용을 확인할 수 있습니다. 틀린 문제를 체크하여 내가 취약한 부분을 파악할 수 있습니다.

Contents

건축계획

3 다음 설명에 해당하는 급수방식은?

> • 소규모 건물에 적합하다.
> • 급수 오염가능성이 가장 작다.
> • 정전 시에도 급수가 가능하다.
> • 단수 시에는 급수가 불가능하다.

① 수도직결방식
② 고가탱크방식
③ 압력탱크방식
④ 펌프직송방식

4 병원건축 계획에 대한 설명으로 옳지 않은 것은?

① PPC(Progressive Patient Care)는 환자의 증세에 따른 간호단위 분류 방식이다.
② 간호사 대기소는 환자의 사생활 보호를 위하여 병실군 외곽에 둔다.
③ 정형외과 외래진료부는 보행이 불편한 환자를 위하여 될 수 있는 한 저층부인 1~2층에 둔다.
④ 정신병동의 회복기 환자를 위한 개방성 병실은 일반병실에 준해서 계획해도 된다.

5 각 기후 조건에서의 건물계획 특성으로 옳지 않은 것은?

① 한랭기후 – 외피면적의 최소화
② 온난기후 – 여름에 차양 설치
③ 고온건조 – 얇은 벽을 통한 야간 기후 조절
④ 고온다습 – 개구부에 의한 주야간 통풍

ANSWER 3.① 4.② 5.③

3 보기의 내용은 수도직결방식에 관한 설명이다.

4 간호사 대기소는 환자에 대한 지속적인 간호를 위한 곳이므로 병실군과 인접시켜야 한다.

5 고온건조기후 지역의 건물계획
    ㉠ 열용량이 매우 큰 외피구조를 채택하여 주간에 열을 흡수하고 야간에 열을 방출한다(벽의 두께가 두꺼워진다.)
    ㉡ 과도한 건조를 막기 위해 환기는 피한다.

6 「장애인 · 노인 · 임산부 등의 편의증진 보장에 관한 법률 시행규칙」상 편의시설의 구조 · 재질 등에 관한 세부기준에 대한 설명으로 옳지 않은 것은?

① 장애인전용시설 복도 측면에 2중 손잡이를 설치할 때, 아래쪽 손잡이의 높이는 바닥면으로부터 0.65m 내외로 하여야 한다.

② 계단 경사면에 설치된 손잡이의 끝부분에는 0.3m 이상의 수직손잡이를 설치하여야 한다.

③ 장애인용 승강기 전면에는 1.4m×1.4m 이상의 활동공간을 확보하여야 한다.

④ 장애인용 에스컬레이터 속도는 분당 30m 이내로 하여야 한다.

7 체육관의 공간구성에 대한 설명으로 옳지 않은 것은?

① 체육관의 공간은 경기영역, 관람영역, 관리영역으로 구분할 수 있다.

② 경기장과 운동기구 창고는 경기영역에 포함된다.

③ 관람석과 임원실은 관람영역에 포함된다.

④ 관장실과 기계실은 관리영역에 포함된다.

8 공동주택의 주동 계획에 대한 내용으로 옳지 않은 것은?

① 탑상형은 단지의 랜드마크 역할을 할 수 있다.

② 탑상형은 각 세대의 거주 환경이 불균등하다.

③ 판상형은 탑상형에 비해 다른 주동에 미치는 일조 영향이 크다.

④ 판상형은 탑상형에 비해 각 세대의 조망권 확보가 유리하다.

ANSWER 6.② 7.③ 8.④

6 계단 경사면에 설치된 손잡이의 끝부분에는 0.3m 이상의 수평손잡이를 설치하여야 한다.

7 임원실은 관람영역에 포함되지 않으며 관리영역에 속한다고 볼 수 있다.

8 판상형은 탑상형에 비해 각 세대의 조망권 확보가 불리하다.

9 고딕 건축에 대한 설명으로 옳지 않은 것은?

① 12세기 초 독일에서 발생하여 15세기까지 전개된 건축양식이다.

② 리브 볼트, 첨두아치, 플라잉 버트레스는 고딕건축의 특징이다.

③ 독일 쾰른 대성당, 프랑스 파리 노트르담 대성당, 영국 솔즈베리 대성당은 고딕양식 건축물이다.

④ 중세 교회건축을 완성한 건축양식이다.

10 「주차장법 시행규칙」상 노외주차장 설치에 대한 계획기준과 구조·설비기준에 대한 설명으로 옳지 않은 것은?

① 특별한 이유가 없으면, 노외주차장과 연결되는 도로가 둘 이상인 경우에는 자동차 교통에 미치는 지장이 적은 도로에 출구와 입구를 설치하여야 한다.

② 지하식 노외주차장의 경사로의 종단경사도는 직선부분에서는 17%를 초과하여서는 아니 된다.

③ 노외주차장의 출구 및 입구는 너비 6m 미만의 도로와 종단기울기가 8%를 초과하는 도로에 설치하여서는 아니 된다.

④ 노외주차장의 출구 및 입구는 교차로의 가장자리나 도로의 모퉁이로부터 5m 이내에 해당하는 도로의 부분에 설치하여서는 아니 된다.

ANSWER 9.① 10.③

9 고딕건축은 12세기 프랑스에서 시작된 양식이다.

10 노외주차장의 출구 및 입구(노외주차장의 차로의 노면이 도로의 노면에 접하는 부분을 말한다.)는 다음 각 목의 어느 하나에 해당하는 장소에 설치하여서는 아니 된다.
　가. 「도로교통법」 제32조 제1호부터 제4호까지, 제5호(건널목의 가장자리만 해당한다) 및 같은 법 제33조 제1호부터 제3호까지의 규정에 해당하는 도로의 부분
　나. 횡단보도(육교 및 지하횡단보도를 포함한다)로부터 5미터 이내에 있는 도로의 부분
　다. 너비 4미터 미만의 도로(주차대수 200대 이상인 경우에는 너비 6미터 미만의 도로)와 종단 기울기가 10퍼센트를 초과하는 도로
　라. 유아원, 유치원, 초등학교, 특수학교, 노인복지시설, 장애인복지시설 및 아동전용시설 등의 출입구로부터 20미터 이내에 있는 도로의 부분

11 노인복지시설 부지계획에 대한 설명으로 옳지 않은 것은?

① 원예 등의 취미생활을 즐길 수 있는, 경사가 있는 대지가 좋다.

② 편리한 대중교통 시설이 근접해 있어야 한다.

③ 시설의 진입로는 완만하고 평탄하게 하여 접근과 출입이 쉽도록 한다.

④ 도시형의 경우 주변에서 쾌적한 환경을 얻기 힘든 만큼 내부적으로 특별한 계획이 필요하다.

12 다음 설명에 해당하는 건축 형태의 구성 원리는?

> 미적 대상을 구성하는 부분과 부분 사이에 질적으로나 양적으로 모순되는 일이 없이 질서가 잡혀 있는 것

① 질감   ② 조화
③ 리듬   ④ 비례

13 업무시설의 오피스 랜드스케이핑(Office Landscaping) 방식에 대한 설명으로 옳지 않은 것은?

① 불경기 시 개실형에 비해 임대가 유리하다.

② 커뮤니케이션과 작업흐름에 따라 융통성 있는 평면구성이 가능하다.

③ 작업장의 집단을 자유롭게 그루핑하여 불규칙한 평면을 유도한다.

④ 소음발생으로 프라이버시가 침해되기 쉽다.

ANSWER 11.① 12.② 13.①

11 노인복지시설의 부지를 계획할 때 경사가 있는 대지는 권장되지 않는다.

12 보기의 내용은 조화에 대한 설명이다.

13 오피스 랜드스케이핑은 불경기 시 개실형에 비해 임대가 불리하다.

14 건물 정보 모델링(Building Information Modeling)에 대한 설명으로 옳지 않은 것은?

① 설계 의도를 시각화하기 어렵다.

② 설계자들과 시공자들 간의 협업이 강화된다.

③ 설계도서 간의 상호 관련성이 높아진다.

④ 설계 및 시공상 문제들에 대한 빠른 대응이 가능하다.

15 위생기구에 설치되는 통기관에 대한 설명으로 옳지 않은 것은?

① 신정통기관은 배수 수직관의 상단을 축소하지 않고 그대로 연장하여 대기 중에 개방한 통기관이다.

② 각개통기관은 위생기구마다 통기관이 하나씩 설치되는 것으로 통기방식 중에서 가장 이상적이다.

③ 도피통기관은 루프통기식 배관에서 통기 능률을 촉진하기 위해 설치하는 통기관이다.

④ 결합통기관은 통기와 배수를 겸한 통기관이다.

14 BIM은 설계 의도를 시각화하기 위한 도구이다.

15 결합통기관은 단지 배수수직주관과 통기수직주관을 접속시키기 위한 통기관이지 통기와 배수의 기능을 겸한 통기관으로 보기는 어렵다.

※ **통기관의 종류**

  ㉠ **각개통기관** : 위생기구마다 통기관을 설치하는 것으로 가장 이상적인 방법이나 경비가 많이 소요되어 사용이 적음

  ㉡ **회로통기관(환상통기관)** : 2개 이상의 트랩을 보호하기 위하여 최상류 기구 바로 아래에서 통기관을 세워 통기수직관에 연결

  ㉢ **도피통기관** : 루프통기관에서 8개 이상의 기구를 담당하거나 대변기가 3개 이상 있는 경우 통기 능률을 향상시키기 위하여 배수 횡지관 최하류와 통기수직관을 연결

  ㉣ **신정통기관** : 배수수직관 상부를 연장하여 옥상 등에 개구시킨 것

  ㉤ **습식 통기관** : 통기와 배수의 역할을 동시에 하는 통기관

  ㉥ **결합통기관** : 고층 건물에서 통기 효과를 높이기 위해 5층마다 통기수직관과 배수수직관을 연결한 관

  ㉦ **특수 통기 방식**

    • 소벤트 방식 : 배수 수직관에 각층마다 공기 주입장치를 설치하여 배수에 공기를 주입함으로써 유속을 감소시키고 완충작용으로 봉수를 보호

    • 섹스티아 방식 : 배수 수직관에 섹스티아 이음쇠를 통하여 선회류를 주어 수직관에 공기 코어를 형성하여 통기 역할을 하도록 함.

16 단지계획에서 교통 및 동선계획에 대한 설명으로 옳지 않은 것은?

① 단지 내의 주동 접근로는 환경적으로 가장 좋은 지역에 둔다.

② 근린주구단위 내부로 자동차 통과 진입을 극소화한다.

③ 단지 내의 통과교통량을 줄이기 위해 고밀도지역은 진입구 주변에 배치한다.

④ 보행로의 교차부분은 단차를 적게 하고 미끄럼방지시설도 고려한다.

17 생태건축기술에 대한 설명으로 옳지 않은 것은?

① 태양에너지, 지열 등을 활용하여 건물에서 필요한 에너지를 생산 및 이용한다.

② 건물 외부의 생태적 순환기능 확보를 통해 건물의 에너지 부하를 절감한다.

③ 토양에 대한 포장을 최대화하여 대지 주변에 동식물의 서식환경을 최소화한다.

④ 천창 등 자연채광 이용 및 자연채광 장치를 도입한다.

18 시카고학파에 대한 설명으로 옳지 않은 것은?

① 현대건축에서 고층건물에 대한 가능성을 예시하였다.

② 경골목구조를 이용하여 1871년 시카고 대화재로 인한 도시의 전소를 막았다.

③ 루이스 설리번은 "형태는 기능을 따른다"는 기능주의 이론을 전개한 건축가이다.

④ 전기 엘리베이터 등의 기술 발전은 시카고에 본격적인 마천루를 출현시켰다.

ANSWER 16.① 17.③ 18.②

16 단지 내의 주동 접근로는 환경적으로는 가장 좋지 않은 지역에 집중시킨다.

17 동식물의 서식환경을 최소화하는 것은 생태건축기술이 지향하는 방향과는 거리가 멀다.

18 경골목구조와 시카고학파는 직접적인 관련이 없으며 시카고 대화재를 시카고학파가 막았다고 보기도 어렵다. 시카고 학파는 시카고 대화재 발생 이후 등장한 세력이었다.

19 「건축물의 피난 · 방화구조 등의 기준에 관한 규칙」상 특별피난 계단의 구조에 대한 설명으로 옳지 않은 것은?

① 계단실 · 노대 및 부속실은 창문 등을 제외하고는 내화구조의 벽으로 각각 구획하여야 한다.

② 계단실에는 노대 또는 부속실에 접하는 부분 외에는 건축물의 내부와 접하는 창문 등을 설치하여서는 아니 된다.

③ 계단실 및 부속실의 실내에 접하는 부분의 마감은 난연재료로 하여야 한다.

④ 계단실에는 예비전원에 의한 조명설비를 하여야 한다.

20 오스카 뉴먼의 방어적 공간(Defensible Space)에 대한 설명으로 옳지 않은 것은?

① 제2차 세계대전 이후 미국의 급격한 도시변화와 밀접한 관계가 있다.

② 물리적 환경을 변경해 범죄를 예방하고자 하는 설계사상이다.

③ 범죄를 억제하는 공간요소로 영역성, 자연적 감시, 이미지, 환경 등을 제안하였다.

④ 사회 특성과 개인 특성에 중점을 두는 개념이다.

ANSWER 19.③ 20.④

19 계단실 및 부속실의 실내에 접하는 부분의 마감은 불연재료로 하여야 한다.

20 방어적 공간은 계층 간 공간적 · 사회적 교류와 이를 바탕으로 한 공동체의식을 감소시킨다. (사회특성과 개인특성에 중점을 두는 개념과는 거리가 있다.)
뉴먼의 방어공간 개념은 건축형태를 이용하여 범죄로부터 공영주택을 구조하기 위한 뛰어난 시도였다. 그는 거주자가 외부인을 인식하지 못하도록 하는 대규모건물을 비평하고, 프로젝트지구 내의 범죄에 대한 통계적 분석으로 이를 뒷받침했다. 그는 또한 익명성을 줄이고 감시를 증가시키고, 범죄자에 대한 도주로를 감소시킴으로써 방어공간을 창출할 수 있다는 상당히 많은 설계제안을 했다. 그는 범죄를 억제하는 네 가지 방어적 공간요소, 영역성(자기소유의 관념), 자연적 감시(자기영역을 감시할 수 있는 주민의 능력), 이미지(건물에 관련된 낙인 여부), 입지조건(주변, 공원, 다른 인근환경의 특징)을 제안하고 있는데, 이 요소들이 단독으로 또는 결합하여 지역의 범죄억제에 영향을 미쳐 안전한 환경조성에 기여한다고 강조했다.

1 공동주택의 평면형식에 대한 설명으로 옳지 않은 것은?

① 계단실(홀)형은 프라이버시와 거주성은 양호하나 엘리베이터의 이용률이 낮다.

② 편복도형은 프라이버시가 불리하나 복도가 개방형인 경우 각 호의 통풍 및 채광은 양호하다.

③ 중복도형은 대지의 이용률이 높고 주거환경이 좋아 고층 고밀형 공동주택에 적합하다.

④ 집중형은 통풍, 채광, 환기 등이 불리하여 이를 해결하기 위한 고도의 설비시설이 필요하다.

2 결로를 방지하기 위한 방법으로 옳지 않은 것은?

① 벽체의 열관류율을 낮춘다.

② 환기를 시켜 습한 공기를 제거한다.

③ 단열재를 설치하여 열의 이동을 줄인다.

④ 냉방을 통하여 벽체의 표면온도를 낮춘다.

3 공연장의 건축계획에 대한 설명으로 옳지 않은 것은?

① 배우의 표정이나 동작을 상세히 감상할 수 있는 시선 거리의 생리적 한계는 15m 정도이다.

② 객석의 평면형태가 타원형인 경우에는 음향적으로 유리하다.

③ 무대에서 막을 기준으로 객석 쪽으로 나온 앞쪽 무대를 에이프런 스테이지(apron stage)라 한다.

④ 그린룸(green room)은 출연자 대기실을 말하며, 무대와 인접해 배치한다.

ANSWER 1.③ 2.④ 3.②

1 중복도형은 부지 이용률은 높으나 프라이버시, 소음, 채광, 통풍 등이 좋지 않아 주거환경이 좋다고 할 수 없다.

2 벽체의 표면온도를 낮추면 결로가 쉽게 유발된다.

3 객석의 평면형태가 타원형인 경우에는 음향적으로 불리하다.

4 호텔건축 분류상 시티호텔(City hotel)에 대한 설명으로 옳지 않은 것은?

① 커머셜호텔은 주로 상업상, 사무상의 여행자를 위한 호텔로서 교통이 편리한 도시 중심지에 위치한다.

② 레지던셜호텔은 커머셜호텔보다 규모는 작고 시설은 고급이며, 주로 도심을 벗어나 안정된 곳에 위치한다.

③ 아파트먼트호텔은 손님이 장기간 체재하는 데 적합한 호텔로서 각 실에 주방과 셀프서비스 설비를 갖추고 있어 호텔 전체에는 식당과 주방설비가 필요 없다.

④ 터미널호텔은 교통기관의 발착지점이나 근처에 위치한 호텔로서 이용자의 교통편의를 도모한다.

5 게슈탈트(Gestalt) 이론에 대한 설명으로 옳지 않은 것은?

① 시각적 부분 요소들이 이루고 있는 세력의 관계에서 떠오르는 부분을 형상(figure)이라 하고, 후퇴한 부분을 배경(ground)이라 한다.

② 연속성은 유사한 배열이 하나의 묶음으로 되는 것이며 공동운명의 법칙이라고도 한다.

③ 유사성은 접근성보다 지각의 그루핑(grouping)에 있어 약하게 나타난다.

④ 폐쇄성은 시각의 요소들이 어떤 것을 형성하는 것을 허용하는 것으로 폐쇄된 원형이 묶여지는 성질이다.

---

4 아파트먼트호텔은 손님이 장기간 체재하는 데 적합한 호텔로서 각 객실에 부엌의 설비를 갖추고 있는 것이 대부분이지만 일반적으로 호텔 전체에 있어서 식당과 주방설비를 갖추고 있다.

5 지각의 그루핑(Grouping)에 있어 유사성과 접근성 중 어느 것이 더 강하게 나타난다고 단정지을 수 없다.

6 반자 높이에 대한 설명으로 옳은 것은?

① 방의 바닥 구조체 윗면으로부터 위층 바닥 구조체의 윗면까지의 높이로 정한다.

② 한 방에서 반자 높이가 다른 부분이 있는 경우에는 반자가 가장 높은 부분의 높이로 정한다.

③ 한 방에서 반자 높이가 다른 부분이 있는 경우에는 반자 면적이 가장 넓은 부분의 높이로 정한다.

④ 한 방에서 반자 높이가 다른 부분이 있는 경우에는 그 각 부분의 반자 면적에 따라 가중 평균한 높이로 정한다.

6 ㉠ 층고 : 방의 바닥구조체 윗면으로부터 위층 바닥구조체의 윗면까지의 높이로 한다. 다만, 한 방에서 층의 높이가 다른 부분이 있는 경우에는 그 각 부분 높이에 따른 면적에 따라 가중평균한 높이로 한다.

ㄴ 반자 높이 : 방의 바닥면으로부터 반자까지의 높이(다만, 한 방에서 반자 높이가 다른 부분이 있는 경우에는 그 각 부분의 반자면적에 따라 가중평균한 높이로 한다)

※ 반자 높이

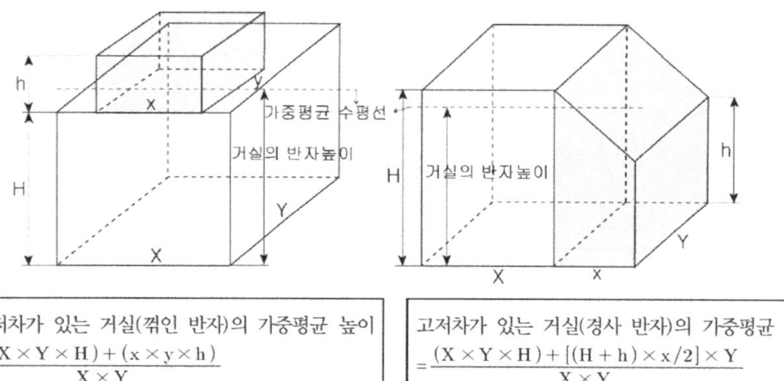

7 다음은 기계 환기 설비에 대한 설명이다. 이에 해당하는 ㉠ <u>환기방법</u>, ㉡ <u>많이 사용되는 공간</u>, ㉢ <u>실내압 상태</u>를 바르게 연결한 것은?

> 배풍기만을 사용하여 실내의 공기를 배기하는 방식으로, 공기가 나가는 위치에 배풍기를 설치한다.

	㉠	㉡	㉢
①	제2종 환기법	수술실	부압
②	제2종 환기법	주방	정압
③	제3종 환기법	정밀공장	정압
④	제3종 환기법	주차장	부압

8 한국 전통 목조건축에 대한 설명으로 옳지 않은 것은?

① 보와 직각 방향의 횡가구재인 도리에는 단면이 방형인 굴도리와 단면이 원형인 납도리가 있다.

② 주심포식은 주두, 소첨차, 대첨차와 소로들로 짠 공포를 기둥 위에만 올려놓아 지붕틀을 떠받치는 구조이다.

③ 다포식은 평방이라는 수평부재를 놓고 주두와 소첨차, 대첨차 등으로 짠 공포를 놓아 주심도리와 출목도리를 받치는 구조이다.

④ 처마는 있으나 추녀를 구성하지 않는 맞배지붕의 예로는 봉정사 극락전, 강릉 객사문 등을 들 수 있다.

7 보기의 기계 환기 설비는 제3종 환기법으로 주로 주차장에 사용되며 실내압의 상태는 부압상태이다.

8 보와 직각 방향의 횡가구재인 도리에는 단면이 방형인 납도리와 단면이 원형인 굴도리가 있다.

9 사무소건축의 코어 내 각 공간의 위치관계에 대한 설명으로 옳지 않은 것은?

① 계단과 엘리베이터 및 화장실은 가능한 한 근접시킨다.

② 화장실은 엘리베이터가 운행되지 않는 층에서는 양 샤프트 사이에 배치가 가능하도록 고려한다.

③ 신속한 동선처리를 위해 엘리베이터 홀은 출입구에 면하여 최대한 근접하게 배치한다.

④ 샤프트나 공조실은 계단, 엘리베이터 또는 설비실 사이에 갇혀있지 않도록 계획하고, 필요한 경우 면적 변경이 가능하게 한다.

10 전시공간의 전시실 순회형식에 대한 설명으로 옳지 않은 것은?

① 연속순로(순회) 형식은 공간 활용의 측면에서 효율적이며, 입체적인 계획이 가능하다.

② 중앙홀 형식은 동선이 복잡한 반면 장래의 확장 측면에서는 유리하다.

③ 연속순로(순회) 형식은 소규모 전시실에 적합하며, 중앙홀 형식은 대지의 이용률이 높은 장소에 건립할 수 있다.

④ 갤러리(gallery) 및 코리더(corridor) 형식은 복도가 중정을 감싸고 순로를 구성하는 경우가 많다.

11 태양광 발전 시스템에 대한 설명으로 옳지 않은 것은?

① 태양전지로 구성된 모듈과 축전지 및 전력변환장치로 구성된다.

② 건물일체형 태양광 발전(BIPV)은 건물지붕이나 외벽, 유리창 등에 태양광발전 모듈을 설치하는 시스템이다.

③ 에너지밀도가 높아 설치면적을 많이 필요로 하지 않는다.

④ 유지보수가 용이하고 무인화가 가능하다.

9 엘리베이터 홀은 출입구와 어느 정도 간격을 확보해야만 한다.

10 중앙홀 형식이 큰 경우에는 동선의 혼란이 적지만, 장래의 확장 측면에서는 여러 가지 제약이 따른다.

11 태양광 발전시스템은 에너지밀도가 낮아 설치면적을 많이 필요로 한다.

12 학교의 운영방식 중 교과교실형에 대한 설명으로 옳지 않은 것은?

① 모든 교실이 특정교과 때문에 만들어지며, 일반교실은 없다.

② 전문교실을 100%로 하기 때문에 순수율은 낮아지고, 이용률은 높아진다.

③ 이동 시 소지품을 보관할 장소 및 동선 처리에 대한 고려가 요구된다.

④ 각 교과의 특징에 맞는 교실이 계획되므로 시설의 수준이 높다.

13 노인복지시설의 발코니 건축계획에 대한 설명으로 옳지 않은 것은?

① 노인들이 외부환경과 접촉할 수 있는 공간이다.

② 바닥면은 미끄럼 방지 재료로 계획한다.

③ 단조로울 수 있는 주거공간에서 입면 디자인 요소가 될 수 있다.

④ 비상시 안전한 곳으로 대피할 수 있는 통로의 역할을 하므로 취미생활을 위한 공간으로는 부적합하다.

14 개인공간(Personal space)에서 대인간의 거리에 대한 설명으로 옳지 않은 것은?

① 친근거리(intimacy distance)는 약 90cm 이내에서 편안함과 보호받는 느낌을 가질 수 있으며 의사전달이 가장 쉽게 이루어질 수 있다.

② 개인거리(personal distance)는 약 45~120cm 정도로 손을 뻗었을 때 상대방의 얼굴표정이나 시선의 움직임을 어느 정도 파악할 수 있다.

③ 사회적 거리(social distance)는 약 120~360cm 정도로 시각적인 접촉보다는 목소리의 높낮이나 크기에 의해 의사전달이 이루어진다.

④ 공적 거리(public distance)는 약 360~750cm 정도로 목소리는 커지고 신체의 자세한 부분을 볼 수 없으므로 비언어적인 의사전달방법이 단순해진다.

15 조립식(Prefabrication) 구조에 대한 설명으로 옳지 않은 것은?

① 공기를 단축할 수 있어 공사비가 절감된다.

② 품질의 균일성을 유지하기가 쉬워 감독 및 관리가 용이하다.

③ 표준화된 부재로 인해 건축계획에 제약을 받을 수 있다.

④ 현장타설 공법보다 접합부 설계가 쉬워 해체 및 증·개축이 편리하다.

16 도서관 건축계획에 대한 설명으로 옳지 않은 것은?

① 서고의 계획은 모듈러 시스템을 적용하며, 위치를 고정하지 않는다.

② 열람실에서 책상 위의 조도는 600lx 정도로 한다.

③ 참고실은 일반열람실 내부에 설치하며, 목록실과 출납실에 인접시켜 접근이 용이하도록 한다.

④ 이용도가 낮은 도서나 귀중서는 폐가식으로 계획한다.

17 건축법령상 건축선에 대한 설명으로 옳지 않은 것은?

① 건축선은 일반적으로 대지와 접하고 있는 도로의 경계선으로 건축물을 건축할 수 있는 한계선을 말한다.

② 도로 모퉁이의 가각전제된 부분의 대지는 대지 면적과 건폐율 산정에는 포함되지만 용적률 산정에서는 제외된다.

③ 도로 양쪽에 대지가 있고 법령에서 정한 소요너비에 미달되는 도로인 경우 도로 중심선에서 각 소요너비의 2분의 1의 수평거리만큼 물러난 선을 건축선으로 한다.

④ 시가지 안에서 건축물의 위치나 환경을 정비하기 위하여 건축선을 별도로 지정하고자 할 경우에는 주민의 의견을 들을 수 있다.

15 조립식 구조는 현장타설 공법에 비해 일체성이 적으므로 접합부에서의 결함이 많이 발생하며 설계가 어렵다.

16 참고실(참고열람실)은 열람자에게 도서안내 및 지도 등을 제공하는 곳이다. 일반열람실과는 별도로 하여 목록실이나 출납실에 가까이 두도록 한다.

17 가각전제된 부분은 건폐율, 용적률 산정 때 대지면적에서 제외된다.

18 친환경 건물의 에너지절약을 위한 빛의 분산 전략으로 옳지 않은 것은?

① 창문높이와 위도(태양고도)를 기초로 지붕이나 발코니 등의 돌출부를 최적화한다.

② 창문에 광선반을 통합시킨다.

③ 천장의 조명시스템과 자연채광을 통합한다.

④ 천장면은 경사지거나 구부러지지 않게 계획한다.

19 다음에 해당하는 현대 건축가는?

> • 평면과 입체적 구성 측면에서는 기존의 상식적인 방법에서 탈피하여 추상적인 경향을 보인다.
> • 요소의 재결집과 축으로의 수렴, 추상적 조각물의 조합 등을 통해 '모호함(ambiguity)'을 극명하게 드러내는 경향을 보인다.
> • 대표 작품으로는 로젠탈 현대미술센터(Rosenthal Center for Contemporary Art), 베르기셀 스키점프대 (Bergisel Ski Jump), 파에노 과학센터(Phaeno Science Center) 등이 있다.

① 자하 하디드(Zaha Hadid)

② 다니엘 리베스킨트(Daniel Libeskind)

③ 쿠프 힘멜브라우(Coop Himmelb(l)au)

④ 피터 아이젠만(Peter Eisenman)

18 천장모양은 공간에서 빛을 분산시키기 위한 가장 단순한 형태이다. 기본적으로 창문 또는 천장에서 높은 지점으로부터 천장을 경사지게 하는 것은 공간 전체에 높은 천장을 유지하는 것과 같은 효과를 갖는다. 구부러진 형태의 천장은 극적인 효과를 나타내며 창문 또는 천창으로부터의 빛은 천장의 형태가 오목한 경우에는 초점이 맞춰지거나 일직선으로 될 수 있으며 볼록한 표면의 경우에는 빛을 더 깊게 산란시키거나 확산시킬 수 있다.

19 보기의 내용들은 모두 자하 하디드에 관한 설명이다.

20 종합병원 건축계획에 대한 설명으로 옳지 않은 것은?

① 수술실은 타부분의 통과 교통이 없는 건물의 익단부로 격리된 곳에 위치시킨다.

② 중앙소독 및 공급실(central supply facilities)을 수술부와 관리부의 중간에 두어 소독, 멸균, 재료보급 등이 원활할 수 있도록 중앙화 시킨다.

③ 병실에는 환자가 직사광선을 피할 수 있도록 실 중앙에는 전등을 달지 않도록 한다.

④ 외과 계통의 각 과는 1실에서 여러 환자를 볼 수 있도록 대실로 계획한다.

ANSWER 20.②

20 중앙공급실은 되도록 병원 중심부에 위치시키며 동선은 짧게 하고, 수술부와 엘리베이터에 가까이 위치해야 한다.

1 다음 중 주심포양식의 건축물이 아닌 것은?

① 수덕사 대웅전

② 봉정사 극락전

③ 부석사 무량수전

④ 심원사 보광전

2 오피스 랜드스케이프 계획의 장점으로 가장 옳지 않은 것은?

① 의사전달의 융통성이 있고, 장애요인이 거의 없다.

② 개실형 배치형식보다는 공간을 절약할 수 있다.

③ 변화하는 작업의 패턴에 따라 조절이 가능하며 신속하고 경제적으로 대처할 수 있다.

④ 소음 발생이 적고 사생활보호가 쉽다.

ANSWER　1.④　2.④

1　심원사 보광전은 다포식 건축물이다.

2　오피스 랜드스케이프는 소음 발생이 많으며 사생활 보호가 어렵다는 단점이 있다.

3 공장 건축에서 지붕의 종류에 대한 설명으로 가장 옳은 것은?

① 솟음지붕은 채광 및 환기에 적합한 형태로 채광창의 경사에 따라 채광이 조절된다.

② 뾰족지붕은 직사광선을 완전히 차단하는 형태이다.

③ 톱날지붕은 채광과 환기 등은 연구의 여지가 있지만 기둥이 적게 소요되어 공간이용이 효율적인 형태이다.

④ 샤렌구조에 의한 지붕은 기둥이 많이 필요하게 되어 기계 배치의 융통성 및 작업 능력의 감소를 초래한다.

3 ② 뾰족지붕은 직사광선을 어느 정도 허용하는 형태이다.
　③ 기둥이 적게 소요되어 공간이용이 효율적인 형태는 샤렌구조이다. (톱날지붕은 다른 지붕형태에 비해 기둥이 적게 소요된다고 보기 어렵다.)
　④ 샤렌구조에 의한 지붕은 기둥이 적게 소요된다.
　※ **지붕의 유형**
　　㉠ **뾰족지붕**
　　　•동일면에 천장을 내는 방법이다.
　　　•이 방법은 직사광선을 어느 정도 허용해야 하는 결점이 있다.
　　㉡ **솟음지붕**
　　　•채광, 환기에 적합한 방법이다.
　　　•이 지붕은 폭이 좁으면 적당하지 않고, 적어도 건물 길이의 반 이상의 폭을 가져야 한다.
　　　•채광창의 경사에 따라 채광이 조절되며 상부 창의 개폐에 의해 환기량도 조절된다.
　　㉢ **톱날지붕**
　　　•채광창을 북향으로 설치하여 균일한 조도를 유지하며, 작업능률을 향상시키는 데에 유리하다.
　　　•톱날지붕은 기둥이 많이 필요하고, 기둥 때문에 기계 배치의 융통성 및 작업능률이 떨어진다는 단점이 있다.
　　㉣ **샤렌구조에 의한 지붕** : 최근에 나타난 형태로 채광이나 환기 등은 연구의 여지가 있지만 공장의 바닥면적의 관계, 기둥이 적게 소요되는 관계 등으로 상당한 이용가치가 있다.

4 교과교실제(V형)에 대한 설명으로 가장 옳지 않은 것은?

① 모든 교실을 교과전용의 특별교실로 구성한다.

② 홈베이스는 학습준비를 위한 미디어 공간을 말한다.

③ 교과블록은 각 교과교실, 교사연구실, 미디어 공간, 세미나실이 하나의 공간에 집합되어 구성된다.

④ 각 교과마다 전문적인 시설을 갖출 수 있으며 높은 실 이용률로 공간의 효율성을 높이는 형태이다.

5 도서관 건축에 대한 설명으로 가장 옳지 않은 것은?

① 큰 규모의 도서관일 경우 이용자의 계층을 구분하여 출입구를 별도로 설정한다.

② 도서와 가까운 위치에 연구를 할 수 있는 개인연구용 열람실을 제공한다.

③ 서고는 모듈러 시스템에 의하며 위치를 고정하지 않는다.

④ 필요한 전체 바닥면적에 대한 층수를 많게 하여 1층당 면적을 작게 하는 것이 좋다.

6 모듈(module)계획에 관한 설명으로 가장 옳지 않은 것은?

① 현장조립가공이 주 업무가 되므로 시공기술에 따른 공사의 질적 저하와 격차가 커진다.

② 건축구성재의 대량 생산이 용이해지고, 생산비용이 낮아질 수 있다.

③ 설계작업과 현장작업이 단순화되어 공사 기간이 단축될 수 있다.

④ 동일 형태가 집단으로 이루어지므로 시각적 단조로움이 생길 수 있다.

4 교과교실제 … 각 교과별로 전용교실을 운영하고, 교실별로 해당 교과의 특색이 반영된 학습 환경을 조성하여 학생 맞춤형 교육과 참여형 활동수업을 활성화하는 학교운영 체제이다. 학생들은 매 교시마다 각자 다른 전용교실을 찾아 이동해야 하기 때문에 책이나 소지품들을 보관할 수 있는 사물함이 필요하며 쉴 새 없이 교실을 찾아 이동해야 하기 때문에 휴식을 취할 수 있는 공간인 '홈베이스'라는 특별실이 설치된다. 홈베이스에는 학생들의 사물함뿐만 아니라, 휴식을 취하거나 같이 모여 공부를 할 수 있는 닥자와 의자도 구비가 되어 있다.

5 필요한 전체 바닥면적에 대한 층수를 많게 하는 것은 도서관 이용자에게 여러모로 불편함을 주므로 지양되어야 한다.

6 모듈(module)계획은 공장제작 방식을 기본으로 하므로 표준화, 규격화가 이루어져 시공기술의 질적 저하 및 격차가 줄어들게 된다.

7 병원 건축에 대한 설명으로 가장 옳지 않은 것은?

① 병동부문은 환자가 주·야로 생활하며, 입원생활을 하면서 진찰 및 간호를 받는다.

② 외래부문은 환자들이 찾기 쉽고 접근하기 쉬운 곳에 위치해야 하며 환자가 통원하면서 진찰과 진료를 받는다.

③ 중앙진료부문은 외래환자와 병동환자의 접근이 용이해야 하며, 변화와 확장에 대응할 수 있는 구조와 설비를 고려해야 한다.

④ 중앙진료부문은 병원의 가장 중요한 부분으로 병원 면적 중 가장 큰 면적을 차지한다.

8 다음 중 호텔건축에서 관리부분에 속하는 실로 옳은 것은?

① 클로크 룸   ② 린넨실

③ 보이실   ④ 배선실

9 「장애인·노인·임산부 등의 편의증진 보장에 관한 법률 시행규칙」상 편의시설의 구조·재질 등에 관한 세부 기준으로 가장 옳지 않은 것은?

① 장애인 전용 주차구역은 직각주차의 경우 3.3m×5.0m 이상으로 한다.

② 출입구의 통과유효폭은 0.8m 이상으로 한다.

③ 장애인전용화장실의 대변기 전면 활동공간은 1.2m×1.2m 이상으로 한다.

④ 휠체어 사용자용 세면대의 경우 상단 높이는 바닥면으로부터 0.85m, 하단 높이는 0.65m 이상으로 한다.

7 병원 면적 중 가장 큰 면적을 차지하는 부분은 병동부이다.

8 린넨실과 보이실은 '숙박부분'에, 배선실은 '요리부분'에 속한다.

9 ② 출제 당시 '출입구의 통과 유효폭은 0.8m 이상으로 한다'가 옳은 지문이었으나 2018. 2. 9. 개정되어 현재는 출입구의 통과 유효폭이 0.9m 이상이어야 한다.
   ③ 장애인전용 화장실의 대변기 전면 활동공간은 휠체어가 회전할 수 있도록 1.4m×1.4m 이상으로 한다.

10 다음 중 간접난방방식에 해당하는 것은?

① 온풍난방　　　　　　　　　　　② 온수난방

③ 증기난방　　　　　　　　　　　④ 복사난방

11 「건축법 시행령」상 공개공지에 대한 설명으로 가장 옳은 것은?

① 건축물에 공개공지를 설치하는 경우 공개공지의 면적은 대지면적의 15% 이하의 범위에서 건축조례로 정한다.

② 문화 및 집회시설이나 업무 및 숙박시설은 바닥면적의 합계가 $3,000m^2$ 이상인 경우 공개공지를 확보해야 한다.

③ 건축물에 공개공지를 설치하는 경우 용적률은 해당 지역에 적용하는 용적률의 1.2배 이하의 범위 안에서 건축조례로 완화할 수 있다.

④ 공개공지에서는 주민을 위한 문화행사나 판촉행사를 할 수 없다.

12 테라스 하우스에 대한 설명으로 가장 옳지 않은 것은?

① 상향식 테라스 하우스는 가장 낮은 곳에는 차고를 두고 가장 높은 곳에는 정원을 둔다.

② 하향식 테라스 하우스는 상층에 거실 등 주 생활공간을 둔다.

③ 일반적으로 각 세대의 깊이가 6~7.5m 이상 되어서는 안 된다.

④ 지형의 경사도가 클수록 밀도는 낮아진다.

---

10 간접 난방은 실내를 난방할 때 공기와 열을 교환시켜 만든 온풍을 방에 보내 난방하는 방법이다. 반대로 실내에 증기나 전기를 이끌어 방열기로 난방하는 방법을 직접 난방이라고 한다.

11　① 건축물에 공개공지를 설치하는 경우 공개공지의 면적은 대지면적의 10% 이하의 범위에서 건축조례로 정한다.
　② 문화 및 집회시설이나 업무 및 숙박시설은 바닥면적의 합계가 $5,000m^2$ 이상인 경우 공개공지를 확보해야 한다.
　④ 공개공지에서는 연간 60일 이내의 기간 동안 건축조례로 정하는 바에 따라 주민들을 위한 문화행사를 열거나 판촉활동을 할 수 있다.

12 지형의 경사도가 클수록 밀도는 높아진다.

13 공연장 건축에 대한 설명으로 가장 옳은 것은?

① 프로시니엄(proscenium)형은 객석 수용능력에 탄력적으로 대응이 가능하다.

② 최전열 단부에 앉은 관객이 무대를 볼 때 수평시각의 허용한도는 보통 $60°$로 한다.

③ 명낭현상(fluttering echo)을 방지하기 위해 천장에 V형 경사면을 계획한다.

④ 이상적인 무대 상부공간의 높이는 프로시니엄 높이의 3배 이상이 되는 것이 좋다.

14 우리나라 전통 한식주택과 양식주택의 차이점으로 가장 옳은 것은?

① 한식주택은 개방형이며 실의 분화로 되어 있고 양식주택은 은폐적이며 실의 조합으로 되어 있다.

② 양식주택은 한식주택과 비교해 바닥이 높고 개구부가 작고 적다.

③ 한식주택은 안방, 건넌방, 사랑방 등으로 구분되어 있으나 각 실이 다목적이어서 실의 사용용도가 확실히 구분되어 있지 않다.

④ 양식주택은 한식주택에 비해 개인의 생활공간이 보호되는 유리한 점이 있고 상대적으로 작은 주거면적이 소요된다.

ANSWER 13.② 14.③

13 ① 프로시니엄(proscenium)형은 객석 수용능력에 탄력적으로 대응하는 것이 불가능하다고 할 수 있을 정도로 매우 어렵다.

③ 반사성의 평행벽면이 있고 벽면은 흡음성이 아닌 경우 Flutter Echo현상이 심하게 발생한다. (방송국 스튜디오 및 음악당 등에서는 벽면을 경사지게(부정형) 한다든가 산란성 벽면으로 하여 이 현상이 생기는 것을 피해야 할 필요가 있다.)

④ 이상적인 무대 상부공간(플라이로프트)의 높이는 프로시니엄 높이의 4배 이상이 되는 것이 좋다.

14 ① 한식주택은 폐쇄적이며 실의 조합으로 되어 있고 양식주택은 개방적이며 실이 기능별로 분화가 되어 있다.

② 양식주택은 한식주택과 비교해 바닥이 낮고 개구부가 작고 적다.

④ 주거용도가 개별적으로 독립돼 있기 때문에 개인의 생활공간이 보호되는 유리한 점이 있는 관계로 많은 주거 면적이 소요된다. 양식주택에서는 침대, 의자 등의 가구가 비치되어야 하므로, 공간이 더 넓게 소요되며 가구비 부담이 따르게 된다.

※ 한식주택과 양식주택의 비교

분류	한식주택	양식주택
평면의 차이	• 실의 조합(은폐적) • 위치별 실의 구분 • 실의 다용도	• 실의 분화(개방적) • 기능별 실의 분화 • 실의 단일용도
구조의 차이	• 목조가구식 • 바닥이 높고 개구부가 크다.	• 벽돌조적식 • 바닥이 낮고 개구부가 작다.
습관의 차이	• 좌식(온돌)	• 입식(의자)
용도의 차이	• 방의 혼용용도(사용 목적에 따라 달라진다.)	• 방의 단일용도(침실, 공부방)
가구의 차이	• 부차적 존재(가구에 상관없이 각 소요실의 크기, 설비가 결정된다.)	• 중요한 내용물(가구의 종류와 형태에 따라 실의 크기와 폭이 결정된다.)

15 흡음에 대한 설명으로 가장 옳지 않은 것은?

① 흡음률이 1이 되는 경우에는 벽면에 있는 창과 문 등의 개구부를 완전히 열어놓았을 때이다.

② 흡음률이 0.2 미만이면 고도의 흡음재로 분류한다.

③ 흡음은 재료표면에 입사하는 음에너지가 마찰저항, 진동 등에 의하여 열에너지로 변하는 현상을 말한다.

④ 흡음률 측정을 위한 잔향실은 부정형이고 반사성이 큰 벽과 경사진 천장면으로 둘러싸인 양호한 확산음장의 조건을 갖춘 실이다.

16 주차시설 건축에 대한 설명으로 가장 옳지 않은 것은?

① 평행주차방식의 대당 소요면적이 가장 크다.

② 기계식 주차의 경우 경사로를 절약할 수 있어 대규모 주차장에 유리하다.

③ 자주식 주차방식의 경우 기준층 모듈계획에 의해 평면계획을 하기 어렵다.

④ 주차를 위한 차량 동선의 원활함이 주차시설의 가장 중요한 요소이다.

ANSWER 15.② 16.②

15 $흡음률 = \dfrac{재료에\ 흡수된\ 음에너지}{재료에\ 투사된\ 음에너지}$

흡음률은 0과 1 사이에 있는 것으로 1에 가까울수록 흡음능력이 좋다. 통상의 흡음재의 경우 0.3 정도이며, 0.4 이상인 경우 흡음능력이 뛰어나다 할 수 있다.

※ 흡음시험은 일반적으로 잔향실(실내의 형태가 부정형이고, 콘크리트와 같이 반사율이 높은 재질로 구성된 실내)에서 측정하며, 잔향실에 흡음 재료를 넣은 경우와 넣지 않은 경우의 잔향 시간의 차이로부터 단위 면적당 흡음률을 구한다.

16 기계식 주차장의 경우 경사로를 절약할 수 있고 좁은 면적의 대지를 효율적으로 사용할 수 있으나 대규모의 주차장으로 건립하기에는 많은 어려움이 있으므로 대규모 주차장에 유리하다고 볼 수 없다.

17 「주택건설기준 등에 관한 규정」상 공동주택의 세대 내의 층간 바닥 콘크리트 슬래브 두께 기준으로 가장 옳은 것은? (단, 라멘구조 제외)

① 15cm 이상

② 18cm 이상

③ 21cm 이상

④ 25cm 이상

17 「주택건설기준 등에 관한 규정」상 공동주택의 세대 내의 층간 바닥 콘크리트 슬래브 두께 기준(라멘구조 제외)은 21cm 이상이다. (라멘구조인 경우는 15cm 이상이다.)

　※ 「주택건설기준 등에 관한 규정」 제14조의 2(바닥구조)

　　공동주택의 세대 내의 층간바닥(화장실의 바닥은 제외한다. 이하 이 조에서 같다)은 다음 각 호의 기준을 모두 충족해야 한다.

　　1. 콘크리트 슬래브 두께는 210밀리미터[라멘구조(보와 기둥을 통해서 내력이 전달되는 구조를 말한다. 이하 이 조에서 같다)의 공동주택은 150밀리미터] 이상으로 할 것. 다만, 다음 각 목의 어느 하나에 해당하는 주택의 층간바닥은 예외로 한다.

　　　가. 법 제51조제1항에 따라 인정받은 공업화주택

　　　나. 목구조(주요 구조부를 「목재의 지속가능한 이용에 관한 법률」에 따른 목재 또는 목재제품으로 구성하는 구조를 말한다) 공동주택

　　2. 각 층간 바닥은 바닥충격음 차단성능[바닥의 경량충격음(비교적 가볍고 딱딱한 충격에 의한 바닥충격음을 말한다) 및 중량충격음(무겁고 부드러운 충격에 의한 바닥충격음을 말한다)이 각각 49데시벨 이하인 성능을 말한다]을 갖춘 구조일 것. 다만, 다음 각 목의 층간바닥은 그렇지 않다.

　　　가. 라멘구조의 공동주택(법 제51조제1항에 따라 인정받은 공업화주택은 제외한다)의 층간바닥

　　　나. 가목의 공동주택 외의 공동주택 중 발코니, 현관 등 국토교통부령으로 정하는 부분의 층간바닥

18 노인복지시설의 주거부 거실동 배치계획에 대한 설명으로 가장 옳지 않은 것은?

① 단복도형 – 전체면적과 실면적의 비율에 있어서 다른 유형보다 상대적으로 효율적이다.

② 이중복도형 – 복도 공간을 이용한 순환적 걷기 유형이 가능하다.

③ 삼각복도형 – 유닛확장이 어려우나 감시가 상대적으로 용이하다.

④ POD형 – 유사 필요성이 있는 거주자실들 간 친밀도를 높여준다.

18 노인요양원의 평면형태

㉠ 단복도형(single corridor unit)은 단순한 순환체계를 갖고 있으며 간호대기실에서 복도지역의 감독이 용이하다. 방틀의 일렬 배열로 인하여 유닛당의 거실수는 20-25명으로 제한된다. 또한 단복도형은 거주자들의 걷기 패턴에 있어서 다양성이 없다. 전체면적과 실면적의 비율에 있어서 다른 것보다 상대적으로 효율적이다.

㉡ 이중복도형(double corridor unit)은 중증치료환경을 제공하는데 그 이유는 중앙에 N.S를 둠으로써 모든 병실과 만날 수 있고 이것이 병실들의 보조공간의 역할을 하기 때문이다. 또한 복도공간을 이용한 순환적 걷기 패턴이 가능한 형태이다.

㉢ 삼각복도형(trianglar unit)은 관리공간을 중앙에 두는 복도공간 배치의 삼각형 건물로 모든 관리지역이 집중되고 순환하는 걷기루트를 만들어 준다. 이 형은 유닛의 확장이 어려우며 거실 주변 지역의 보조를 위한 코어공간의 균형을 주의 깊게 고려해야 한다. 또한 삼각복도형은 양쪽으로 예각모서리가 생겨 시야가 차단되므로 감시의 사각지대가 있다는 문제가 있다.

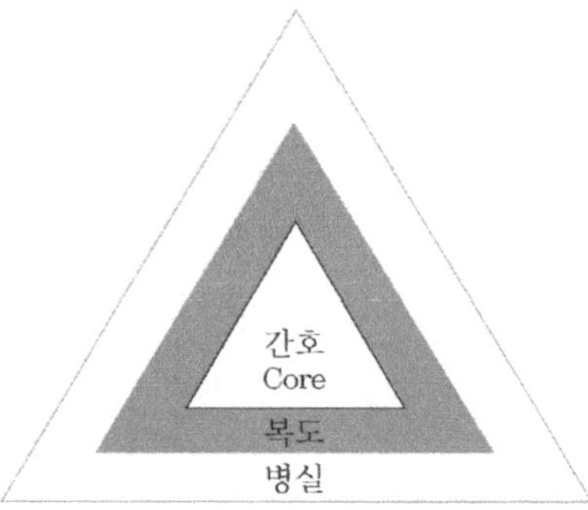

㉣ 십자형 복도형(cross corridor)은 두 개의 복도가 중앙기능인 간호실이나 안내실에서 교차한다. 복도공간의 특출한 감독기능과 개방형으로의 유닛 확장이 용이하다. 이것은 중심에서 상대적으로 짧은 복도공간을 만들기 위해 고려된 것이다.

㉤ 포드형(pod design)은 요양실들을 포드형으로 묶는다. 이것은 매우 다양한데 어떤 것은 거주자 망과 거주자의 보조공간, 즉 목욕실 그 밖에 다른 보조지역으로 집중되어 있다. 각 포드형마다 활동실이 계획되어 있어 거주자방틀과의 가까운 친밀감이 생기게 한다.

19 실내환경에 영향을 미치는 단열방식에 대한 설명으로 가장 옳지 않은 것은?

① 내단열은 내부측의 열관성(thermal inertia)이 높아 연속 난방에 유리하다.

② 외단열은 전체구조물의 보온에 유리하며 내부결로의 위험도를 감소시킬 수 있다.

③ 내단열은 외단열에 비해 빠른 시간에 더워지므로 간헐 난방에 유리하다.

④ 외단열은 외부환경의 변화에 충분히 견딜 수 있어야 한다.

20 다음 중 미스 반 데어 로에(Mies van der Rohe)의 건축 개념과 거리가 가장 먼 것은?

① 적을수록 더 풍요롭다(Less is More)

② 건축적 산책(Architectural Promenade)

③ 보편적 공간(Universal Space)

④ 신은 디테일 안에 있다(God is in the details)

ANSWER 19.① 20.②

19 • 내단열방식 : 연속 난방에 불리하며 칸막이나 바닥에서의 열교현상에 의한 국부적 열손실을 방지하기가 어렵다.
　　• 외단열방식 : 내부측의 열관성이 높기 때문에 연속 난방에 유리하다.

20 건축적 산책은 르 꼬르뷔제의 대표적인 건축어휘의 하나로 그가 동방여행 중 파르테논 신전과 이슬람 사원에서 공간을 이동하면서 보게 된 건축공간의 시퀀스들에서 착안한 것이다. 하나의 건축물에 건축가가 의도한 여러 가지 건축적 장치들을 따라 방문자의 동선을 건축가의 의도대로 진행시켜 다양한 건축공간을 보여주는 것이다.

1 주차장계획에 대한 설명으로 옳지 않은 것은?

① 주차장 출입구는 도로의 교차점이나 모퉁이, 횡단보도에서 5m 이상 떨어진 곳에 배치한다.

② 주차장의 위치를 선정할 때 우측통행으로 교차 없이 출입이 가능한 대지를 선택하는 것이 유리하다.

③ 차로의 천장 높이는 2.3m 이상으로 하고, 주차부분의 천장 높이는 2.1m 이상으로 한다.

④ 수용 주차대수가 많을 경우에는 입구와 출구를 분리하고, 주차층 통로는 양방통행으로 계획한다.

2 단지계획 중 교통계획에 대한 설명으로 옳지 않은 것은?

① 단지 내 통과 교통량을 줄이기 위해 고밀도 지역은 진입구에서 멀리 배치시킨다.

② 근린주구 단위 내부로의 자동차 통과 진입을 극소화한다.

③ 2차 도로 체계(sub-system)는 주도로와 연결되어 쿨드삭(Cul-de-Sac)을 이루게 한다.

④ 통행량이 많은 고속도로는 근린주구 단위를 분리시킨다.

A NSWER 1.④ 2.①

1 수용 주차대수가 많을 경우에는 입구와 출구를 분리하고, 주차층 통로는 일방통행으로 계획하여 혼잡을 최소화시켜야 한다.

2 주거 및 아파트 단지 내의 통과 교통량을 줄이기 위해서는 고밀도 지역을 진입구에 가까이 배치시키는 것이 좋다.

3 병원계획에 대한 설명으로 옳지 않은 것은?

① 병원의 조직은 시설계획상 병동부, 중앙진료부, 외래부, 공급부, 관리부 등으로 구분하며, 각 부는 동선이 교차되지 않도록 계획한다.

② 외부를 조망할 수 있도록 침대방향을 환자의 눈이 창과 직면하도록 계획한다.

③ 전염병동, 정신병동은 종합병원에 포함하지 않는 것을 원칙으로 하며, 부득이 포함할 경우에는 별동으로 계획한다.

④ 2인 이상의 병실은 개개 병상주위를 커튼으로 차폐할 수 있도록 하여 침대에서 의료간호조치가 쉽도록 한다.

4 사무소 건축계획 시 기준층 층고를 낮게 할 경우의 장점만을 모두 고른 것은?

> ㉠ 건축비를 절감할 수 있다.
> ㉡ 같은 건물높이에 더 많은 층수를 확보할 수 있다.
> ㉢ 실내의 온·습도 조절을 위한 공조 효과가 향상된다.

① ㉠, ㉡
② ㉠, ㉢
③ ㉡, ㉢
④ ㉠, ㉡, ㉢

ANSWER 3.② 4.④

3 창을 통한 빛의 유입은 눈부심을 유발하여 환자에게 좋지 않은 영향을 줄 수 있으므로, 되도록 침대방향을 환자의 눈이 창과 직면하지 않도록 계획해야 한다.

4 건축물의 층고를 낮게 하면 다음과 같은 장점이 있다.
- 단위세대당 건축비를 절감할 수 있다.
- 같은 건물높이에 더 많은 층수를 확보할 수 있다.
- 실내의 온·습도 조절을 위한 공조 효과가 향상된다.
- 구조적 안정성이 증가된다.
- 건물의 임대수익이 증가된다.

5 고대 로마 건축에 대한 설명으로 옳은 것은?

① 인슐라는 안뜰과 회랑으로 둘러싸인 도시 부유층 주택을 말한다.

② 바실리카는 시장, 재판소 등 법률과 상업의 기능을 수행하였다.

③ 아고라는 정치, 행정, 상업시설이 집적된 광장과 시장의 역할을 하였다.

④ 도무스는 집이라는 뜻의 라틴어로, 인구 증가와 지가 폭등으로 나타난 도시형 집합주택이다.

6 조선왕조의 정궁인 경복궁에 대한 설명으로 옳지 않은 것은?

① 경복궁 궁성 남쪽 중앙에 정문인 광화문을 내고, 남쪽 궁성 양 끝에 높은 대를 쌓고 누각을 올린 십자각을 세웠다.

② 경복궁에는 정전인 근정전과 편전인 사정전이 있다.

③ 경복궁의 내전으로는 왕과 왕비의 거처인 강녕전과 인정전이 있다.

④ 경복궁은 삼중의 문을 두고 정전과 침전이 놓인 전조후침(前朝後寢)의 구성을 하고 있다.

5 ① 인슐라는 주로 중산층과 하층민이 거주했던 집단주거주택이었다. 1층은 주로 상가로 사용되었으며 2층부터는 주거용으로 사용되었다. (더 많은 집을 짓기 위해 나무, 진흙, 벽돌, 저품질의 시멘트 등을 사용하여 고층으로 지어진 경우도 있으나 붕괴나 화재의 위험이 심하였다.)
③ 아고라는 그리스 시대와 관련된 것으로, 아크로폴리스 언덕 바로 아래에 위치한 공간으로서 광장, 시장의 역할을 한 곳이다.
④ 도무스는 주택을 뜻하는 라틴어에서 유래되었으며, 안뜰과 회랑으로 둘러싸인, 로마 시민 중 상류층이 거주했던 고급주택이었다.

6 인정전은 창덕궁의 정전이다.

7 온수 방열기의 전체 방열량이 2,925 kcal/h일 때, 상당 방열 면적(E.D.R.)은?

① 4.5m^2

② 5.4m^2

③ 6.5m^2

④ 7.0m^2

8 다음은 도심지 건물 화재 사고를 재구성한 내용이다. 사고 내용 중 B, C 건물의 화재를 막을 수 있는 가장 적절한 설비는?

> 〈△△시 A건물 화재 사건〉
>
> ○○○○년 ○○월 ○○일 A건물 화재 사건은 1차 화재로 끝나지 않고 인접한 B건물로 2차 화재, C건물로 3차 화재가 번져 피해가 매우 컸다. 화재의 가장 큰 원인은 A, B, C 건물 모두 인동간격이 각각 1.5m 이내로 촘촘히 붙어 있어 화재가 번지기 쉬웠다는 점에 있다.

① 스프링클러(sprinkler) 설비

② 물 분무 소화 설비

③ 연결 살수 설비

④ 드렌처(drencher) 설비

7 온수방열기의 경우 표준상태에서 1m^{2}당 온수가 전달하는 열량은 450kcal/h이므로 전체 방열량이 2,925kcal/h일 때, 상당 방열 면적(E.D.R.)은 2925/450=6.5m^{2}이 산출된다.

※ **상당방열면적** : 방열기의 기준이 되는 방열면적의 크기를 표시하는 것으로, 기호로는 EDR을 사용하며 단위는 m^{2}이다. 이 값을 산정하기 위해 열매온도와 실내온도는 일정한 값이 주어진다. 이처럼 일정하게 주어지는 조건을 표준상태로 하여 표준 방열량을 구하면 다음과 같다.
- 보일러 스팀을 방열기에 넣어 난방을 하는 경우 스팀의 온도는 102℃이다.
- 보일러의 온수를 방열기에 넣어 난방을 하는 경우 온수의 온도는 80℃이다.
- 이 때, 실내온도는 18.5℃로 가정한다.
- 각 표준상태에서 1m^{2}당 온수와 증기가 전달하는 열량은 온수의 경우 450kcal/h, 증기의 경우 650kcal/h이다. 이렇게 구한 표준 방열량을 기준으로 방열 넓이의 크기를 나타낸다.

8 드렌처(drencher) 설비 : 소방대상물을 인접 건물이나 장소 등의 화재 등으로부터 보호하기 위하여, 방화구획이나 연소 우려가 있는 부분의 개구부 상단에 설치를 하여 물을 수막(水幕)형태로 살수하여 소방을 하는 시설이다.

9 휠체어 사용 장애인을 위한 건축계획에 대한 설명으로 옳지 않은 것은? (단, 휠체어의 폭은 65cm 이하이다)

① 휠체어의 직진 이동 시에는 최소 80cm 이상의 공간 폭이 필요하다.

② 휠체어가 한쪽 바퀴를 중심으로 180도 회전하기 위해서는 180cm × 160cm 규모 이상의 공간이 필요하다.

③ 휠체어에 앉아 수직 방향으로 손을 뻗었을 경우 그 방향의 도달 범위는 바닥면에서 45cm 이상 160cm 이하로 설정한다.

④ 휠체어의 이동 통로에는 단이 있어서는 안 되지만, 만일 단차를 설치해야 할 경우에는 4cm 이내로 한다.

10 육상 경기장에 대한 설명으로 옳지 않은 것은?

① 관람석 좌석의 높이는 발 밑에서 최고 45cm로 하고 좌석의 너비는 45~50cm로 한다.

② 트랙 코스의 레인 폭은 1.22m 이상으로 코스의 안쪽(필드와의 경계선)은 높이 5cm, 너비 5cm의 시멘트, 기타 적당한 재료로 경계를 한다.

③ 좌석의 통로 및 출입구는 관객의 입장시간을 기준으로 계획하고, 통로폭은 1.2m 이상, 간격은 9 ~ 15m 정도로 한다.

④ 운동장은 대개 장축을 남북방향으로 배치하고, 오후의 서향 일광을 고려하여 경기장의 본부석을 서편에 둔다.

11 업무시설의 코어계획에 대한 설명으로 옳은 것은?

① 엘리베이터 홀이 건물 출입구에 근접해 있지 않도록 배치한다.

② 가능한 한 비내력 구조체로 축조하나, 지진이나 풍압 등에 대한 안전성을 적절히 고려한다.

③ 코어는 사무실과는 달리 생산성, 수익성이 낮은 부분이기 때문에 코어 면적을 높이기 위해 최대한의 규모로 계획하는 것이 일반적이다.

④ 사무소 건물 내에 다소의 용도 변경이 있을 때 가변적으로 활용될 수 있도록 전기배선 공간은 코어에서 분리한다.

12 「건축법」이 적용되는 건축물에 해당하는 것은? (※ 기출변형)

① 교정(矯正) 및 군사 시설

② 고속도로 통행료 징수시설

③ 「문화유산의 보존 및 활용에 관한 법률」에 따른 지정문화유산이나 임시지정문화유산

④ 「하천법」에 따른 하천구역 내의 수문조작실

ANSWER 11.① 12.①

11 ② 가능한 한 내력구조체로 축조해야 한다.

③ 코어는 사무실과는 달리 생산성, 수익성이 낮은 부분이기 때문에 코어 면적을 법규가 허용하는 한에서 최소화 시켜야 한다.

④ 사무소 건물 내에 다소의 용도 변경이 있을 때 가변적으로 활용될 수 있도록 전기배선 공간은 코어에 통합시킨다.

12 건축법 적용 제외 대상〈건축법 제3조 제1항〉

㉠ 「문화유산의 보존 및 활용에 관한 법률」에 따른 지정문화유산이나 임시지정문화유산 또는 「자연유산의 보존 및 활용에 관한 법률」에 따라 지정된 천연기념물등이나 임시지정천연기념물, 임시지정명승, 임시지정시·도자연유산, 임시자연유산자료

㉡ 철도나 궤도의 선로 부지(敷地)에 있는 다음 각 목의 시설

• 운전보안시설

• 철도 선로의 위나 아래를 가로지르는 보행시설

• 플랫폼

• 해당 철도 또는 궤도사업용 급수(給水)·급탄(給炭) 및 급유(給油) 시설

㉢ 고속도로 통행료 징수시설

㉣ 컨테이너를 이용한 간이창고(「산업집적활성화 및 공장설립에 관한 법률」에 따른 공장의 용도로만 사용되는 건축물의 대지에 설치하는 것으로서 이동이 쉬운 것만 해당)

㉤ 「하천법」에 따른 하천구역 내의 수문조작실

13 수용인원 결정을 위한 건축물 규모 산정에 대한 설명으로 옳지 않은 것은?

① 일반적으로 영리를 목적으로 하는 시설과 공공시설은 각기 다른 기준으로 적정 규모를 설정한다.

② 주택의 침대식 침실과 학교의 전용교실 등과 같이 최댓값이 일정하고 이를 초과하는 경우가 없을 때는 시설의 수량을 최댓값으로 설정한다.

③ 다수의 사람들이 일시에 사용하기도 하고 전혀 사용되지 않는 경우도 있는 영화관의 화장실과 같은 시설은 수량을 최솟값으로 설정하여 혼잡한 경우에 어느 정도의 불편을 감수하도록 한다.

④ 혼잡의 정도가 심하고, 변화가 작으며 평균값의 주변에 비교적 작은 편차로 변동하는 경우에는 시설의 수량을 평균값보다 약간 상회하는 값으로 설정한다.

14 계획설계, 실시설계, 기본설계 등으로 구분되는 건축계획 설계업무에 대한 설명으로 옳지 않은 것은?

① 계획설계 → 기본설계 → 실시설계 순으로 이루어진다.

② 기본설계는 건축 인허가를 위한 설계 도서 작성을 포함한다.

③ 실시설계는 공사비 내역서 및 산출내역 등을 포함한다.

④ 시방서는 계획설계 단계에서 작성된다.

15 자연환기에 대한 설명으로 옳지 않은 것은?

① 중력환기의 경우 개구부의 면적이 클수록 환기량은 많아진다.

② 중력환기의 경우 실내·외의 온도차가 클수록 환기량은 많아진다.

③ 중력환기의 경우 공기 유입구와 유출구 높이의 차이가 작을수록 환기량은 많아진다.

④ 풍력환기의 경우 실외의 풍속이 클수록 환기량은 많아진다.

ANSWER 13.③ 14.④ 15.③

13 다수의 사람들이 일시에 사용하기도 하고 전혀 사용되지 않는 경우도 있는 영화관의 화장실과 같은 시설은 수량을 최댓값으로 설정하여 혼잡함을 최소화시켜야 한다.

14 시방서는 실시설계 단계에서부터 작성된다.

15 중력환기의 경우 공기 유입구와 유출구 높이의 차이가 클수록 환기량은 많아진다.

16 「주택법」상 용어의 정의에 대한 설명으로 옳지 않은 것은?

① '부대시설'이란 주택단지의 입주자 등의 생활복리를 위한 주민운동시설 및 경로당, 어린이놀이터 등을 말한다.

② '기간시설'이란 도로 · 상하수도 · 전기시설 · 가스시설 · 통신시설 · 지역난방시설 등을 말한다.

③ '도시형 생활주택'이란 300세대 미만의 국민주택규모에 해당하는 주택으로서 대통령령으로 정하는 주택을 말한다.

④ '에너지절약형 친환경주택'이란 저에너지 건물 조성기술 등 대통령령으로 정하는 기술을 이용하여 에너지 사용량을 절감하거나 이산화탄소 배출량을 저감할 수 있도록 건설된 주택을 말한다.

17 다음은 ○○학교 시간표 작성을 위한 기본 자료이다. 음악실 사용시간 중 순수 음악 수업에 사용한 시간은?

음악실 순수율	음악실 이용률	평균 수업시간(1주일)
80%	60%	25시간

① 10시간   ② 12시간

③ 15시간   ④ 20시간

ANSWER 16.① 17.②

16 ① 복리시설에 대한 설명으로, 어린이놀이터, 근린생활시설, 유치원, 주민운동시설 및 경로당, 그 밖에 대통령령으로 정하는 공동시설이 이에 해당한다.

※ "부대시설"이란 주택에 딸린 다음의 시설 또는 설비를 말한다〈주택법 제2조 제13호〉.
  ㉠ 주차장, 관리사무소, 담장 및 주택단지 안의 도로
  ㉡ 「건축법」에 따른 건축설비
  ㉢ ㉠ 및 ㉡의 시설 · 설비에 준하는 것으로서 대통령령으로 정하는 시설 또는 설비

17 평균수업시간 25시간 중 음악실의 이용률이 60%이므로 음악실은 15시간이 이용되며, 순수율이 80%이므로 15시간의 80%인 12시간 동안 음악실이 순수 음악수업에 사용된다.

18 「건축법 시행령」상 다가구주택이 갖추어야 할 요건만을 모두 고른 것은?

> ㉠ 주택으로 쓰는 층수(지하층은 제외한다)가 3개 층 이하일 것. 다만, 1층의 전부 또는 일부를 필로티 구조로 하여 주차장으로 사용하고 나머지 부분을 주택 외의 용도로 쓰는 경우에는 해당 층을 주택의 층수에서 제외한다.
> ㉡ 여러 사람이 장기간 거주할 수 있는 구조로 되어 있는 것
> ㉢ 19세대(대지 내 동별 세대수를 합한 세대) 이하가 거주할 수 있을 것
> ㉣ 1개 동의 주택으로 쓰이는 바닥면적의 합계가 660제곱미터 이하일 것

① ㉠, ㉡, ㉢
② ㉠, ㉡, ㉣
③ ㉠, ㉢, ㉣
④ ㉡, ㉢, ㉣

19 건축 바닥면적 산정 시 바닥면적에 포함되는 것은?

① 옥상에 설치하는 물탱크 면적
② 평지붕일 때 층 높이가 1.8m인 다락 면적
③ 정화조 면적
④ 공동주택 지상층 기계실 면적

ANSWER 18.③ 19.②

18 ㉡은 다중주택이 갖추어야 할 법적 요건이다.
※ **다가구주택**〈건축법 시행령 별표1 제1호 다목〉… 다음의 요건을 모두 갖춘 주택으로서 공동주택에 해당하지 아니하는 것
- 주택으로 쓰는 층수(지하층은 제외한다)가 3개 층 이하일 것. 다만, 1층의 전부 또는 일부를 필로티 구조로 하여 주차장으로 사용하고 나머지 부분을 주택(주거 목적으로 한정한다) 외의 용도로 쓰는 경우에는 해당 층을 주택의 층수에서 제외한다.
- 1개 동의 주택으로 쓰이는 바닥면적의 합계가 660제곱미터 이하일 것
- 19세대(대지 내 동별 세대수를 합한 세대) 이하가 거주할 수 있을 것

19 층고가 1.5m(경사진 형태의 지붕인 경우 1.8m) 이하인 다락인 경우에 바닥면적에 산입하지 않는다. 따라서 평지붕일 때 1.8m 높이의 다락은 바닥면적에 산입된다.
※ **건축법 시행령 제119조(면적 등의 산정방법)** 참조
- 승강기탑(옥상 출입용 승강장 포함), 계단탑, 장식탑, <u>다락[층고가 1.5미터(경사진 형태의 지붕인 경우에는 1.8미터) 이하인 것만 해당한다]</u>, 건축물의 내부에 설치하는 냉방설비 배기장치 전용 설치공간(각 세대나 실별로 외부 공기에 직접 닿는 곳에 설치하는 경우로서 1제곱미터 이하로 한정한다), 건축물의 외부 또는 내부에 설치하는 굴뚝, 더스트슈트, 설비덕트, 그 밖에 이와 비슷한 것과 <u>옥상·옥외 또는 지하에 설치하는 물탱크</u>, 기름탱크, 냉각탑, <u>정화조</u>, 도시가스 정압기, 그 밖에 이와 비슷한 것을 설치하기 위한 구조물과 건축물 간에 화물의 이동에 이용되는 컨베이어벨트만을 설치하기 위한 구조물은 바닥면적에 산입하지 않는다.
- <u>공동주택으로서 지상층에 설치한 기계실</u>, 전기실, 어린이놀이터, 조경시설 및 생활폐기물 보관시설의 면적은 바닥면적에 산입하지 않는다.

20 미술관의 출입구 및 동선계획에 대한 설명으로 옳지 않은 것은?

① 각 출입구는 방재시설로 셔터나 그릴 셔터를 설치한다.

② 전시실 전체의 주동선 방향이 정해지면 개개의 전시실은 입구에서 출구에 이르기까지 연속적인 일방통행 동선으로 교차의 역순을 피해야 한다.

③ 전시공간의 전체 동선체계는 관람자 동선, 관리자 동선, 자료의 동선으로 나뉘며, 이들 수평상 동선의 대부분의 체계는 복도형식으로 이루어진다.

④ 일반적으로 상설전시장과 특별전시장은 전시장 입구를 같이 사용한다.

20 일반적으로 상설전시장과 특별전시장은 전시장 입구를 서로 분리해야 한다.

1 건축 형태의 구성요소 및 원리에 대한 설명으로 가장 옳은 것은?

① 비례는 건물을 구성하는 각 요소들(지붕과 벽, 기둥, 창문 등)의 질적인 관계이다.

② 대칭은 형태의 비평형적 관계이다.

③ 리듬은 균형에 의해 형성된다.

④ 질감이란 물체를 만져보지 않고 시각적으로 표면 상태를 알 수 있는 것이다.

2 택지개발 및 주택단지 계획과 관련된 설명으로 가장 옳은 것은?

① 페리의 근린주구에서 규모는 하나의 중학교를 필요로 하는 인구에 대응하며, 그 물리적 크기는 인구밀도에 의해 결정된다.

② 국지도로 유형 중 하나인 쿨데삭(Cul-de-sac)은 교통량이 많으며, 도로의 최대 길이는 30m 이하이어야 한다.

③ 블록형 단독주택 용지는 개별필지로 구분하지 않으며 적정규모의 블록을 하나의 개발단위로 공급하는 용지를 말한다.

④ 탑상형 공동주택은 각 세대에 개방감을 주며 거주 조건이나 환경이 균등하다는 장점이 있다.

ANSWER 1.④ 2.③

1 ① 비례는 건물을 구성하는 각 요소들(지붕과 벽, 기둥, 창문 등)의 양적인 관계이다.
② 대칭은 형태의 평형적 관계이다.
③ 리듬은 규칙적인 요소들의 반복으로 나타나는 통제된 운동감이다. (균형에 의해 형성되는 것이 아니다.)

2 ① 페리의 근린주구에서 규모는 하나의 초등학교를 필요로 하는 인구에 대응하며, 그 물리적 크기는 인구밀도에 의해 결정된다.
② 국지도로 유형 중 하나인 쿨데삭(Cul-de-sac)은 각 가구를 잇는 도로가 하나인 막힌 골목길로서 교통량이 적으며, 적정길이는 120~300m 정도이다. (단, 300m 이상 시에는 중간부에 회전지점이 요구된다. 모든 쿨데삭은 2차선을 확보해야 하며, 보차분리를 준수하고 쿨데삭의 진출입부의 교통 혼잡에 유의해야 한다.)
④ 탑상형 공동주택은 주호가 중앙홀을 중심으로 전면에 배치가 되어 있어 각 주호의 거주조건이나 환경조건이 불균등하다는 단점이 있다.

3 건축물 건축설비 관련 설명 중 가장 옳지 않은 것은?

① 온수난방은 예열시간이 길지만 잘 식지 않아 난방을 정지하여도 난방 효과가 지속된다.

② 서로 상이한 실에서 냉난방을 동시에 해야 하는 경우 가장 적절한 공조방식은 변풍량 단일덕트 방식이다.

③ 복사난방은 방 높이에 의한 실온의 변화가 적고, 실내가 쾌적하다는 장점이 있다.

④ 건축화 조명은 천장, 벽, 기둥 등 건축물의 내부에 조명 기구를 설치하여 건물의 내부 및 마감과 일체적으로 만들어 조명하는 방식이다.

4 쇼핑센터의 입지 조건 및 배치 특성에 대한 설명으로 가장 옳은 것은?

① 보행자 몰(Pedestrian Mall)은 가능한 한 인공조명을 설치하여 내부공간의 분위기와 같은 느낌을 주는 계획이 필요하다.

② 시티센터(City Center)형은 뉴타운(Newtown)의 중심부에 조성하고 비교적 중·소규모의 형태로 계획한다.

③ 보행자 몰(Pedestrian Mall)은 코트(Court), 알코브(Alcove) 등을 평균 50m 길이마다 설치하여 변화를 주거나 다층화를 도모함으로써 비교적 단조롭게 조성하는 것이 좋다.

④ 교외형 쇼핑센터는 교외의 간선도로에 면하여 입지하는 비교적 대규모시설로 단지차원의 계획이며 대규모 주차 시설의 계획이 필요하다.

ANSWER 3.② 4.④

3 서로 상이한 실에서 냉난방을 동시에 해야 하는 경우 가장 적절한 공조방식은 이중덕트 방식이다.

※ **이중덕트 방식**
- 혼합박스가 있어 각 방의 온도조절이 가능하다.
- 계절마다 냉난방의 전환이 필요하지 않다.
- 운전 및 보수가 용이하다.
- 덕트의 면적이 상당히 크다.
- 운전 시 에너지소비가 많으며 설비비가 많이 든다.

4 ① 보행자 몰(Pedestrian Mall)은 자연광을 이용하여 외부공간과 같은 느낌을 주도록 한다.

② 시티센터(City Center)형은 도심의 상업지역에 입지하는 사회, 문화시설 등과 함께 대규모로 계획한다.

③ 보행자 몰(Pedestrian Mall)은 코트(Court), 알코브(Alcove) 등을 평균 20m~30m 길이마다 설치하여 변화를 주거나 다층화를 도모하여 변화감과 쾌적함을 제공하고 휴식장소로도 활용이 가능하도록 계획해야 한다.

※ **쇼핑센터의 분류**(입지에 의한 분류)
- 시티센터형 : 도심의 상업지역에 입지하는 사회, 문화시설 등과 함께 계획하는 경우가 많다.
- 터미널형 : 교통기관의 터미널에 상업시설이 입지하는 것을 말한다.
- 지하상가형 : 도심의 지하에 상점을 설치하여 상점가로 이용할 목적으로 계획한다.
- 역전형 : 뉴타운 계획에 수반하여 뉴타운 근처 역전에 계획한 것이다.

5 학교 교사 계획의 배치유형에 따른 특징으로 가장 적합한 것은?

① 폐쇄형 : 화재 및 비상시에 유리하다.

② 분산 병렬형 : 구조계획이 간단하고 규격형의 이용이 편리하다.

③ 집합형 : 시설물의 지역사회 이용과 같은 다목적 계획이 불리하다.

④ 클러스터형 : 건물 동 사이에 놀이 공간을 구성하기 불리하다.

6 종합병원의 병동부 계획에 대한 내용으로 가장 옳은 것은?

① 병실 출입구는 안목치수를 1m 이상으로 하여 침대가 통과할 수 있도록 하고 차음성은 고려할 필요가 없다.

② 일반 병동부는 다른 부문과 공간적으로 분리하여 감염을 방지하도록 한다.

③ 중환자 병동과 신생아 병동은 다른 부문과 공간적으로 분리하고, 공기와 접촉을 통한 전염의 방지를 위해 설비 및 공간을 계획한다.

④ 정신 병동의 문은 밖여닫이로 하고 실내를 감시할 수 있는 창문을 설치한다.

---

5 ① **폐쇄형** : 화재 및 비상시에 불리하다.
　　③ **집합형** : 시설물의 지역사회 이용과 같은 다목적 계획이 용이하다.
　　④ **클러스터형** : 건물 동 사이에 놀이 공간을 구성하기 유리하다.

6 ① 병실 출입구는 차음성을 반드시 고려해야 한다.
　　② 일반 병동부는 다른 부문과 공간적으로 연결하되, 출입문을 필히 설치하여 감염을 방지하도록 한다.
　　④ 정신 병동의 문은 안여닫이로 하고 실내를 감시할 수 있는 창문을 설치한다.

7 문화재시설 담당 공무원으로서 전통건축물 수리보수를 감독하고자 한다. 건축 문화재에 관한 용어 설명으로 가장 옳지 않은 것은?

① 평방(平枋)은 다포형식의 건물에서 주간포를 받기 위해 창방 위에 얹는 부재를 말한다.

② 부연(附椽)은 처마 서까래의 끝에 덧얹어 처마를 위로 올린 모양이 나도록 만든 짤막한 서까래를 말한다.

③ 첨차(檐遮)는 건물 외부기둥의 윗몸 부분을 가로로 연결하고 그 위에 평방, 소로, 화반 등을 높이는 수평부재를 말한다.

④ 닫집은 궁궐의 용상, 사찰·사당 등의 불단이나 제단 위에 지붕모양으로 씌운 덮개를 말한다.

8 도서관의 배치 및 기능에 대한 설명으로 가장 옳지 않은 것은?

① 별도의 아동실을 설치할 경우에는 이용이 빈번한 장소에 그 입구를 설치하여야 한다.

② 30~40년 후의 장래를 고려하여 충분한 여유 공간이 있어야 한다.

③ 서고 내에 설치하는 캐럴(Carrel)은 창가나 벽면 쪽에 위치시켜 이용자가 타인으로부터 방해 받는 일이 없도록 한다.

④ 도서관은 조사, 학습, 교양, 레크리에이션과 사회교육에 기여함을 목적으로 하는 시설을 말한다.

9 사무소의 실 배치 방법에 대한 설명으로 가장 옳은 것은?

① 개실배치(Individual Room System)는 임대에 불리하다.

② 개방식 배치(Open Room System)는 개실배치에 비해 공사비가 저렴하다.

③ 개방식 배치는 인공조명과 인공환기가 불필요하다.

④ 오피스 랜드스케이핑(Office Landscaping)은 개방된 사무 공간에 관리자를 위한 독립실을 제공하여 업무능률 향상을 도모하는 방식이다.

10 경주 및 포항 지진 이후 내진설계에 대한 국민들의 관심이 증가하고 있다. 건축물을 건축하거나 대수선하는 경우 착공신고 시에 건축주가 설계자로부터 구조안전 확인서류를 받아 허가권자에게 제출해야 하는 대상 건축물이 아닌 것은?

① 층수가 2층(주요구조부인 기둥과 보를 설치하는 건축물로서 그 기둥과 보가 목재인 목구조 건축물의 경우에는 3층) 이상인 건축물

② 연면적이 $200m^2$(목구조 건축물의 경우에는 $500m^2$) 이상인 건축물

③ 높이가 13m 이상인 건축물

④ 기둥과 기둥 사이의 거리가 10m 이하인 건축물

ANSWER 9.② 10.④

9 ① 개실배치(Individual Room System)는 여러 실이 만들어져서 임대에 유리하다.
   ③ 개방식 배치는 인공조명과 인공환기가 필요하다.
   ④ 오피스 랜드스케이핑(Office Landscaping)은 칸막이를 제거하여 부서 간의 업무 연계 및 작업능률의 효율화를 도모하기 위한 방식이다.

10 기둥과 기둥 사이의 거리가 10m 이상인 건축물이 해당된다.

11 건물의 리모델링 중 성능개선의 원인으로 가장 적합하지 않은 것은?

① 건물이 물리적 내용 연수의 한계에 달하는 경우 준공시점 수준까지 건물의 기능을 회복하기 위하여 수리·수선이 필요하다.

② 건물의 노후화에 따라 발생할 수 있는 구조적 성능저하를 개선하기 위하여 구조성능 개선이 필요하다.

③ 사회적 구조변화와 환경변화에 따라 건물의 기능적 성능을 새롭게 바꾸는 기능적 개선이 필요하다.

④ 시대적 성향의 변화에 따라 건물의 외관과 내부의 형태 및 마감 상태를 새롭게 하는 미관적 개선이 필요하다.

12 집합주택의 단면 형식에 의한 분류 중 그 내용으로 가장 적합하지 않은 것은?

① 스킵플로어형(Skip Floor Type) : 주택 전용면적비가 높아지며 피난 시 불리하다.

② 트리플렉스형(Triplex Type) : 프라이버시 확보에 유리하며 공용면적이 적다.

③ 메조네트형(Maisonette Type) : 주호의 프라이버시와 독립성 확보에 불리하며 속복도일 경우 소음 처리도 불리하다.

④ 플랫형(Flat Type) : 프라이버시 확보에 불리하며 규모가 클 경우 복도가 길어져 공용면적이 증가한다.

11 ① 건물이 물리적 내용 연수의 한계에 달하는 경우 준공시점 수준까지 건물의 기능을 회복하기 위하여 수리·수선을 하는 것은 보수(repair)이다.
- 리모델링이란 기존건물의 구조적, 기능적, 미관적, 환경적 성능이나 에너지 성능을 개선하여 거주자의 생산성과 쾌적성 및 건강을 향상시킴으로써 건물의 가치를 상승시키고 경제성을 높이는 것을 말한다.
- 리모델링은 현재 정상적으로 운영되고 있는 건물시스템의 성능을 개선시킨다는 점에서 건물의 보수, 보강, 수선, 개수, 교체 등과는 약간의 의미적 차이를 가지고 있다. 즉, 건축물의 리모델링은 기존의 성능을 그대로 유지해도 건물의 운영에는 문제가 없으나 성능개선을 통하여 가치를 향상시키고자 하는 선택적 수단임에 반해, 보수, 보강, 개수, 교체 등은 건물시스템의 하자나 불량, 고장, 성능저하로 인한 불가피한 선택인 것이다.

12 메조네트형(Maisonette Type)은 주호의 프라이버시와 독립성 확보 및 통풍, 채광에 유리하다. (속복도형은 중복도형을 의미한다.)

13 범죄를 예방하고 안전한 생활환경을 조성하기 위하여 건축물, 건축설비 및 대지에 관한 점죄예방 기준에 따라 건축하여야 하는 건축물로 옳지 않은 것은? (※ 기출변형)

① 연구소

② 아파트

③ 연립주택

④ 노유자시설

14 공연장의 평면형식에 대한 내용으로 가장 옳은 것은?

① 아레나(Arena)형은 객석과 무대가 하나의 공간에 있으므로 일체감을 주며 긴장감이 높은 연극 공간을 형성한다.

② 오픈스테이지(Open Stage)형은 무대와 객석의 크기, 모양, 배열 그리고 그 상호관계를 한정하지 않고 변경할 수 있다.

③ 프로시니엄(Proscenium)형은 관객이 연기자에게 근접하여 공연을 관람할 수 있다.

④ 가변형 무대는 배경이 한 폭의 그림과 같은 느낌을 주어 전체적인 통일감을 형성하는 데 가장 좋은 형태이다.

ANSWER **13.**① **14.**①

13 건축물의 범죄예방〈건축법 시행령 제63조의7〉… 법 제53조의2 제2항에서 "대통령령으로 정하는 건축물"이란 다음 각 호의 어느 하나에 해당하는 건축물을 말한다.
ㄱ 다가구주택, 아파트, 연립주택 및 다세대주택
ㄴ 제1종 근린생활시설 중 일용품을 판매하는 소매점
ㄷ 제2종 근린생활시설 중 다중생활시설
ㄹ 문화 및 집회시설(동ㆍ식물원은 제외한다)
ㅁ 교육연구시설(연구소 및 도서관은 제외한다)
ㅂ 노유자시설
ㅅ 수련시설
ㅇ 업무시설 중 오피스텔
ㅈ 숙박시설 중 다중생활시설

14 ② 가변형 스테이지(Adaptable Stage)형은 무대와 객석의 크기, 모양, 배열 그리고 그 상호관계를 한정하지 않고 변경할 수 있다.
③ 오픈스테이지(Open Stage)형은 관객이 연기자에게 근접하여 공연을 관람할 수 있다.
④ 프로시니엄(Proscenium)형 무대는 배경이 한 폭의 그림과 같은 느낌을 주어 전체적인 통일감을 형성하는 데 가장 좋은 형태이다.

15 주민자치센터 건축과정에서 「장애인·노인·임산부 등의 편의증진 보장에 관한 법률」의 기준에 의한 장애 없는(barrier free) 공공업무시설을 구현할 때 편의시설의 설치기준으로 가장 옳지 않은 것은?

① 경사로의 시작과 끝, 굴절 부분 및 참에는 1.5m×1.5m 이상의 활동공간을 확보하여야 한다.

② 휠체어 사용자용 세면대의 상단 높이는 바닥면으로부터 0.80m, 하단 높이는 0.55m 이상으로 하여야 한다.

③ 계단 및 참의 유효폭은 1.2m 이상으로 하여야 한다.

④ 장애인용 출입구(문)의 0.3m 전면에 시각장애인을 위한 점형블록을 설치하여야 한다.

16 1950년대 후반 지오데식 돔(geodesic dome) 건축기법을 개발하여 10층 높이의 축구 경기장으로 사용 가능한 규모의 구조물을 설계한 건축가는?

① 산티아고 칼라트라바(Santiago Calatrava)

② 루이스 바라간(Luis Barragán)

③ 리차드 버크민스터 풀러(Richard Buckminster Fuller)

④ 피에르 루이지 네르비(Pier Luigi Nervi)

15 휠체어 사용자용 세면대의 상단 높이는 바닥면으로부터 0.85m, 하단 높이는 0.65m 이상으로 하여야 한다.

　④ 건축물 주출입구의 0.3미터 전면에는 문의 폭만큼 점형블록을 설치하거나 시각장애인이 감지할 수 있도록 바닥재의 질감 등을 달리하여야 한다〈장애인·노인·임산부 등의 편의증진 보장에 관한 법률 시행규칙 별표 1(편의시설의 구조·재질 등에 관한 세부기준)〉.

16 리차드 버크민스터 풀러(Richard Buckminster Fuller)에 관한 설명이다. 최초로 지오데식 돔(삼각형을 짝지어 돔을 형성하는 공법)을 비롯한 획기적인 아이디어를 실현한 인물로 건축기술의 발전에 큰 영향을 끼친 인물이다.

17 지구단위계획에 대한 설명으로 가장 옳은 것은?

① 지구단위계획은 「건축법」에 근거한다.

② 지구단위계획은 토지이용의 합리화와 체계적인 관리를 목적으로 한다.

③ 지구단위계획은 모든 도시계획 수립 대상 지역에 대한 관리계획이다.

④ 지구단위계획구역은 도시관리계획으로 관리하기 어려운 지역을 대상으로 한다.

18 주택계획의 기본방향에 대한 설명으로 가장 옳은 것은?

① 개인의 사적 영역을 보장한다.

② 건강 증진을 위해 가급적 동선을 길게 한다.

③ 활동성 증대와 전통성 강화를 위해 좌식을 우선시한다.

④ 가족전체 영역보다는 구성원 개인의 영역을 우선시한다.

ANSWER 17.② 18.①

17 ① 지구단위계획은 「국토의 계획 및 이용에 관한 법률」에 근거한다.

③ 지구단위계획구역은 도시·군계획 수립 대상지역의 일부에 대한 것이다.

④ 지구단위계획구역은 토지 이용을 합리화하고 그 기능을 증진시키며 미관을 개선하고 양호한 환경을 확보하며, 그 지역을 체계적·계획적으로 관리하기 위하여 수립하는 도시·군관리계획을 말한다.

18 ② 가급적 동선을 짧게 해야 한다.

③ 활동성 증대를 위해 입식을 우선시한다.

④ 가족전체 영역과 구성원 개인 영역의 균형을 추구해야 한다.

19 친환경 건축계획 기법의 하나인 중수 이용에 관한 설명으로 가장 옳지 않은 것은?

① 일정 규모 이상의 시설물을 신축(증축·개축 또는 재축하는 경우를 포함)하는 경우 물 사용량의 10% 이상의 중수도를 설치·운영하여야 한다.

② 중수는 소화용수, 변기세정수, 조경용수로 사용할 수 있다.

③ 중수의 청결도는 상수와 하수의 중간 정도이다.

④ 환경오염의 우려가 있으므로 빗물을 모아서 중수로 사용해서는 안 된다.

20 최근 다양한 건축분쟁이 증가하고 있는데, 주거지역 안에서 일조 등의 확보를 위한 높이제한 내용 중 가장 옳지 않은 것은?

① 전용주거지역이나 일반주거지역에서 건축하는 경우 건축물의 각 부분을 정북방향으로의 인접 대지경계선으로부터 높이 9m 이하인 부분은 1.5m 이상의 범위에서 건축조례로 정하는 거리 이상을 띄워 건축한다.

② 전용주거지역이나 일반주거지역에서 건축하는 경우 건축물의 각 부분을 정북방향으로의 인접대지 경계선으로부터 높이 9m를 초과하는 부분은 해당 건축물 각 부분 높이의 2분의 1 이상 범위에서 건축조례로 정하는 거리 이상을 띄워 건축한다.

③ 공동주택의 경우 건축물 각 부분의 높이는 그 부분으로부터 채광을 위한 창문 등이 있는 벽면에서 직각방향으로 인접 대지경계선까지의 수평거리의 2배(근린상업지역 또는 준주거지역의 건축물은 4배) 이하로 한다.

④ 같은 대지에서 두 동 이상의 건축물이 서로 마주보는 경우, 건축물 각 부분 사이의 거리는 그 대지의 모든 세대가 동지를 기준으로 9시에서 15시 사이에 1시간 이상 계속하여 일조를 확보할 수 있는 거리 이상 띄워서 건축해야 한다.

19 한 번 사용한 물을 어떠한 형태로든 한 번 혹은 반복적으로 사용하는 물을 중수라 하며, 빗물 역시 중수로 사용할 수 있다. (중수도 : 배수나 하수를 처리, 재생한 것을 청소, 변소, 살수 등의 양질의 물을 필요로 하지 않는 부분에 상수도와는 다른 계통으로 공급하는 수도)

20 같은 대지에서 두 동 이상의 건축물이 서로 마주보는 경우, 건축물 각 부분 사이의 거리는 일정 거리 이상(건축법 시행령 제86조 참조) 띄워서 건축해야 한다. 다만, 그 대지의 모든 세대가 동지를 기준으로 9시에서 15시 사이에 2시간 이상 계속하여 일조를 확보할 수 있는 거리 이상으로 할 수 있다.

1 공장건축의 계획 시 고려해야 할 사항으로 옳지 않은 것은?

① 건물의 배치는 공장의 작업내용을 충분히 검토하여 결정한다.

② 중층형 공장은 주로 제지·제분 등 경량의 원료나 재료를 취급하는 공장에 적합하다.

③ 증축 및 확장 계획을 충분히 고려하여 배치계획을 수립한다.

④ 무창공장은 냉·난방 부하가 커져 운영비용이 많이 든다.

2 병원건축 계획에 대한 설명으로 옳지 않은 것은?

① 중앙진료부에 해당하는 수술실은 병동부와 외래부 중간에 위치시킨다.

② ICU(Intensive Care Unit)는 중증 환자를 수용하여 집중적인 간호와 치료를 행하는 간호단위이다.

③ 종합병원의 병동부 면적비는 연면적의 $\frac{1}{3}$ 정도이다.

④ 1개 간호단위의 적절한 병상 수는 종합병원의 경우 70~80bed가 이상적이다.

3 공공문화시설에 대한 설명으로 옳지 않은 것은?

① 전시장 계획 시 연속순로(순회)형식은 동선이 단순하여 공간이 절약된다.

② 공연장 계획 시 객석의 형(形)이 원형 또는 타원형이 되도록 하는 것이 음향적으로 유리하다.

③ 도서관 계획 시 서고의 수장능력은 서고 공간 $1m^3$당 약 66권을 기준으로 한다.

④ 극장 계획 시 고려해야 할 가시한계(생리적 한도)는 약 15m이고, 1차 허용한계는 약 22m, 2차 허용한계는 약 35m이다.

ANSWER 1.④ 2.④ 3.②

1 무창공장은 열손실이 적어 냉·난방 부하가 줄어드는 효과가 있다.

2 1개 간호단위의 적절한 병상 수는 종합병원의 경우 30~40bed가 이상적이다.

3 공연장 계획 시 객석의 형(形)이 원형 또는 타원형이 되도록 하는 것은 음향적으로 매우 좋지 않다.

4 치수계획에 대한 설명으로 옳지 않은 것은?

① 건축공간의 치수는 인간을 기준으로 할 때 물리적, 생리적, 심리적 치수(scale)로 구분할 수 있다.

② 국제 척도조정(M.C.)을 사용하면 건축구성재의 국제교역이 용이해진다.

③ 건축공간의 치수는 인체치수에 대한 여유치수를 배제하고 계획하는 것이 좋다.

④ 모듈의 예로 르 꼬르뷔지에(Le Corbusier)의 모듈러(Le Modular)가 있다.

5 건축법령상 비상용 승강기에 대한 설명으로 옳지 않은 것은?

① 비상용 승강기를 설치하는 경우 설치대수는 건축물 층수를 기준으로 한다.

② 피난층이 있는 승강장의 출입구로부터 도로 또는 공지에 이르는 거리는 30m 이하로 계획하여야 한다.

③ 2대 이상의 비상용 승강기를 설치하는 경우에는 화재가 났을 때 소화에 지장이 없도록 일정한 간격을 두고 설치하여야 한다.

④ 승강장의 바닥면적은 옥외에 승강장을 설치하는 경우를 제외하고 비상용 승강기 1대에 대하여 $6m^2$ 이상으로 한다.

6 주거밀도에 대한 설명으로 옳지 않은 것은?

① 호수밀도는 단위 토지면적당 주호수로 주택의 규모와 중요한 관계가 있다.

② 건폐율은 건축밀도(건축물의 밀집도)를 산출하는 기초 지표로 대지면적에 대한 건축면적의 비율(%)이다.

③ 인구밀도는 거주인구를 토지면적으로 나눈 것이며, 단위 토지면적에 대한 거주인구수로 나타낸다.

④ 인구밀도는 호수밀도에 1호당 평균세대 인원을 곱하여 구할 수 있다.

4 건축공간의 치수는 인체치수에 대한 여유치수를 고려하여 계획하는 것이 좋다.

5 비상용 승강기를 설치하는 경우 설치대수는 건축물의 바닥면적을 고려하여 산정한다.

　※ 비상용 승강기의 설치기준

　• 높이 31m를 넘는 각 층의 바닥면적 중 최대 바닥면적이 $1,500m^2$ 이하인 건축물의 경우 : 1대 이상

　• 높이 31m를 넘는 각 층의 바닥면적 중 최대 바닥면적이 $1,500m^2$를 넘는 건축물의 경우 : $\left(\dfrac{A - 1,500m^2}{3,000m^2} + 1\right)$ 대 이상

6 호수밀도는 단위면적당 그곳에 입지하는 주택수의 평균으로서 주택의 규모보다는 주택 수와 더 중요한 관련이 있다.

7 공동주택에 대한 설명으로 옳지 않은 것으로만 묶은 것은?

> ㉠ 편복도형은 엘리베이터 1대당 단위 주거를 많이 둘 수 있다.
> ㉡ 집중형은 대지 이용률이 낮으나 모든 단위 주거가 환기 및 일조에 유리하다.
> ㉢ 중복도형은 사생활 보호에 불리하며 대지 이용률이 낮다.
> ㉣ 계단실형은 사생활 보호에 유리하다.

① ㉠, ㉢　　　　　　　　　　　　② ㉠, ㉣
③ ㉡, ㉢　　　　　　　　　　　　④ ㉡, ㉣

8 우리나라 시대별 전통건축의 특징에 대한 설명으로 옳지 않은 것은?

① 통일신라시대의 가람배치는 불사리를 안치한 탑을 중심으로 하였던 1탑식 가람배치 방식에서 불상을 안치한 금당을 중심으로 그 앞에 두 개의 탑을 시립(侍立)한 2탑식 가람배치로 변화하였다.

② 고려 초기에는 기둥 위에 공포를 배치하는 주심포식 구조형식이 주류를 이루었고, 고려 말경에는 창방 위에 평방을 올려 구성하는 다포식 구조형식을 사용하였다.

③ 조선시대에는 다포식과 주심포식이 혼합된 절충식이 나타나기도 하였으며, 절충식 건축물로는 해인사 장경판고(대장경판전), 옥산서원 독락당, 서울 동묘, 서울 사직단 정문 등이 있다.

④ 20세기 초에 서양식으로 지어진 건물 중 조선은행(한국은행본관)은 르네상스식 건물이고, 경운궁의 석조전은 신고전주의 양식을 취한 건물이다.

ANSWER 7.③　8.③

7　㉡ 집중형은 대지 이용률이 매우 높으나 모든 단위 주거가 환기 및 일조에 불리하다
　　㉢ 중복도형은 대지 이용률이 높으나 환경이 좋지 않고 사생활 보호에 좋지 않다.

8　해인사 장경판고(대장경판전), 옥산서원 독락당, 서울 동묘, 서울 사직단 정문에는 익공양식을 적용하였다.
　　조선초기에 사용된 절충식은 다포를 주로 하고 주심포를 혼합·절충하여 만들어진 양식으로서 이를 절충식다포, 또는 주심다포 또는 화반다포라고 한다.

9 빛 환경에 대한 설명으로 옳지 않은 것만을 모두 고른 것은?

> ㉠ 조명의 목적은 빛을 인간생활에 유익하게 활용하는 데 있으며 좋은 조명은 조도가 높아야 한다.
> ㉡ 국부조명은 조명이 필요한 부분에만 집중적으로 조명을 행하는 것으로 눈이 쉽게 피로해진다.
> ㉢ 시야 내에 눈이 순응하고 있는 휘도보다 현저하게 높은 휘도 부분이 있으면 눈부심 현상이 일어나 불쾌감을 느끼게 된다.
> ㉣ 간접조명은 조도 분포가 균일하여 적은 전력으로도 직접조명과 같은 조도를 얻을 수 있다.
> ㉤ 실내상시보조인공조명(PSALI)은 주광과 인공광을 병용한 방식이다. 이때 조명설비는 주광의 변동에 대응해서 인공광 조도를 조절할 수 있는 시스템이다.

① ㉠, ㉡   ② ㉠, ㉣

③ ㉡, ㉢, ㉣   ④ ㉢, ㉣, ㉤

10 먼셀표색계(Munsell System)에 대한 설명으로 옳지 않은 것은?

① 빨강(R), 노랑(Y), 녹색(G), 파랑(B), 보라(P)의 5가지 주색상을 기본으로 총 100색상의 표색계를 구성하였다.

② 모든 색은 백색량, 흑색량, 순색량의 합을 100으로 하여 배합하였기 때문에 어떠한 색도 혼합량은 항상 100으로 일정하다.

③ 명도는 가장 어두운 단계인 순수한 검정색을 0으로, 가장 밝은 단계인 순수한 흰색을 10으로 하였다.

④ 색채기호 5R7/8은 색상이 빨강(5R)이고, 명도는 7, 채도는 8을 의미한다.

---

9 ㉠ 조명의 목적은 빛을 인간생활에 유익하게 활용하는 데 있으며 좋은 조명은 조도가 요구조건에 적합한 정도여야 한다.
㉣ 간접조명은 조도 분포가 균일하지 않은 경우가 많으며 직접조명보다 조도 및 효율이 낮다.

10 ②는 오스트발트 색체계에 대한 설명이다. 먼셀 표색계는 인간의 심리적 지각을 반영한 직관적인 색 분류법으로, 색상·명도·채도의 색의 3속성에 따라 색을 나타내며, 색상환, 색입체 등의 형식을 통해 일정한 간격으로 색을 배치하였다.

11 교육시설의 건축계획에 대한 설명으로 옳은 것은?

① 초등학교의 복도 폭은 양 옆에 거실이 있는 복도일 경우 2.4m 이상으로 계획한다.

② 체육관 천장의 높이는 5m 이상으로 한다.

③ 교사의 배치에서 분산병렬형은 좁은 부지에 적합하지만 일조, 통풍 등 교실의 환경조건이 불균등하다.

④ 학교 운영방식 중 달톤형은 전 학급을 양분하여 한쪽이 일반교실을 사용할 때, 다른 한쪽은 특별교실을 사용한다.

12 동선계획에 대한 설명으로 옳지 않은 것은?

① 동선은 단순하고 명쾌해야 한다.

② 동선의 3요소는 속도, 빈도, 하중이다.

③ 사용 정도가 높은 동선은 짧게 계획하여야 한다.

④ 서로 다른 종류의 동선끼리는 결합과 교차를 통하여 동선의 효율성을 높여야 좋다.

13 변전실의 위치에 대한 설명으로 옳지 않은 것은?

① 기기의 반출입이 용이할 것

② 습기와 먼지가 적은 곳일 것

③ 가능한 한 부하의 중심에서 먼 장소일 것

④ 외부로부터 전원의 인입이 쉬운 곳일 것

ANSWER 11.① 12.④ 13.③

11 ② 체육관 천장의 높이는 6m 이상으로 한다.
　③ 교사의 배치에서 분산병렬형은 좁은 부지에는 적합하지 않지만 일조, 통풍 등 교실의 환경조건이 균등하다.
　④ 전 학급을 양분하여 한쪽이 일반 교실을 사용할 때, 다른 한쪽은 특별교실을 사용하는 것은 플래툰형으로서 교사의 수와 적당한 시설이 없으면 실시가 곤란하다. 시간을 할당하는 데 상당한 노력이 든다. 달톤형은 학급, 학생 구분을 없애고 학생들이 각자의 능력에 맞게 교과를 선택하고 일정한 교과가 끝나면 졸업하는 방식으로서 하나의 교과에 출석하는 학생 수가 정해져 있지 않기 때문에 같은 형의 학급교실을 몇 개 설치하는 것은 부적당하다.

12 서로 다른 종류의 동선은 가능한 한 분리하고 필요 이상의 교차를 피한다.

13 변전실은 가능한 한 부하의 중심에서 가까운 곳에 위치해야 한다.

14 「주차장법 시행규칙」상 주차장의 주차구획으로 옳지 않은 것은? (※ 기출변형)

① 평행주차형식의 이륜자동차전용 : 1.2m 이상(너비) × 2.0m 이상(길이)

② 평행주차형식의 경형 : 1.7m 이상(너비) × 4.5m 이상(길이)

③ 평행주차형식 외의 확장형 : 2.6m 이상(너비) × 5.2m 이상(길이)

④ 평행주차형식 외의 장애인전용 : 3.3m 이상(너비) × 5.0m 이상(길이)

15 「건축물의 에너지절약 설계기준」 건축부문의 의무사항에 대한 설명으로 옳지 않은 것은?

① 바닥난방에서 단열재를 설치할 때 온수배관하부와 슬래브 사이에 설치되는 구성재료의 열저항 합계는 층간바닥인 경우에는 해당 바닥에 요구되는 총열관류저항의 60% 이상으로 하는 것이 원칙이다.

② 외기에 직접 면하고 1층 또는 지상으로 연결된 출입문 중 바닥면적 200m^2 이상의 개별점포 출입문, 너비 1.0m 이상의 출입문은 방풍구조로 하여야 한다.

③ 단열재의 이음부는 최대한 밀착해서 시공하거나, 2장을 엇갈리게 시공하여 이음부를 통한 단열성능 저하가 최소화될 수 있도록 조치하여야 한다.

④ 방풍구조를 설치하여야 하는 출입문에서 회전문과 일반문이 같이 설치된 경우, 일반문 부위는 방풍실 구조의 이중문을 설치하여야 한다.

Aᴺˢᵂᴱᴿ 14.① 15.②

14 이륜자동차의 평행주차형식에 따른 주차단위구획은 너비 1.0미터 이상, 길이 2.3미터 이상으로 하고, 평행주차형식 외의 경우에도 너비 1.0미터 이상, 길이 2.3미터 이상으로 설치하도록 한다〈주차장법 시행규칙 제3조(주차장의 주차계획) 제1항〉.

15 건축부문의 의무사항〈건축물의 에너지절약설계기준 제6조 제4호 라목〉 … 외기에 직접 면하고 1층 또는 지상으로 연결된 출문은 방풍구조로 하여야 한다. 다만, 다음 각 호에 해당하는 경우에는 그러하지 않을 수 있다.
　㉠ 바닥면적 3백 제곱미터 이하의 개별 점포의 출입문
　㉡ 주택의 출입문(단, 기숙사는 제외)
　㉢ 사람의 통행을 주목적으로 하지 않는 출입문
　㉣ 너비 1.2미터 이하의 출입문

16 건물의 단열에 대한 설명으로 옳지 않은 것은?

① 열교는 벽이나 바닥, 지붕 등에 단열이 연속되지 않는 부위가 있을 경우 발생하기 쉽다.

② 단열재의 열전도율은 재료의 종류와는 무관하며 물리적 성질인 밀도에 반비례한다.

③ 반사형 단열재는 복사의 형태로 열 이동이 이루어지는 공기층에 유효하다.

④ 벽체의 축열성능을 이용하여 단열을 유도하는 방법을 용량형 단열이라 한다.

17 「건축물의 설비기준 등에 관한 규칙」상 공동주택 및 다중이용시설의 환기설비기준에 대한 설명으로 옳지 않은 것은? (※ 기출변형)

① 다중이용시설의 기계환기설비 용량기준은 시설이용 인원당 환기량을 원칙으로 산정한다.

② 환기구를 안전울타리 또는 조경 등을 이용하여 보행자 및 건축물 이용자의 접근을 차단하는 구조로 하는 경우에는 환기구의 설치 높이 기준을 완화해 적용할 수 있다.

③ 신축 또는 리모델링하는 30세대 이상의 공동주택은 시간당 0.5회 이상의 환기가 이루어질 수 있도록 자연환기설비 또는 기계환기설비를 설치하여야 한다.

④ 환기구는 보행자 및 건축물 이용자의 안전이 확보되도록 바닥으로부터 1.8미터 이상의 높이에 설치하는 것이 원칙이다.

---

16 단열재의 열전도율은 재료의 종류와 밀접한 관련을 가지며 밀도와 반드시 비례·반비례 관계를 가진다고 할 수 없다.

17 ④ 환기구는 보행자 및 건축물 이용자의 안전이 확보되도록 바닥으로부터 2미터 이상의 높이에 설치해야 한다〈건축물의 설비기준 등에 관한 규칙 제11조의2(환기구의 안전기준) 제1항 상단〉.
　① 「건축물의 설비기준 등에 관한 규칙」 제11조(공동주택 및 다중이용시설의 환기설비기준 등) 제5항 제1호
　② 「건축물의 설비기준 등에 관한 규칙」 제11조의2(환기구의 안전기준) 제1항
　③ 「건축물의 설비기준 등에 관한 규칙」 제11조(공동주택 및 다중이용시설의 환기설비기준 등) 제1항

18 근대건축과 관련된 설명에서 ㉠에 들어갈 용어로 옳은 것은?

> (㉠)은/는 1917년에 결성되어 화가, 조각가, 가구 디자이너 그리고 건축가들을 중심으로 추상과 직선을 강조하는 새로운 양식으로 전개되었다. 아울러 (㉠)은/는 신 조형주의 이론을 조형적, 미학적 기본원리로 하여 회화, 조각, 건축 등 조형예술 전반에 걸쳐 전개하였으며 입체파의 영향을 받아 20세기 초 기하학적 추상 예술의 성립에 결정적 역할을 하였고, 근대건축이 기능주의적인 디자인을 확립하는 데 커다란 역할을 하였다.

① 예술공예운동(Arts and Crafts Movement)
② 데 스틸(De Stijl)
③ 세제션(Sezession)
④ 아르누보(Art Nouveau)

19 르네상스 시대의 건축가와 그의 작품의 연결이 옳지 않은 것은?

① 안드레아 팔라디오 – 빌라 로톤다(빌라 카프라)
② 필리포 브루넬레스키 – 일 레덴토레 성당
③ 미켈란젤로 부오나로티 – 라우렌찌아나 도서관
④ 레온 바티스타 알베르티 – 루첼라이 궁전

20 소화설비 중 소화활동설비에 해당하지 않는 것은?

① 자동화재탐지설비

② 제연설비

③ 비상콘센트설비

④ 연결살수설비

20 자동화재탐지설비는 경보설비에 해당한다.

※ **소방시설의 종류**〈소방시설 설치 및 관리에 관한 법률 시행령 별표1〉

소화설비(물 또는 그 밖의 소화약제를 사용하여 소화하는 기계·기구 또는 설비)	
• 소화기구	• 스프링클러설비등
• 자동소화장치	• 물분무등소화설비
• 옥내소화전설비(호스릴옥내소화전설비 포함)	• 옥외소화전설비

경보설비(화재발생 사실을 통보하는 기계·기구 또는 설비)	
• 단독경보형 감지기	• 자동화재속보설비
• 비상경보설비	• 통합감시시설
• 시각경보기	• 누전경보기
• 자동화재탐지설비	• 가스누설경보기
• 비상방송설비	• 화재알림설비

피난구조설비(화재가 발생할 경우 피난하기 위하여 사용하는 기구 또는 설비)	
• 피난기구	• 유도등
• 인명구조기구	• 비상조명등 및 휴대용비상조명등

소화용수설비(화재를 진압하는 데 필요한 물을 공급하거나 저장하는 설비)	
• 상수도소화용수설비	• 소화수조·저수조, 그 밖의 소화용수설비

소화활동설비(화재를 진압하거나 인명구조활동을 위하여 사용하는 설비)	
• 제연설비	• 비상콘센트설비
• 연결송수관설비	• 무선통신보조설비
• 연결살수설비	• 연소방지설비

1 병원 건축의 형태에서 집중식(Block type)에 대한 설명으로 옳지 않은 것은?

① 대지를 효율적으로 이용할 수 있는 형태이다.

② 의료, 간호, 급식 등의 서비스 제공이 쉽다.

③ 환자는 주로 경사로를 이용하여 보행하거나 들것으로 이동된다.

④ 일조, 통풍 등의 조건이 불리해지며, 각 병실의 환경이 균일하지 못한 편이다.

2 사무소 건축에 대한 설명으로 옳은 것은?

① 엘리베이터 대수 산정 시 단시간에 이용자로 혼잡하게 되는 아침 출근 시간대의 경우, 10분간에 전체 이용자의 1/3~1/10을 처리해야 하기 때문에 10분간의 출근자 수를 기준으로 산정한다.

② 엘리베이터는 되도록 한곳에 집중 배치하며, 8대 이하는 직선배치한다.

③ 오피스 랜드스케이프는 사무공간을 절약할 수 있으나, 변화하는 작업의 패턴에 따라 조절이 불가능하다.

④ 개실형은 독립성과 쾌적감의 장점이 있지만 공사비가 비교적 많이 드는 단점이 있다.

ANSWER 1.③ 2.④

1 집중식의 경우, 병원에서 환자는 주로 엘리베이터 등을 통해 이동하거나 이동된다.

2 ① 엘리베이터 대수 산정 시 단시간에 이용자로 혼잡하게 되는 아침 출근 시간대의 경우, 5분간에 전체 이용자의 1/3~1/10을 처리해야 하기 때문에 5분간의 출근자 수를 기준으로 산정한다.
② 엘리베이터는 가급적 중앙에 집중배치하며 직선배치는 4대 이하로 한다.
③ 오피스 랜드스케이프는 변화하는 작업의 패턴에 따라 조절이 가능하다.

3 오스카 뉴먼(O. Newman)이 제시한 공동주택의 안전한 환경창조를 위해 개별적으로 또는 결합해서 작용하는 4개의 요소가 아닌 것은?

① 영역성(Territoriality)

② 자연스러운 감시(Natural surveillance)

③ 이미지(Image)

④ 통제수단(Restriction method)

4 은행의 평면계획에 대한 설명으로 옳지 않은 것은?

① 은행실은 일반적으로 객장과 영업장으로 나누어진다.

② 전실이 없을 경우 주 출입문은 화재 시 피난 등을 고려하여 밖여닫이로 계획하는 것이 일반적이다.

③ 객장 대기홀은 모든 은행의 중핵공간이며 조직상의 중심이 되는 공간이다.

④ 영업장은 소규모 은행의 경우 단일공간으로 이루어지는 것이 보통이다.

5 도서관 건축계획에 대한 설명으로 옳지 않은 것은?

① 이용자의 접근이 쉽고 친근한 장소로 선정하며, 서고의 증축공간을 고려한다.

② 서고는 도서 보존을 위해 항온 · 항습장치를 필요로 하며 어두운 편이 좋다.

③ 이용자의 입장에서 신설 공공도서관은 가급적 기존 도서관 인근에 건립하여 시너지 효과를 내는 것이 바람직하다.

④ 이용자, 관리자, 자료의 출입구를 가능한 한 별도로 계획하는 것이 바람직하다.

ANSWER 3.④ 4.② 5.③

3 오스카 뉴먼(O. Newman)이 제시한 공동주택의 안전한 환경창조를 위해 개별적으로 또는 결합해서 작용하는 4개의 요소는 영역성(Territoriality), 자연스러운 감시(Natural surveillance), 이미지(Image), 안전지역(환경, safe zone)이다.

4 전실이 없을 경우 주 출입문은 안여닫이로 계획하는 것이 일반적이다.

5 이용자의 입장에서 신설 공공도서관은 가급적 기존 도서관과 거리가 서로 떨어진 곳에 설치를 하는 것이 좋다.

6 미술관 건축계획에 대한 설명으로 옳지 않은 것은?

① 전시실 순회형식 중 중앙홀 형식은 홀이 클수록 동선 혼란이 적어지고 장래 확장에 유리하다.

② 전시실 순회형식 중 갤러리 및 코리더 형식은 각 실에 직접 들어갈 수 있는 장점이 있다.

③ 특수전시기법 중 아일랜드전시는 벽이나 천장을 직접 이용하지 않고 전시물 또는 전시장치를 배치함으로써 전시공간을 만들어내는 기법이다.

④ 출입구는 관람객용과 서비스용으로 분리하고, 오디토리움이 있을 경우 별도의 전용 출입구를 마련하는 것이 좋다.

7 배수트랩(Trap)에 대한 설명으로 옳지 않은 것은?

① S트랩 – 사이펀 작용이 발생하기 쉬운 형상이기 때문에 봉수가 파괴될 염려가 많다.

② P트랩 – 각개 통기관을 설치하면 봉수의 파괴는 거의 일어나지 않는다.

③ U트랩 – 비사이펀계 트랩이어서 봉수가 쉽게 증발된다.

④ 드럼트랩 – 봉수량이 많기 때문에 봉수가 파괴될 우려가 적다.

8 색(色)에 대한 설명으로 옳지 않은 것은?

① 색상대비는 보색관계에 있는 2개의 색이 인접한 경우 강하게 나타난다.

② 먼셀(Munsell) 색입체에서 수직축은 명도를 나타낸다.

③ 강조하고 싶은 요소가 있으면 그 요소의 배경색으로 채도가 높은 것을 선정한다.

④ 동일 명도와 채도일 경우, 난색은 거리가 가깝게 느껴지고 한색은 멀게 느껴진다.

6 전시실 순회형식 중 중앙홀 형식은 홀이 클수록 동선의 혼란이 증대되며, 장래 확장에 어려움이 증가하게 된다.

7 U트랩은 사이펀계 트랩으로, 배수 횡주관 말단에 설치하여 공공 하수도에서 나오는 악취 및 유해가스의 역류를 방지한다. 배수관 내의 유속을 저해하는 단점이 있으나 봉수가 안전하다.

8 강조하고 싶은 요소가 있으면 그 요소의 배경색으로 채도가 낮은 것을 선정한다.

9 「건축물의 피난·방화구조 등의 기준에 관한 규칙」상 공연장의 피난시설에 대한 설명으로 옳지 않은 것은? (단, 공연장 또는 개별 관람석의 바닥면적합계는 300제곱미터 이상이다)

① 관람실로부터 바깥쪽으로의 출구로 쓰이는 문은 안여닫이로 하여서는 안 된다.

② 개별 관람실의 각 출구의 유효너비는 1.5미터 이상으로 해야 한다.

③ 개별 관람실 출구의 유효너비의 합계는 개별 관람실의 바닥면적 100제곱미터마다 0.6미터의 비율로 산정한 너비 이상으로 하여야 한다.

④ 개별 관람실의 바깥쪽에는 앞쪽 또는 뒤쪽에 복도를 설치하여야 한다.

10 인체의 온열 감각에 영향을 주는 요소에서 주관적인 변수로 옳지 않은 것은?

① 착의 상태(Clothing value)　　　　② 기온(Air temperature)

③ 활동 수준(Activity level)　　　　④ 연령(Age)

11 음(音)에 대한 설명으로 옳지 않은 것은?

① 음의 회절은 주파수가 낮을수록 쉽게 발생한다.

② 음악 감상을 주로 하는 실에서는 회화 청취를 주로 하는 실에서보다 짧은 잔향시간이 요구된다.

③ 볼록하게 나온 면(凸)은 음을 확산시키고 오목하게 들어간 면(凹)은 반사에 의해 음을 집중시키는 경향이 있다.

④ 음의 효과적인 확산을 위해서는 각기 다른 흡음처리를 불규칙하게 분포시킨다.

ANSWER 9.④　10.②　11.②

9 복도의 너비 및 설치기준〈건축물의 피난·방화구조 등의 기준에 관한 규칙 제15조의2 제3항〉 … 문화 및 집회시설 중 공연장에 설치하는 복도는 다음의 기준에 적합해야 한다.
　㉠ 공연장의 개별 관람실(바닥면적이 300제곱미터 이상인 경우에 한정한다)의 바깥쪽에는 그 양쪽 및 뒤쪽에 각각 복도를 설치할 것
　㉡ 하나의 층에 개별 관람실(바닥면적이 300제곱미터 미만인 경우에 한정한다)을 2개소 이상 연속하여 설치하는 경우에는 그 관람실의 바깥쪽의 앞쪽과 뒤쪽에 각각 복도를 설치할 것
　※ 관람실 등으로부터의 출구의 설치기준〈건축물의 피난·방화구조 등의 기준에 관한 규칙 제10조〉
　　㉠ 영 제38조 각 호의 어느 하나에 해당하는 건축물의 관람실 또는 집회실로부터 바깥쪽으로의 출구로 쓰이는 문은 안여닫이로 해서는 안 된다.
　　㉡ 영 제38조에 따라 문화 및 집회시설 중 공연장의 개별 관람실(바닥면적이 300제곱미터 이상인 것만 해당한다)의 출구는 다음 각 호의 기준에 적합하게 설치해야 한다.
　　• 관람실별로 2개소 이상 설치할 것
　　• 각 출구의 유효너비는 1.5미터 이상일 것
　　• 개별 관람실 출구의 유효너비의 합계는 개별 관람실의 바닥면적 100제곱미터마다 0.6미터의 비율로 산정한 너비 이상으로 할 것

10 기온은 객관적인 변수이다.

11 음악 감상을 주로 하는 실에서는 회화 청취를 주로 하는 실에서보다 비교적 긴 잔향시간이 요구된다.

12 학교 건축의 교사배치계획에서 분산병렬형(Finger plan)에 대한 설명으로 옳지 않은 것은?

① 편복도 사용 시 유기적인 구성을 취하기 쉽다.

② 대지에 여유가 있어야 한다.

③ 각 교사동 사이에 정원 등 오픈스페이스가 생겨 환경이 좋아진다.

④ 일조, 통풍 등 교실의 환경조건이 균등하다.

13 급수방식에서 수도직결 방식에 대한 설명으로 옳지 않은 것은?

① 수질오염이 적어서 위생상 바람직한 방식이다.

② 중력에 의하여 압력을 일정하게 얻는 방식이다.

③ 주택 또는 소규모 건물에 적용이 가능하고 설비비가 적게 든다.

④ 저수조가 없기에 경제적이지만 단수 시는 급수가 불가능하다.

14 팀텐(Team X)과 가장 관계가 없는 건축가는?

① 조르주 칸딜리스(Georges Candilis)　　　　② 알도 반 아이크(Aldo Van Eyck)

③ 피터 쿡(Peter Cook)　　　　④ 야콥 바케마(Jacob Bakema)

12 분산병렬형은 편복도 사용 시 유기적인 구성을 취하기 매우 어렵다.

13 중력에 의한 급수 방식은 고가수조방식으로 볼 수 있으나 압력을 일정하게 얻기 위해서는 수위차를 고려하여 별도의 수압조절 장치가 요구된다.

14 피터 쿡은 영국출신의 혁신적 성향의 건축가로서 오스트리아 그라츠의 쿤스트하우스로 유명한 건축가이며 아키그램(Archigram)의 일원이었으나 팀텐(Team X)과는 거리가 먼 건축가이다.

※ **팀텐(Team X)** : C.I.A.M.의 제10회를 준비한 스미슨 등이 제창한 주제는 '클러스터', '모빌리티', '성장과 변화', '도시와 건축'이었으며, 이것은 신구세대의 대립으로 C.I.A.M.을 해체시키는 원인이 된다. C.I.A.M.의 붕괴 후 이를 이어 받은 젊은 건축가들에 의해 TEAM-X이 탄생하게 된다. 관련 건축가는 다음과 같다.
- 카를로(Carlo)
- 조르주 칸딜리스(Georges Candilis)
- 우즈(Shadrach Woods)
- 스미슨 부부(Alison & Peter Smithson)
- 야콥 바케마 (Jacob Bakema)
- 반 아이크(Aldo van Eyck)
- 데 칼로 (Giancarlo de Carlo)

15 공기조화방식에서 변풍량단일덕트방식(VAV)에 대한 설명으로 옳지 않은 것은?

① 고도의 공조환경이 필요한 클린룸, 수술실 등에 적합하다.

② 가변풍량 유닛을 적용하여 개별 제어가 가능하다.

③ 저부하 시 송풍량이 감소되어 기류 분포가 나빠지고 환기 성능이 떨어진다.

④ 정풍량 방식에 비해 설비용량이 작아지고 운전비가 절약된다.

16 「국토의 계획 및 이용에 관한 법률」상 용도지역의 지정에 해당되지 않는 것은?

① 도시지역 ② 자연환경보전지역

③ 관리지역 ④ 산업지역

ANSWER 15.① 16.④

15 변풍량 단일덕트방식 : 단일덕트방식의 변형으로서 가장 에너지절약적인 방식이다. 실의 부하조건에 따라 풍량을 제어하여 송풍할 수 있는 방식이다. 이 방식은 발열량 변화가 심한 내부존, 일사량의 변화가 심한 외부존, OA사무소 건물 등에 주로 적용된다.

16 용도지역의 지정〈국토의 계획 및 이용에 관한 법률 제36조 제1항〉 … 국토교통부장관, 시·도지사 또는 대도시 시장은 다음의 어느 하나에 해당하는 용도지역의 지정 또는 변경을 도시·군관리계획으로 결정한다.

㉠ 도시지역

• 주거지역 : 거주의 안녕과 건전한 생활환경의 보호를 위하여 필요한 지역

• 상업지역 : 상업이나 그 밖의 업무의 편익을 증진하기 위하여 필요한 지역

• 공업지역 : 공업의 편익을 증진하기 위하여 필요한 지역

• 녹지지역 : 자연환경·농지 및 산림의 보호, 보건위생, 보안과 도시의 무질서한 확산을 방지하기 위하여 녹지의 보전이 필요한 지역

㉡ 관리지역

• 보전관리지역 : 자연환경 보호, 산림 보호, 수질오염 방지, 녹지공간 확보 및 생태계 보전 등을 위하여 보전이 필요하나, 주변 용도지역과의 관계 등을 고려할 때 자연환경보전지역으로 지정하여 관리하기가 곤란한 지역

• 생산관리지역 : 농업·임업·어업 생산 등을 위하여 관리가 필요하나, 주변 용도지역과의 관계 등을 고려할 때 농림지역으로 지정하여 관리하기가 곤란한 지역

• 계획관리지역 : 도시지역으로의 편입이 예상되는 지역이나 자연환경을 고려하여 제한적인 이용·개발을 하려는 지역으로서 계획적·체계적인 관리가 필요한 지역

㉢ 농림지역

㉣ 자연환경보전지역

17 「주차장법 시행규칙」상 노외주차장의 출구 및 입구의 적합한 위치에 대한 설명으로 옳은 것만을 모두 고르면?

> ㉠ 횡단보도, 육교 및 지하횡단보도로부터 10미터에 있는 도로의 부분
> ㉡ 교차로의 가장자리나 도로의 모퉁이로부터 10미터에 있는 도로의 부분
> ㉢ 유아원, 유치원, 초등학교, 특수학교, 노인복지시설, 장애인복지시설 및 아동전용시설 등의 출입구로부터 10미터에 있는 도로의 부분
> ㉣ 너비가 10미터, 종단 기울기가 5%인 도로

① ㉠, ㉢

② ㉢, ㉣

③ ㉠, ㉡, ㉣

④ ㉠, ㉡, ㉢, ㉣

18 하수설비에서 부패탱크식 정화조의 오물 정화 순서가 옳은 것은?

① 오수 유입 → 1차 처리(혐기성균) → 소독실 → 2차 처리(호기성균) → 방류

② 오수 유입 → 1차 처리(혐기성균) → 2차 처리(호기성균) → 소독실 → 방류

③ 오수 유입 → 스크린(분쇄기) → 침전지 → 폭기탱크 → 소독탱크 → 방류

④ 오수 유입 → 스크린(분쇄기) → 폭기탱크 → 침전지 → 소독탱크 → 방류

ANSWER 17.③ 18.②

17 ㉡은 노외주차장 출입구 금지 장소인 「도로교통법」 제32조 제2호(교차로의 가장자리나 도로의 모퉁이로부터 5미터 이내인 곳)에 해당하지 않는다.

※ **노외주차장의 설치에 대한 계획기준〈주차장법 시행규칙 제5조 제5호〉** … 노외주차장의 출구 및 입구(노외주차장의 차로의 노면이 도로의 노면에 접하는 부분을 말한다. 이하 같다)는 다음 각 목의 어느 하나에 해당하는 장소에 설치하여서는 아니 된다.

㉠ 「도로교통법」 제32조 제1호부터 제4호까지, 제5호(건널목의 가장자리만 해당한다) 및 같은 법 제33조 제1호부터 제3호까지의 규정에 해당하는 도로의 부분

㉡ 횡단보도(육교 및 지하횡단보도를 포함한다)로부터 5미터 이내에 있는 도로의 부분

㉢ 너비 4미터 미만의 도로(주차대수 200대 이상인 경우에는 너비 6미터 미만의 도로)와 종단 기울기가 10퍼센트를 초과하는 도로

㉣ 유아원, 유치원, 초등학교, 특수학교, 노인복지시설, 장애인복지시설 및 아동전용시설 등의 출입구로부터 20미터 이내에 있는 도로의 부분

18 부패탱크식 정화조의 오물정화순서 : 오수 유입 → 1차 처리(혐기성균) → 2차 처리(호기성균) → 소독실 → 방류

19 부석사의 건축적 특징에 대한 설명으로 옳지 않은 것은?

① 부석사는 통일신라 때 창건되었다.

② 무량수전은 주심포식 건축이다.

③ 무량수전 앞마당에는 신라 양식의 5층 석탑이 있다.

④ 산지가람의 배치특성을 가진다.

20 「노인복지법」상 노인주거복지시설에 해당하는 것으로만 나열한 것은?

① 양로시설, 노인공동생활가정, 노인복지주택

② 노인요양시설, 경로당, 노인복지주택

③ 주야간보호시설, 단기보호시설, 노인공동생활가정

④ 노인공동생활가정, 노인복지주택, 단기보호시설

ANSWER 19.③ 20.①

19 영주 부석사 무량수전 앞마당에는 통일신라 양식의 3층 석탑(부석사 삼층석탑)이 있다.

20 노인주거복지시설〈노인복지법 제32조 제1항〉… 노인주거복지시설은 다음 각 호의 시설로 한다.
　㉠ **양로시설** : 노인을 입소시켜 급식과 그 밖에 일상생활에 필요한 편의를 제공함을 목적으로 하는 시설
　㉡ **노인공동생활가정** : 노인들에게 가정과 같은 주거여건과 급식, 그 밖에 일상생활에 필요한 편의를 제공함을 목적으로
　　하는 시설
　㉢ **노인복지주택** : 노인에게 주거시설을 임대하여 주거의 편의·생활지도·상담 및 안전관리 등 일상생활에 필요한 편의
　　를 제공함을 목적으로 하는 시설
　※ 노인복지시설의 종류

노인주거복지시설	양로시설, 노인공동생활가정, 노인복지주택	노인보호전문기관	–
노인의료복지시설	노인요양시설, 노인요양공동생활가정	노인일자리지원기관	–
노인여가복지시설	노인복지관, 경로당, 노인교실	학대피해노인 전용쉼터	–
재가노인복지시설	방문요양서비스, 주·야간보호서비스, 단기보호서비스, 방문목욕서비스, 그 밖의 보건복지부령으로 정하는 서비스		

1 사무소 건축 코어(core)별 장점 중 내진구조의 성능에 유리한 유형과 방재·피난에 유리한 유형이 바르게 짝지어진 것은?

① 편단 코어형 – 중심 코어형

② 중심 코어형 – 양단 코어형

③ 외 코어형 – 양단 코어형

④ 양단 코어형 – 편단 코어형

2 사무소 지하주차장 출입구 계획에 대한 설명으로 가장 옳은 것은?

① 전면도로가 2개 이상인 경우 교통연결이 쉬운 큰 도로에 설치한다.

② 도로의 교차점 또는 모퉁이에서 3m 이상 떨어진 곳에 설치한다.

③ 출구는 도로에서 2m 이상 후퇴한 곳으로 차로 중심선상 1.4m 높이에서 좌우 60° 이상 범위가 보이는 곳에 설치한다.

④ 공원, 초등학교, 유치원의 출입구에서 10m 이상 떨어진 곳에 설치한다.

ANSWER 1.② 2.③

1 • 중심 코어형 : 내진구조로 적합하여 코어외주 구조벽을 내력벽으로 한다.
　　• 양단 코어형 : 코어가 분리되어 있어 2방향 피난에 이상적이며 방재상 유리하다.

2 ① 전면도로가 2개 이상인 경우에는 그 전면도로 중 자동차교통에 미치는 지장이 적은 도로에 설치한다.
　　② 교차로의 가장자리나 도로의 모퉁이로부터 5미터 이내인 곳에는 주차장의 출입구를 설치할 수 없다.
　　④ 유아원, 유치원, 초등학교, 특수학교, 노인복지시설, 장애인복지시설 및 아동전용시설 등의 출입구로부터 20미터 이내에 있는 도로의 부분에는 노외주차장의 출입구를 설치할 수 없다.

3 주거단지 교통 및 동선계획에 대한 설명으로 가장 옳지 않은 것은?

① 근린주구단위 내부로의 자동차 통과 진입을 최소화한다.

② 목적동선은 최단거리로 계획하며, 가급적 오르내림이 없도록 한다.

③ 보행도로의 너비는 충분히 넓게 하고 쾌적한 문화공간이 되도록 지향한다.

④ 단지 내 통과교통량을 줄이기 위해 고밀도지역은 진입구에서 가장 먼 위치에 배치시킨다.

4 학교 건축계획 시 소요교실의 산정에 필요한 이용률과 순수율의 계산식이 〈보기〉와 같을 때 (가), (나)에 들어갈 내용으로 바르게 짝지어진 것은?

$$\bullet\ \text{이용률}(\%) = \frac{\text{(가)}}{\text{1주 평균수업시간}} \times 100$$

$$\bullet\ \text{순수율}(\%) = \frac{\text{(나)}}{\text{교실이 사용되는 시간}} \times 100$$

	(가)	(나)
①	교실 사용 시간	일정 교과에 사용되는 시간
②	일정 교과에 사용되는 시간	교실 사용 시간
③	1주일간 교실사용 평균 시간	1주일간 해당 교실로 사용되는 평균 시간
④	1주일간 해당 교실로 사용되는 평균 시간	1주일간 교실사용 평균 시간

3 단지 내 통과교통량을 줄이기 위해 고밀도지역은 진입구 주변에 배치시킨다.

4
$$\bullet\ \text{이용률}(\%) = \frac{\text{교실사용시간}}{\text{1주 평균수업시간}} \times 100$$

$$\bullet\ \text{순수율}(\%) = \frac{\text{일정교과에 사용되는 시간}}{\text{교실이 사용되는 시간}} \times 100$$

5 극장건축 객석 단면계획에 대한 설명으로 가장 옳은 것은?

① 앞사람의 머리가 관객의 머리 끝과 무대 위의 점을 연결하는 가시선을 가리지 않도록 한다.

② 앞부분 2/3를 수평으로, 뒷부분 1/3을 구배 1/10의 경사진 바닥으로 한다.

③ 발코니 층을 두는 경우 단의 높이는 50cm 이하, 단의 폭은 80cm 이상으로 한다.

④ 시초선은 극장의 경우 무대 면에서 60cm 위 스크린 밑 부분, 영화관의 경우 무대의 앞 끝을 기준으로 한다.

6 옥내 소화전 개폐밸브는 바닥으로부터 (㈎)m 이하, 방화 대상물의 층마다 그 층의 각부에서 호스 접속구까지의 수평 거리는 (㈏)m 이하가 되어야 한다. ㈎와 ㈏에 들어갈 값으로 가장 옳은 것은?

	㈎	㈏
①	1.5	25
②	2	30
③	2.5	40
④	3	50

5 ① 앞사람의 머리가 관객의 눈과 무대 위의 점을 연결하는 가시선을 가리지 않도록 한다. 모든 객석에서 제일 앞 열의 객석에 앉은 관객의 머리가 방해가 되어서는 안 된다.

② 단면상 관람석의 바닥면은 앞에서 1/3을 수평바닥으로 하고, 뒷부분 2/3를 구배 1/12의 경사진 바닥으로 한다.

④ 시초선은 영화관의 경우 무대 면에서 60cm 위 스크린 밑부분, 극장의 경우 무대의 앞 끝을 기준으로 한다.

6 옥내 소화전 개폐밸브는 바닥으로부터 1.5m 이하, 방화 대상물의 층마다 그 층의 각부에서 호스 접속구까지의 수평 거리는 25m 이하가 되어야 한다.

7 현대생활을 위해 주택설계에서 해결해야 할 주생활내용과 관계된 계획의 기본목표로 가장 옳지 않은 것은?

① 양산화와 경제성

② 가사노동의 경감

③ 생활의 쾌적함 증대

④ 가족 위주의 주거

8 은행건축 규모계획에 대한 설명으로 가장 옳지 않은 것은?

① 연면적은 행원수$\times16m^2\sim26m^2$로 한다.

② 고객용 로비 면적은 1일 평균 내점 고객수$\times0.13m^2\sim0.2m^2$로 한다.

③ 고객용 로비와 영업실 면적의 비율은 $1:0.1\sim0.2$로 한다.

④ 연면적은 은행실 면적$\times1.5m^2\sim3m^2$로 한다.

7 논란의 여지가 있는 문제이다. 경제성은 주택계획에 있어 큰 범주에서 생각할 경우 계획단계에서도 필수적으로 고려를 해야 하는 사항이다. 또한 주택의 양산화를 통해 편리함과 경제성을 갖출 수 있다면 양산화 역시 계획의 기본목표가 충분히 될 수 있는 사항이다.

8 고객용 로비와 영업실 면적의 비율은 $2:3$ 정도로 한다.

9 병원건축 단위공간계획에 대한 설명으로 가장 옳은 것은?

① 간호사 대기실은 계단과 엘리베이터에 인접해 보행거리가 35m 이상이 되도록 하고, 병동부의 중앙에 위치시킨다.

② 병실의 출입구는 문턱이 없고 팔꿈치 조작이 가능한 밖여닫이로 하며 폭은 90cm로 한다.

③ 병실의 규모는 1인실의 경우 최소면적 $6.3m^2$ 이상, 2인실 이상의 경우는 1인당 최소면적 $4.3m^2$ 이상으로 한다.

④ 병실의 창면적은 바닥면적의 1/10 정도로 하며, 창문 높이는 1.2m 이상으로 하여 환자가 병상에서 외부를 전망할 수 있게 한다.

10 공장건축에서 제품중심 레이아웃형식의 특징에 대한 설명으로 가장 옳지 않은 것은?

① 대량생산에 유리하고, 생산성이 높다.

② 건축, 선박 등과 같이 제품이 큰 경우에 적합하다.

③ 장치공업(석유, 시멘트), 가전제품 조립공장 등에 유리하다.

④ 공정 간의 시간적, 수량적 균형을 이룰 수 있고, 상품의 연속성이 유지된다.

9 의료법 시행규칙 개정(2017.2.3)내용 미반영으로 정답 없음으로 결정되었다.
① 보행거리가 24m 이내가 되도록 중앙부에 위치해야 한다.
② 병실의 출입구는 안여닫이로 하며 폭은 최소 1.1m로 한다.
③ 병실의 규모는 1인실의 경우 최소 면적 $10m^2$ 이상, 2인실 이상의 경우 1인당 최소면적 $6.3m^2$ 이상으로 한다.
④ 병실의 창면적은 바닥면적의 1/3~1/4 정도로 하며, 창문 높이는 90cm 이하로 한다.

10 건축, 선박 등과 같이 제품이 큰 경우에 적합한 방식은 고정식 레이아웃방식이다.
※ 공장건축의 레이아웃 형식
　① 제품의 중심의 레이아웃(연속 작업식)
　　• 생산에 필요한 모든 공정, 기계 기구를 제품의 흐름에 따라 배치하는 방식이다.
　　• 대량생산 가능, 생산성이 높음, 공정시간의 시간적, 수량적 밸런스가 좋고 상품의 연속성이 가능하게 흐를 경우 성립한다.
　② 공정중심의 레이아웃(기계설비 중심)
　　• 동일종류의 공정 즉 기계로 그 기능을 동일한 것, 혹은 유사한 것을 하나의 그룹으로 집합시키는 방식으로 일명 기능식 레이아웃이다.
　　• 다종 소량생산으로 예상생산이 불가능한 경우, 표준화가 행해지기 어려운 경우에 채용한다.
　③ 고정식 레이아웃
　　• 주가 되는 재료나 조립부품은 고정된 장소에, 사람이나 기계는 그 장소로 이동해 가서 작업이 행해지는 방식이다.
　　• 제품이 크고 수가 극히 적을 경우(선박, 건축)에 적합한 방식이다.

11 한식주택과 양식주택의 특징에 대한 설명으로 가장 옳지 않은 것은?

① 한식주택은 실의 조합으로 되어 있고, 양식주택은 실의 분화로 되어 있다.

② 한식주택의 가구는 주요한 내용물이며, 양식주택의 가구는 부차적 존재이다.

③ 한식주택은 혼용도(混用途)이며, 양식주택은 단일용도(單一用途)이다.

④ 한식주택은 좌식생활이며, 양식주택은 입식(의자식)생활이다.

12 근린생활권 주택지 단위 중 근린주구에 대한 설명으로 가장 옳지 않은 것은?

① 1,600~2,000호의 가구 수를 기준으로 한다.

② 보육시설(유치원, 탁아소)을 중심으로 한 단위이며, 후생시설(공중목욕탕, 진료소, 약국 등)을 설치한다.

③ 1단지 주택계획 단위는 인보구 → 근린분구 → 근린주구로 구성된다.

④ 100ha의 면적을 기준으로 한다.

ANSWER 11.② 12.②

11 한식주택의 경우 가구는 부차적 존재이나 양식주택의 경우 가구는 중요한 내용물이다.

12 근린주구는 초등학교를 중심으로 한다. 근린주구란 1924년 미국의 페리(C. A. Perry)가 제안한 주거단지계획 개념으로서 어린이들이 위험한 도로를 건너지 않고 걸어서 통학할 수 있는 단지규모에서 생활의 편리성과 쾌적성, 주민들간의 사회적 교류 등을 도모할 수 있도록 조성된 물리적 환경을 말한다. 이는 친밀한 사회적 교류가 어린이들 간의 친근감을 통하여 시작된다는 전제에서 초등학교구를 일상생활권의 단위로 하고 초등학교를 근린생활의 중심으로 한다.

※ 근린주구 구성의 6가지 계획원리

• 규모 : 하나의 초등학교가 필요하게 되는 인구규모이며 수용인구는 약 5000명 정도이다.

• 경계 : 통과교통이 내부를 관통하지 않고 용이하게 우회할 수 있도록 충분한 폭의 간선도로에 의해 구획되어야 한다.

• 오픈스페이스 : 개개의 근린주구의 요구에 부합되도록 전체 면적 10% 정도의 계획된 소공원과 위락공간의 체계가 있어야 한다.

• 공공건축물 : 단지의 경계와 일치하는 서비스구역을 갖는 학교나 공공건축용지는 근린주구의 중심위치에 적절히 통합되어야 한다.

• 근린점포 : 주민들에게 서비스를 제공할 수 있는 1~2개소 이상의 상점지구가 교통의 결절점이나 인접 근린주구 내의 유사지구 부근에 설치되어야 한다. (근린상가는 근린주구와 근린주구의 교차점이나 경계점에 배치한다.)

• 지구 내 가로체계 : 외곽 간선도로는 예상되는 교통량에 적절해야 하고, 내부가로망은 단지 내의 교통을 원활하게 하기 위하여 통과교통이 배제되어야 한다.

13 호텔 동선계획 시 고려되어야 할 사항으로 가장 옳지 않은 것은?

① 최상층에 레스토랑을 설치하는 방안은 엘리베이터 계획에 영향을 미치므로 기본계획 시 결정해야 한다.

② 숙박고객이 프런트 데스크(front desk)를 통하지 않고 직접 주차장으로 갈 수 있도록 동선을 계획한다.

③ 고객동선과 서비스동선이 교차되지 않도록 출입구를 분리하는 편이 좋다.

④ 고객동선은 방재계획상 고객이 혼동하지 않고 목적한 장소에 갈 수 있도록 명료하고 유연한 흐름이 되어야 한다.

14 르 코르뷔지에(Le Corbusier)의 건축작품으로 가장 옳지 않은 것은?

① 롱샹교회(Notre-Dame du Haut, Ronchamp)

② 빌라 사보아(Villa Savoye)

③ 찬디가르 국회의사당(Legislative Assembly Building and Capital Complex, chandigarh)

④ 크라운 홀(S. R. Crown Hall)

15 공연장 건축 후(後)무대 관련실에 대한 설명으로 가장 옳지 않은 것은?

① 의상실(dressing room)은 연기자가 분장을 하고 옷을 갈아입는 곳으로, 가능하면 무대 근처가 좋다.

② 그린룸(green room)은 연기자가 공연 중간에 휴식을 취할 수 있는 친환경적 온실을 말한다.

③ 리허설룸(rehearsal room)은 실제로 연기를 행하는 무대와 같은 크기이면 좋으나, 규모에 따라 알맞게 설정한다.

④ 연주자실은 오케스트라 피트(orchestra pit)와 같은 층에 설치하는 것이 일반적이다.

ANSWER 13.② 14.④ 15.②

13 숙박고객이 주차장으로 갈 때 되도록 프런트 데스크를 통해서 가도록 계획해야 한다.

14 크라운 홀은 미스 반 데어로에(Mies van der Rohe)의 작품이다.

15 그린룸(green room)은 출연자 대기실을 말하며, 무대와 인접한 곳에 배치한다.

16 「노인복지법」에 따라 노인복지시설을 크게 4가지로 분류할 때 해당하지 않는 것은?

① 재가노인복지시설

② 노인의료복지시설

③ 노인여가복지시설

④ 실버노인요양시설

17 상점건축에서 대면판매와 측면판매에 대한 설명으로 가장 옳지 않은 것은?

① 대면판매는 판매원이 설명하기 편하고 정위치를 정하기도 용이하다.

② 대면판매는 판매원 통로면적이 필요하므로 진열면적이 감소한다.

③ 측면판매는 대면판매에 비해 충동적 구매가 어려운 편이다.

④ 측면판매는 양복, 서적, 전기기구, 운동용구점 등에서 주로 쓰인다.

---

16 노인복지시설의 종류〈노인복지법 제31조〉 ⋯ 노인복지시설의 종류는 다음과 같다.

ㄱ 노인주거복지시설

ㄴ 노인의료복지시설

ㄷ 노인여가복지시설

ㄹ 재가노인복지시설

ㅁ 노인보호전문기관

ㅂ 노인일자리지원기관

ㅅ 학대피해노인 전용쉼터

※ 노인복지시설의 종류

노인주거복지시설	양로시설, 노인공동생활가정, 노인복지주택	노인보호전문기관	–
노인의료복지시설	노인요양시설, 노인요양공동생활가정	노인일자리지원기관	–
노인여가복지시설	노인복지관, 경로당, 노인교실	학대피해노인 전용쉼터	–
재가노인복지시설	방문요양서비스, 주·야간보호서비스, 단기보호서비스, 방문목욕서비스, 그 밖의 보건복지부령으로 정하는 서비스		

17 측면판매는 대면판매에 비해 충동적 구매가 쉽게 이루어진다.

18 미술관건축에서 자연채광법에 대한 설명으로 가장 옳지 않은 것은?

① 정광창(top light) 형식은 유리 전시대 내의 공예품 전시실 등 채광량이 적게 요구되는 곳에 적합한 방법이다.

② 측광창(side light) 형식은 소규모의 전시실에 적합한 방법이다.

③ 고측광창(clerestory) 형식은 천장의 가까운 측면에서 채광하는 방법이다.

④ 정측광창(top side light monitor) 형식은 중앙부는 어둡고 전시벽면의 조도는 충분한 이상적 채광법이다.

19 체육관 기본계획에 대한 설명으로 가장 옳지 않은 것은?

① 개구부를 통해 채광을 받을 경우 경기자의 눈부심 방지를 고려해야 한다.

② 통풍은 자연환기를 고려해 환풍되는 것이 좋다.

③ 체육관은 크게 경기부문, 관람부문, 관리부문으로 구성된다.

④ 체육관은 육상경기장과 마찬가지로 장축을 남북으로 배치해야 한다.

20 도서관 서고 건축계획에 대한 설명으로 가장 옳지 않은 것은?

① 환기 및 채광을 위해 가급적 창문을 크게 두어야 한다.

② 자료의 수직이동을 위해 덤웨이터나 도서용 엘리베이터를 둘 수 있다.

③ 가변성, 확장성 및 융통성 등을 고려하여 계획한다.

④ 개가식 열람실일 경우 열람실 내부나 주위에도 배치 가능하다.

A NSWER　18.① 　19.④ 　20.①

18 정광창(top light) 형식은 전시실의 중앙부를 가장 밝게 하여 전시벽면에 조도를 균등하게 하는 방법이다. 따라서 채광량이 적게 요구되는 곳에 적합한 방법이 아니다.

19 체육관은 장축을 동서로 하고 남북방향으로부터 채광을 한다.

20 도서관 서고는 책의 보존(직사광선과 바람 등에 의한 파손을 막기 위함)을 위하여 되도록 창문을 작게 해야 한다.

1 병원건축에 대한 설명으로 가장 옳은 것은?

① 간호사 대기실은 간호작업에 편리한 수직통로 가까이에 배치하며 외부인의 출입도 감시할 수 있도록 한다.

② 병실 계획 시 조명은 조도가 높을수록 좋고 마감재는 반사율이 클수록 좋다.

③ 중앙 진료실은 외래부, 관리부 및 병동부에서 별도로 독립된 위치가 좋으며 수술부, 물리치료부, 분만부 등은 통과교통이 되지 않도록 한다.

④ 고층 밀집형 병원 건축은 각 실의 환경이 균일하고 관리가 편리하지만 설비 및 시설비가 많이 든다는 단점이 있다.

2 입주 후 평가(POE: Post Occupancy Evaluation)에 대한 설명으로 가장 옳지 않은 것은?

① 입주 후 생활을 통한 평가과정은 건축행위주기에서 중요하다.

② 이 과정을 통해 얻어지는 여러 자료들은 설계정보로 활용된다.

③ 설계작업에 대한 가정(hypothesis)의 단계로 볼 수 있다.

④ 순환성의 설계과정이 끝없이 연계되는(open ended) 과정으로 볼 수 있다.

ANSWER 1.① 2.③

1 ② 병실 계획 시 조명은 조도가 적당해야 하며 마감재는 반사율이 적을수록 좋다.
　③ 중앙 진료실은 외래부, 관리부 및 병동부에서 접근이 용이한 위치에 있어야 하며 수술부, 물리치료부, 분만부 등은 통과교통이 되지 않도록 한다.
　④ 고층 밀집형 병원 건축은 각 실의 환경이 불균일하므로 이에 대한 관리가 요구된다.

2 입주 후 평가는 글자 그대로 건물입주 후 행해지는 건물에 대한 평가이다.

3 ‘미적 대상을 구성하는 부분과 부분 사이에 질적으로나 양적으로 모순되는 일이 없이 질서가 잡혀 있는 것'을 의미하는 건축의 형태구성원리는?

① 통일성

② 균형

③ 비례

④ 조화

4 원시사회의 석조조형인 고인돌에 대한 설명으로 가장 옳지 않은 것은?

① 청동기 사람들이 제사의식과 함께 특별히 중요하게 여겼다.

② 고인돌은 지석묘(支石墓)라고도 한다.

③ 탁자식, 기반식, 개석식으로 구분하기도 한다.

④ 기반식은 북한강 이북에 많이 분포하여 북방식이라고도 한다.

ANSWER 3.④ 4.④

3 ④ ‘미적 대상을 구성하는 부분과 부분사이에 질적으로나 양적으로 모순되는 일이 없이 질서가 잡혀 있는 것'을 의미하는
　　　건축의 형태구성원리는 조화이다.
　　① 통일성은 구성체 각 요소들 간에 이질감이 느껴지지 않고 전체로서 하나의 이미지를 주는 것이다.
　　② 균형은 안정감을 주는 시각적 평형을 의미한다.
　　③ 비례는 부분과 부분 또는 부분과 전체와의 수량적 관계를 말한다.

4 기반식(바둑판식)은 판돌, 깬돌, 자연석 등으로 쌓은 무덤방을 지하에 만들고 받침돌을 놓은 뒤, 거대한 덮개돌을 덮은
　　　형태로서 주로 한강 이남에 분포하여 남방식 고인돌이라고도 한다.

5 전시실 관람순회형식으로 가장 옳지 않은 것은?

① 중앙홀 형식

② 연속순로 형식

③ 갤러리 및 코리더 형식

④ 디오라마 형식

6 18세기 말부터 19세기 말 이전까지의 양식적인 혼란기에 전개된 '낭만주의 건축'에 대한 설명으로 가장 옳은 것은?

① 그리스와 로마양식을 다시 빌려서 새로운 시대에 대응하는 건축

② 이탈리아를 중심으로 유럽에서 전개된 고전주의 양식의 건축

③ 과도기적인 건축양식으로 고딕양식에 의해 새로운 시대의 과제를 해결하고자 노력한 건축

④ 각 양식을 새로운 건축의 성격에 따라 적절히 선택 채용하는 건축

5 디오라마 형식은 전시실 관람순회형식이 아닌, 전시실의 전시물 배치형식의 일종이다.

6 낭만주의 건축
  ㉠ 고전복원의 신고전주의 건축이 자신들과 시간, 거리상으로 먼 이국적 양식을 도입하고 건물외관의 피상적 형태를 추구하는 데 반발
  ㉡ 고대보다는 당시와 시간적으로 가까우며 사기 국가와 민속의 기원으로 삼고 있던 중세의 고딕양식에 주목
  ㉢ 오거스투스 퓨긴은 [고딕건축 실례집(1821~23년)]을 출판하여 고딕건축을 전파
   • 신고전주의 건축이 그리스와 로마의 고전건축에 열중한 반면 낭만주의 건축은 중세의 고딕건축에 관심
   • 자신들의 국가와 민족의 기원이 중세에 있는 것을 보고 중세를 낭만주의의 이상으로 삼음
   • 구조와 재료의 정직한 표현이라는 진실성이 반영된 고딕건축의 양식과 방법을 그대로 유지하려고 시도

7 모듈에 의한 치수계획에 대한 설명으로 가장 옳은 것은?

① 프랭크 로이드 라이트(Frank Lloyd Wright)의 모듈러는 인체의 치수를 기본으로 해서 황금비를 적용하여 고안된 것이다.

② 현재 국제표준기구(ISO)에서 MC(Modular Coordination)에 의거하여 사용하고 있는 기본 모듈은 미터법 사용 국가에서는 10mm로 의견이 일치하고 있다.

③ MC(Modular Coordination)의 이점으로는 설계 작업이 단순 간편하고, 구성재의 대량생산이 용이해지며, 현장 작업에서 시공의 균질성을 확보할 수 있다는 점 등이 있다.

④ MC(Modular Coordination)는 합리적인 건축공간 구성 시 여러 치수들을 계열화, 규격화하여 조정해서 사용할 필요에 의해 고려되는 것으로 건축공간의 형태에 창조성을 높이는 데 크게 기여한다.

8 국토교통부 장관은 범죄를 예방하고 안전한 생활환경을 조성하기 위해 건축물, 건축설비 및 대지에 대한 범죄예방 기준을 정하여 고시할 수 있다. 다음 중 범죄예방 기준에 따라 건축해야 하는 건축물로 가장 옳지 않은 것은? (※ 기출변형)

① 숙박시설 중 다중생활시설

② 동·식물원을 제외한 문화 및 집회시설

③ 도서관 등 교육연구시설

④ 업무시설 중 오피스텔

7 ① 르코르뷔지에의 모듈러는 인체의 치수를 기본으로 해서 황금비를 적용하여 고안된 것이다.

② 현재 국제표준기구(ISO)에서 MC(Modular Coordination)에 의거하여 사용하고 있는 기본 모듈은 미터법 사용 국가에서는 10cm로 의견이 일치하고 있다.

④ MC(Modular Coordination)는 합리적인 건축공간 구성 시 여러 치수들을 계열화, 규격화하여 조정해서 사용할 필요에 의해 고려되는 것으로 건축공간의 형태를 규격화, 정형화시켜 창조성을 저하시키는 단점이 있다.

8 교육연구시설 중 연구소 및 도서관은 범죄예방 기준에 따라 건축해야 하는 건축물 대상에서 제외된다.

※ **건축물의 범죄예방**〈건축법시행령 제63조의7〉

㉠ 다가구주택, 아파트, 연립주택 및 다세대주택

㉡ 제1종 근린생활시설 중 일용품을 판매하는 소매점

㉢ 제2종 근린생활시설 중 다중생활시설

㉣ 문화 및 집회시설(동·식물원은 제외)

㉤ 교육연구시설(연구소 및 도서관 제외)

㉥ 노유자시설

㉦ 수련시설

㉧ 업무시설 중 오피스텔

㉨ 숙박시설 중 다중생활시설

9 「장애인 · 노인 · 임산부 등의 편의증진 보장에 관한 법률」의 내용에 대한 설명으로 가장 옳지 않은 것은?
(※ 기출변형)

① 법률에서 '장애인 등'이란 장애인 · 노인 · 임산부 등 일상생활에서 이동, 시설이용 및 정보접근 등에 불편을 느끼는 사람을 말한다.

② 본 법률에서 편의시설을 설치해야 하는 대상 중에 통신시설은 포함되지 않는다.

③ 장애물 없는 생활환경 인증의 유효기간은 인증을 받은 날로부터 10년으로 한다.

④ 장애인 전용 주차구역에서는 누구든지 물건을 쌓거나 그 통행로를 가로막는 등 주차를 방해하는 행위를 해서는 안 된다.

10 백화점의 매장계획에 대한 설명으로 가장 옳지 않은 것은?

① 백화점의 합리적인 평면계획은 매장 전체를 멀리서도 넓게 보이도록 하되 시야에 방해가 되는 것은 피하는 것이다.

② 매장 내의 통로 폭은 상품의 종류, 품질, 고객층, 고객 수 등에 따라 결정되며, 고객의 혼잡도가 고려되어야 한다.

③ 매대배치는 통로계획과 밀접한 관계를 가지며 직각 배치 방법은 판매장의 면적을 최대로 활용할 수 있다.

④ 매장 구성에서 동일 층에서는 수평적으로 높이 차가 있을수록 좋다.

ANSWER 9.② 10.④

9 대상시설〈장애인 · 노인 · 임산부 등의 편의증진 보장에 관한 법률 제7조〉 ··· 편의시설을 설치하여야 하는 대상은 다음 각 호의 어느 하나에 해당하는 것으로서 대통령령으로 정하는 것을 말한다.
㉠ 공원
㉡ 공공건물 및 공중이용시설
㉢ 공동주택
㉣ 통신시설
㉤ 그 밖에 장애인 등의 편의를 위하여 편의시설을 설치할 필요가 있는 건물 · 시설 및 그 부대시설

10 ④ 매장 구성에서 동일 층에서는 수평적으로 높이 차가 있으면 안전문제나 동선제약 등의 문제로 좋지 않다.

11 LCC(Life Cycle Cost, 생애주기비용)에 대한 설명으로 가장 옳은 것은?

① 건축재료, 부품 생산에서 설계 및 시공에 이르기까지 건축생산 전반에 걸쳐 통일적으로 적용 가능한 모듈을 만드는 데 소요되는 총 비용

② 완공된 건축물 사용 후 사용자들의 만족도를 측정하여 건물의 성능을 진단 및 평가하는 데 소요되는 총 비용

③ 건축물의 기획, 설계, 시공에서부터 유지관리 및 해체에 이르기까지 소요되는 총 비용

④ 건축물의 효율적 기획, 설계, 시공 및 유지관리를 위해 건축요소별 객체정보를 3차원 정보모델에 담아내는 데 소요되는 총 비용

12 공연장의 실내음향계획에 대한 설명으로 가장 옳은 것은?

① 부채꼴의 평면형태는 객석의 앞부분에 측벽 반사음이 쉽게 도달한다.

② 타원이나 원형의 평면형태는 음이 집중되어 전체적으로 불균일하게 분포되기 쉽다.

③ 음의 균일한 분포를 위해 객석 전면 무대측에는 흡음재를, 객석 후면측에는 반사재를 계획한다.

④ 발코니 밑의 객석은 공간 깊이가 깊을수록 음이 커지는 음향적 그림자 현상이 생기기 쉽다.

11 LCC(Life Cycle Cost, 생애주기비용) … 건축물의 기획, 설계, 시공에서부터 유지관리 및 해체에 이르기까지 소요되는 총 비용

12 ① 부채꼴의 평면형태는 객석의 앞부분에 측벽 반사음이 쉽게 도달하지 못한다.
③ 음의 균일한 분포를 위해 객석 전면 무대측에는 반사재를, 객석 후면측에는 흡수재를 계획한다.
④ 발코니 밑의 객석은 공간 깊이가 깊을수록 음이 작아지는 문제가 발생하게 된다. 음원으로부터 유효한 반사음이 도달하기 어려우며 객석 1인당의 체적도 줄어들게 되므로 잔향시간도 짧아지게 된다.

13 교과교실형(V형, department system) 학교운영방식에 대한 설명으로 가장 옳은 것은?

① 교실의 수는 학급 수와 일치한다.

② 학생 개인물품 보관 장소와 이동 동선에 대한 고려가 필요하다.

③ 전 학급을 2분단으로 나누어 운영한다.

④ 학급별로 하나씩 일반교실을 두고, 별도의 특별교실을 갖춘다.

14 상하수도, 직선가로망, 녹지 등의 도시기반시설을 설치하고, 가로변 주택, 기념비적 공공시설 등의 건축물을 조성하여 19세기 중반에서 20세기 초까지 프랑스 파리를 중세 도시에서 근대 도시로 개조하는 파리개조 사업을 주도했던 인물은?

① 토니 가르니에(Tony Garnier)

② 조르주 외젠 오스만(Georges Eugéne Haussmann)

③ 오귀스트 페레(Auguste Perret)

④ 르 꼬르뷔지에(Le Corbusier)

13 ① 교과교실의 경우 교실의 수는 학급 수와 일치하지 않는다.

③ 전 학급을 2분단으로 나누어 운영하는 방식은 플래툰방식이다.

④ 학급별로 하나씩 일반교실을 두고, 별도의 특별교실을 갖춘 형식은 종합교실형과 교과교실형의 혼용방식이다.

14 조르주 외젠 오스만은 파리개조 사업을 주도하여 방사상의 대도로망, 새로운 수도와 대하수도, 오페라 등의 공공시설을 건설하였고 파리 도시 전체의 3/7에 이르는 가옥을 개축하였다.

15 유치원의 일반적인 평면형식에 대한 설명으로 가장 옳지 않은 것은?

① 일실형 – 관리실, 보육실, 유희실을 분산시키는 유형이다.

② 중정형 – 안뜰을 확보하여 주위에 관리실, 보육실, 유희실을 배치한다.

③ 십자형 – 유희실을 중앙에 두고 주위에 관리실과 보육실을 배치한다.

④ L형 – 관리실에서 보육실, 유희실을 바라볼 수 있는 장점이 있다.

16 건물이 지어지는 과정에서 '기획단계'를 설명한 내용으로 가장 옳지 않은 것은?

① 구체화 정도에 따라 계획설계, 기본설계, 실시설계로 나뉜다.

② 본질적으로 건축주의 업무이기도 하나 건축사에게 의뢰되기도 한다.

③ 사용자의 요구사항, 제약점 등 조건을 반영한다.

④ 타당성 검토와 프로그래밍을 수반한다.

ANSWER 15.① 16.①

15 ① 일실형은 보육실, 유희실을 통합시킨 형태이다.

※ 유치원교사 평면형

ㄱ **일실형** : 보육실, 유희실 등을 통합시킨 형으로서 기능적으로는 우수하나 독립성이 결여된 형태이다.

ㄴ **일자형** : 각 교실의 채광조건이 좋으나 한 줄로 나열되어 단조로운 평면이 된다.

ㄷ **L자형** : 관리실에서 교실, 유희실을 바라볼 수 있는 장점이 있다.

ㄹ **중정형** : 건물 자체에 변화를 주면 동시에 채광조건의 개선이 가능하다.

ㅁ **독립형** : 각 실의 독립으로 자유롭고 여유있는 플랜이다.

ㅂ **십자형** : 불필요한 공간 없이 기능적이고 활동적이지만 정적인 분위기가 결여되어 있다.

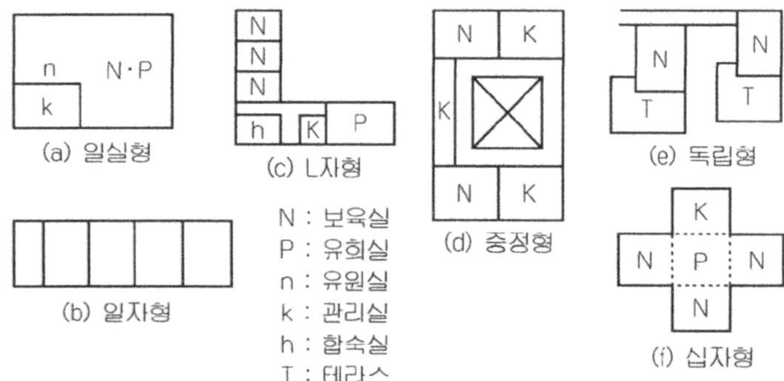

16 ① 기획단계는 계획설계 이전에 행해지는 과정이다.

17 건물에너지 디자인에서 자연채광을 활용한 건축계획에 대한 설명으로 가장 옳은 것은?

① 아트리움이 에너지 측면에서 효율적이고 쾌적한 공간이 되기 위해서는 전도와 복사로 인한 열손실, 열획득, 열전달 등을 충분히 고려하여야 한다.

② 자연채광 효과를 높이기 위해서 아트리움에 환기장치를 둘 필요는 없다.

③ 태양광을 반사 루버나 광선반을 활용하여 실내에 사입시키기 위해서는 실내에 되도록 반사율이 낮은 재료로 마감하는 것이 좋다.

④ 덕트 채광방식은 고반사율의 박판경을 사용한 도광 덕트에 의해 주로 천공산란광을 효율적으로 실내에 삽입하며 야간 우천 시에도 자연 채광을 적극 활용한다.

18 건축물들의 동선 계획 시 고려해야 하는 사항으로 가장 옳은 것은?

① 주차장에서 진입동선을 가급적 길게 계획한다.

② 은행에서 고객동선은 가급적 짧게 계획한다.

③ 상점에서 고객동선을 가급적 짧게 계획한다.

④ 호텔에서는 숙박객이 프런트를 거치지 않고 바로 주차장으로 갈 수 있도록 계획한다.

17 ② 자연채광 효과를 높이기 위해서 아트리움에 환기장치를 두는 것이 좋다.

　③ 태양광을 반사 루버나 광선반을 활용하여 실내에 사입시키기 위해서는 실내에 되도록 반사율이 높은 재료로 마감하여 반사가 이루어지도록 하는 것이 좋다.

　④ 덕트 채광방식은 고반사율의 박판경을 사용한 도광 덕트에 의해 주로 천공산란광을 효율적으로 실내에 삽입하며 야간이나 우천 시에는 인공조명을 점등하여 보통조명기구의 역할을 하게 한다.

18 ① 주차장에서 진입동선을 가급적 짧게 계획한다.

　③ 상점에서 고객동선을 가급적 길게 계획한다.

　④ 호텔에서는 숙박객이 프런트를 거쳐서 주차장으로 갈 수 있도록 계획한다.

19 「건축기본법」에 대한 내용 중 가장 옳지 않은 것은?

① 건축정책기본계획에는 건축분야 전문인력의 육성·지원 및 관리에 관한 사항이 포함된다.

② 건축정책기본계획의 수립권자는 국토교통부장관이다.

③ 국가건축정책위원회에서 건축행정 개선에 관한 사항을 심의한다.

④ 광역건축기본계획은 4년마다 수립 및 시행한다.

20 「주차장법 시행규칙」에 따른 주차장 계획 시 적용사항으로 가장 옳지 않은 것은?

① 부설주차장의 총 주차대수가 6대인 자주식 주차장에서 주차단위구획과 접하지 않는 차로의 너비를 2.5 미터로 한다.

② 횡단보도로부터 6미터 이격된 곳에 노외주차장 출입구를 계획한다.

③ 사람이 통행하는 중형기계식 주차장의 출입구를 너비 2.3미터 높이 1.6미터로 계획한다.

④ 지하식 노외주차장의 직선 경사로의 종단경사로를 15퍼센트로 계획한다.

ANSWER 19.④ 20.③

19 시·도지사는 지역의 현황 및 사회·경제·문화적 실정에 부합하는 건축정책을 위하여 건축정책기본계획에 따라 특별시·광역시·도 또는 특별자치도의 건축정책에 관한 기본계획(이하 "광역건축기본계획"이라 한다)을 5년마다 수립·시행하여야 하며, 시장·군수·구청장(자치구의 구청장을 말한다. 이하 같다)은 필요한 경우 건축정책기본계획 및 광역건축기본계획에 따라 시·군·구(자치구의 구를 말한다. 이하 같다)의 건축정책에 관한 기본계획(이하 "기초건축기본계획"이라 한다)을 5년마다 수립·시행할 수 있다.

※ **건축정책기본계획의 내용**〈건축기본법 제11조〉
　㉠ 건축의 현황 및 여건변화, 전망에 관한 사항
　㉡ 건축정책의 기본목표 및 추진방향
　㉢ 건축의 품격 및 품질 향상에 관한 사항
　㉣ 도시경관 향상을 위한 통합된 건축디자인에 관한 사항
　㉤ 지역의 건축에 관한 발전 및 지원대책
　㉥ 우수한 설계기법 및 첨단건축물 등 연구개발에 관한 사항
　㉦ 건축분야 전문인력의 육성·지원 및 관리에 관한 사항
　㉧ 건축디자인 등 건축의 국제경쟁력 향상에 관한 사항
　㉨ 건축문화 기반구축에 관한 사항
　㉩ 건축 관련 기술의 개발·보급 및 선도시범사업에 관한 사항
　㉪ 건축정책기본계획의 시행 및 그 밖에 대통령령으로 정하는 건축 진흥에 필요한 사항

20 ③ 중형 기계식주차장의 출입구 크기는 너비 2.3미터 이상, 높이 1.6미터 이상으로 하여야 한다. 다만, 사람이 통행하는 기계식 주차장치 출입구의 높이는 1.8미터 이상으로 한다〈주차장법 시행규칙 제16조의5(기계식 주차장치의 안전기준) 제1항〉.

① 부설주차장의 총 주차대수 규모가 8대 이하인 자주식주차장의 차로의 너비는 2.5미터 이상으로 한다(주차단위구획과 접하여 있지 않은 경우)〈주차장법 시행규칙 제11조(부설주차장의 구조·설비기준) 제5항〉.

② 횡단보도(육교 및 지하횡단보도를 포함한다)로부터 5미터 이내에 있는 도로의 부분에는 노외주차장의 출입구를 설치할 수 없다.〈주차장법 시행규칙 제5조(노외주차장 설치에 대한 계획기준) 제5호〉.

④ 지하식 또는 건축물식 노외주차장 경사로의 종단경사도는 직선 부분에서는 17퍼센트를 초과하여서는 아니 되며, 곡선 부분에서는 14퍼센트를 초과하여서는 아니 된다〈주차장법 시행규칙 제6조(노외주차장의 구조·설비 기준) 제5호〉.

1 급수방식 중 고가수조 방식에 대한 설명으로 옳지 않은 것은?

① 건축구조에 부담을 주게 되며 초기 설비비가 많이 든다.

② 단수 시에 급수가 가능하다.

③ 일정한 수압으로 급수할 수 있다.

④ 급수방식 중 수질오염 가능성이 가장 낮은 방식이다.

2 극장무대와 관련된 용어의 설명으로 옳지 않은 것은?

① 플라이 갤러리(fly gallery)는 그리드아이언에 올라가는 계단과 연결되는 좁은 통로이다.

② 그리드아이언(gridiron)은 와이어로프를 한 곳에 모아서 조정하는 장소로 작업이 편리하고 다른 작업에 방해가 되지 않는 위치가 좋다.

③ 사이클로라마(cyclorama)는 무대의 제일 뒤에 설치되는 무대배경용 벽이다.

④ 프로시니엄(proscenium)은 무대와 관람석의 경계를 이루며, 관객은 프로시니엄의 개구부를 통해 극을 본다.

ANSWER　1.④　2.②

1 고가수조 방식
　㉠ 수도본관의 인입관으로부터 상수를 일단 저수조에 저수한 후, 펌프를 이용하여 옥상 등 높은 곳에 설치한 고가수조에 양수하여 중력에 의해 건물 내의 필요한 곳에 급수하는 방식이다.
　㉡ 단수, 정전 시에도 급수가 가능하며 배관부속품의 파손이 적고 대규모 급수설비에 적합하다.
　㉢ 급수가 오염되기 쉽고 저수시간이 길면 수질이 나빠지며 설비비가 많이 들고 옥상탱크의 하중 때문에 구조검토가 요구된다.

2 와이어 로프를 한 곳에 모아서 조정하는 장소는 록 레일(lock rail)에 대한 설명이며, 벽에 가이드레일을 설치해야 하기 때문에 무대의 좌우 한쪽 벽에 위치시킨다. 그리드아이언은 격자 발판으로 무대 천장에 설치되어 무대의 배경이나 조명기구 또는 음향반사판 등을 매달 수 있도록 한 장치이다.

3 내부결로 방지대책으로 옳지 않은 것은?

① 단열공법은 외단열로 하는 것이 효과적이다.

② 단열성능을 높이기 위해 벽체 내부 온도가 노점온도 이상이 되도록 열관류율을 크게 한다.

③ 중공벽 내부의 실내측에 단열재를 시공한 벽은 방습층을 단열재의 고온측에 위치하도록 한다.

④ 벽체 내부로 수증기의 침입을 억제한다.

4 건축화조명에 대한 설명으로 옳지 않은 것은?

① 실내장식의 일부로서 천장이나 벽에 배치된 조명기법으로 조명과 건물이 일체가 되는 조명시스템이다.

② 다운라이트조명, 라인라이트조명, 광천장조명 등이 있다.

③ 눈부심이 적고 명랑한 느낌을 주며, 필요한 곳에 적절하게 조명을 설치하여 직접조명보다 조명효율이 좋다.

④ 건축물 자체에 광원을 장착한 조명방식이므로 건축설계 단계부터 병행하여 계획할 필요가 있다.

ANSWER 3.② 4.③

3 ② 열관류율이 크면 단열성능이 저하된다.

※ **열관류율** … 단위 면적을 통하여 단위 시간에 이동하는 열량을 의미하며 단위는 $[kcal/m^2 h℃]$이다.

4 건축화조명은 직접조명보다 조명효율이 좋지 않다.

※ **건축화조명**

㉠ 실내장식의 일부로서 천장이나 벽에 배치된 조명기법으로 조명과 건물이 일체가 되는 조명시스템이다.

㉡ 다운라이트조명, 라인라이트조명, 광천장조명 등이 있다.

㉢ 가급적 조명기구를 노출시키지 않고 벽, 천장, 기둥 등의 구조물을 이용한 조명이 되도록 한다.

㉣ 발광하는 면적이 넓어져 확산되는 빛으로 인하여 실내가 부드럽다.

㉤ 주간과 야간에 따라 실내 분위기를 전혀 다르게 할 수 있다.

㉥ 건축물 자체에 광원을 장착한 조명방식이므로 건축설계 단계부터 병행하여 계획할 필요가 있다.

㉦ 직접조명보다는 조명 효율이 낮은 편이다.

5 근대건축의 거장과 그의 작품의 연결이 옳지 않은 것은?

① 미스 반 데 로에(Mies van der Rohe) - 투겐하트 주택(Tugendhat House)

② 발터 그로피우스(Walter Gropius) - 데사우 바우하우스(Dessau Bauhaus)

③ 알바 알토(Alvar Aalto) - 시그램 빌딩(Seagram Building)

④ 프랭크 로이드 라이트(Frank Lloyd Wright) - 로비 하우스 (Robie House)

ANSWER 5.③

5 시그램 빌딩(Seagram Building)은 미스 반 데 로에(Mies van der Rohe)의 작품이다.

① **미스 반 데 로에(Mies Van der Rohe)**
- 독일의 대표적 표현주의 건축가. 유리를 주재료로 사용하여 환상적인 건축을 계획하였으며 콘크리트를 사용하여 유기적인 건축형태로 순수한 기능미를 추구하였다.
- 전통적인 고전주의 미학과 근대 산업이 제공하는 소재를 교묘하게 통합하였다.
- "더 적은 것이 더 많은 것이다(Less is More)."라는 말로써 모더니즘의 특성을 압축하여 표현하였다.
- 콘크리트, 강철, 유리를 건축재료로 사용하여 고층 건축물들을 설계하였다. 콘크리트와 철은 건물의 뼈이고, 유리는 뼈를 감싸는 외피로서의 기능을 하였다.
- 주요 작품으로는 투겐하트 저택, 바르셀로나 파빌리온, 시그램빌딩, 크라운 홀, 레이크쇼어드라이브 아파트, 국제박람회의 독일관 등이 있다.

② **발터 그로피우스(Walter Gropius)**
- 바우하우스를 설립하여 기능을 반영한 형태라는 근대적인 원칙과 노동자 계층을 위한 환경을 제공하기 위한 헌신적 활동을 하였다.
- 바우하우스(Bauhaus) : 독일어로 "건축의 집"을 의미한다. 1919년부터 1933년까지 독일에서 그로피우스에 의해 설립·운영된 학교로, 미술과 공예, 사진, 건축 등과 관련된 종합적인 내용을 교육하였다. 바우하우스의 양식은 현대식 건축과 디자인에 큰 영향을 주게 되었다. 교육의 최종 목표는 건축을 중심으로 모든 미술 분야를 통합하는 데 있었다.
- 주요 작품으로는 (구두를 만드는) 파구스 공장, 데사우의 바우하우스 건물, 하버드대학의 그레듀에이트 센터 등이 있다.

③ **알바 알토(Alvar Aalto)**
- 그의 건축적 사고는 스칸디나비아 반도의 문화예술운동인 '낭만적 풍토주의(National Romanticism)'와 관련이 깊다.
- 유기주의적 구성원리를 바탕으로 합리주의적 구성원리를 수용하여 표준화와 유기적 구성의 결합을 추구하였다.
- 핀란드의 역사적, 지리적 전통과 지역성을 독자적 건축 어휘로 표현한 근대건축가로서 프리츠커상을 수상하였다.
- 비대칭적이면서 물결처럼 부드러운 곡선으로 자연으로부터 유추한 형상들을 건축작품으로 표현하였으며 북유럽의 자연을 우아한 곡선으로 형상화해 기능주의에 접목시켰다는 평을 받는 건축가이다.
- 주요 작품으로는 MIT기숙사, 비퓨리 시립도서관 등이 있다.

④ **프랭크 로이드 라이트(Frank Lloyd Wright)**
- 미국 출신의 건축가로서 모더니즘 건축의 거장으로 꼽힌다.
- 건축 자체의 조건(condition)과 조화되는 외부로부터 발전하는 건축인 '유기적 건축'을 강조하였다.
- 주택건축에 특히 관심을 보였으며, 일본의 건축양식에 감명을 받아 이를 자신의 작품에 반영하기도 하였다.
- 주요 작품으로는 뉴욕 구겐하임 미술관, 카프만주택(낙수장), 존슨왁스 빌딩, 도쿄 제국호텔 등이 있다.

※ 근대 모더니즘 건축의 4대 거장으로 흔히 "르 꼬르뷔지에, 미스 반 데 로에, 프랭크 로이드 라이트, 발터 그로피우스"를 꼽는다.

6 전시실의 순회형식에 대한 설명으로 옳지 않은 것은?

① 연속순로형식은 소규모 전시실에 적용가능하고, 갤러리 및 코리더형식은 각 실에 직접 들어갈 수 있는 점이 유리하다.

② 중앙홀형식은 홀이 클수록 장래확장이 용이하고, 연속순로형식은 1실을 폐쇄하였을 때 전체 동선이 막히게 되는 단점이 있다.

③ 중앙홀형식은 중심부에 하나의 큰 홀을 두고, 갤러리 및 코리더형식은 복도가 중정을 포위하게 하여 순로를 구성하는 경우가 많다.

④ 중앙홀형식은 각 전시실을 자유로이 출입 가능하고, 연속순로 형식은 실을 순서대로 통해야 한다.

7 「건축법」상 용어의 정의에 대한 설명으로 옳지 않은 것은?

① '건축'이란 건축물을 신축 · 증축 · 개축 · 재축하거나 건축물을 이전하는 것을 말한다.

② '거실'이란 건축물 안에서 거주, 집무, 작업, 집회, 오락, 그 밖에 이와 유사한 목적을 위하여 사용되는 방을 말한다.

③ '고층건축물'이란 층수가 30층 이상이거나 높이가 120미터 이상인 건축물을 말한다.

④ '주요구조부'란 내력벽, 기둥, 최하층 바닥, 보를 말한다.

6 ② 중앙홀형식은 홀이 커질수록 장래확장이 어려워지며, 동선계획 시 여러 가지 문제가 발생하게 된다.

7 ④ "주요구조부"란 내력벽(耐力壁), 기둥, 바닥, 보, 지붕틀 및 주계단(主階段)을 말한다. 다만, 사이 기둥, 최하층 바닥, 작은 보, 차양, 옥외 계단, 그 밖에 이와 유사한 것으로 건축물의 구조상 중요하지 아니한 부분은 제외한다〈건축법 제2조의(정의) 제7호〉.

8 기계환기방식 중 송풍기에 의한 급기와 자연적인 배기로 클린룸과 수술실 등에 적용하는 환기방식은?

① 제1종 환기

② 제2종 환기

③ 제3종 환기

④ 제4종 환기

9 「건축법 시행령」상 건축물의 바닥면적 산정방법에 대한 설명으로 옳지 않은 것은?

① 건축물의 노대등의 바닥은 외벽의 중심선으로부터 노대등의 끝 부분까지의 면적에서 노대등이 접한 가장 긴 외벽에 접한 길이에 1.2미터를 곱한 값을 뺀 면적을 바닥면적에 산입한다.

② 공동주택으로서 지상층에 설치한 기계실의 면적은 바닥면적에 산입하지 아니한다.

③ 벽·기둥의 구획이 없는 건축물의 바닥면적은 그 지붕 끝부분으로부터 수평거리 1미터를 후퇴한 선으로 둘러싸인 수평투영면적으로 한다.

④ 계단탑, 장식탑의 면적은 바닥면적에 산입하지 아니한다.

8 ① 제1종(병용식) 환기 : 송풍기와 배풍기 모두를 사용해서 실내 환기를 행하는 것이며, 실내외의 압력차를 조정할 수 있고, 가장 우수한 환기를 행할 수 있다.

② 제2종(압입식) 환기 : 기계환기방식 중 송풍기에 의한 급기와 자연적인 배기로 클린룸과 수술실 등에 적용하는 환기방식이다. 송풍공기 이외의 외기라든가 기타 침입공기는 없지만, 역으로 다른 실로 배기가 침입할 수 있으므로 주의해야만 한다.

③ 제3종(흡출식) 환기 : 배풍기에 의해서 일방적으로 실내공기를 배기한다. 따라서, 공기가 실내로 들어오는 장소를 설치해서 환기에 지장이 없도록 해야만 한다. 주방, 화장실 등 냄새 또는 유해가스, 증기발생이 있는 장소에 적합하다.

9 ① 건축물의 노대등의 바닥은 난간 등의 설치 여부에 관계없이 노대등의 면적(외벽의 중심선으로부터 노대등의 끝 부분까지의 면적)에서 노대등이 접한 가장 긴 외벽에 접한 길이에 1.5미터를 곱한 값을 뺀 면적을 바닥면적에 산입한다〈건축법 시행령 제119조(면적 등의 산정 방법) 제1항 제3호 나목〉.

10 난방방식에 대한 설명으로 옳지 않은 것은?

① 증기난방은 증발잠열을 이용하고, 열의 운반 능력이 크다.

② 온수난방은 온수의 현열을 이용하고, 온수 온도를 조절할 수 있다.

③ 복사난방은 방열면의 복사열을 이용하고, 바닥면의 이용도가 높은 편이다.

④ 온풍난방은 복사난방에 비하여 설비비가 많이 드나 쾌감도가 좋다.

10 ④ 온풍난방은 복사난방에 비해 쾌감도가 좋지 않다.
   ※ 난방방식의 특징
     ③ 증기난방의 특징
- 증발잠열을 이용하므로 열의 운반능력이 크다.
- 예열시간이 짧고 증기순환이 빠르다.
- 방열면적과 관경이 작아도 된다.
- 설비비와 유지비가 저렴하다.
- 쾌감도가 좋지 않으며 방열량 제어가 어렵다.
- 소음이 크게 발생하며 화상의 우려가 있다.
- 관의 부식이 빠르게 진행된다.
- 분류 : 배관환수방식-단관식, 복관식 / 응축수 환수방식-중력환수식, 기계환수식, 진공환수식 / 환수주관의 위치-습식환수, 건식환수

     © 온수난방의 특징
- 방열량의 조절이 용이하다.
- 증기난방보다 쾌감도가 좋다.
- 열용량이 크므로 난방을 중지해도 여열이 오래 가 연속난방에 유리하다.
- 예열시간이 길어서 간헐운전에 부적합하며 열운반능력이 작다.
- 한랭지에서는 난방정지 시 동결의 우려가 있다.
- 소음이 적은 편이나 설비비가 비싸다.
- 온수의 순환시간이 길다.
- 분류 : 온수의 온도-저온수난방, 고온수난방 / 순환방법-중력환수식, 강제순환식 / 배관방식-단관식, 복관식 / 온수의 공급방향-상향공급식, 하향공급식, 절충식

     © 복사난방의 특징
- 천장, 벽, 바닥에 동관이나 플라스틱관 등으로 된 코일을 매설하여 여기에 온수나 증기를 통과시켜 발생하는 복사열로 실을 난방하는 방식이다.
- 실내의 수직온도분포가 균등하고 쾌감도가 높다.
- 방을 개방상태로 해도 난방효과가 높다.
- 바닥의 이용도가 높고 열손실이 적다.
- 대류가 적으므로 바닥면의 먼지가 상승하지 않는다.
- 외기의 급변에 따른 방열량 조절이 곤란하다.
- 예열시간이 길고, 열손실을 막기 위한 단열층을 필요로 한다.
- 설치공사가 어렵고 수리비, 설비비가 비싸다.
- 매입배관이므로 고장 시 결함부위의 발견이 어렵다.
- 바닥의 하중과 두께가 증가한다.

     @ 온풍난방
- 온풍로를 이용하여 가열된 공기를 실내로 직접 공급하여 난방하는 방식이다.
- 예열시간이 짧으며 누수, 동결의 우려가 적다.
- 설비비가 저렴하며 온습도의 조절이 용이하다.
- 쾌감도가 좋지 않으며 소음이 많이 발생한다.

11 상점건축에서 입면 디자인 시 적용하는 AIDMA 법칙에 대한 설명으로 옳지 않은 것은?

① A(Attention, 주의) – 주목시키는 배려가 있는가?

② I(Interest, 흥미) – 공감을 주는 호소력이 있는가?

③ D(Describe, 묘사) – 묘사를 통해 구체적인 정보를 인식하게 하는가?

④ M(Memory, 기억) – 인상적인 변화가 있는가?

12 건축 형태구성원리에 대한 설명으로 옳지 않은 것은?

① 리듬은 부분과 부분 사이에 시각적으로 강한 힘과 약한 힘이 규칙적으로 연속될 때 나타난다.

② 비례는 선·면·공간 사이에서 상호 간의 양적인 관계를 말하며, 점증, 억양 등이 있다.

③ 균형은 대칭을 통해 가장 손쉽게 구현할 수 있지만, 시각적 구성에서는 비대칭 기법을 통한 구성이 더 역동적인 경우가 많다.

④ 조화는 부분과 부분 사이에 질적으로나 양적으로 모순되는 일이 없이 질서가 잡혀 있는 것을 말한다.

11 A : Attention(주의)

I : Interest(흥미)

D : Desire(욕망)

M : Memory(기억)

A : Action(행동)

12 ② 비례는 부분과 부분 또는 부분과 전체와의 수량적 관계를 말하는 것이다.

※ 리듬(rhythm)이란 부분과 부분 사이에 시각적으로 강한 힘과 약한 힘이 규칙적으로 연속될 때 나타나는 것으로, 반복(repetition), 점증(gradation), 억양(accentuation) 등이 있다.

13 척도조정(Modular Coordination)의 장점이 아닌 것은?

① 설계작업이 단순해지고 대량생산이 용이하다.

② 건축재의 수송이나 취급이 편리하다.

③ 건축물 외관의 융통성 확보가 용이하다.

④ 현장작업이 단순해지고 공기가 단축된다.

14 건축 열환경과 관련된 용어의 설명으로 옳지 않은 것은?

① '현열'이란 물체의 상태변화 없이 물체 온도의 오르내림에 수반하여 출입하는 열이다.

② '잠열'이란 물체의 증발, 응결, 용해 등의 상태 변화에 따라서 출입하는 열이다.

③ '열관류율'이란 열관류에 의한 관류열량의 계수로서 전열의 정도를 나타내는 데 사용되며 단위는 kcal/mh℃이다.

④ '열교'란 벽이나 바닥, 지붕 등의 건물부위에 단열이 연속되지 않은 열적 취약부위를 통한 열의 이동을 말한다.

13 ③ 척도조정은 규격화가 되어 융통성 확보가 어렵게 되는 단점이 있다.

※ 척도조정

   ⊙ 설계작업이 단순해지고 간편해진다.

   ⊙ 대량생산이 용이하다.(생산가가 낮아지고 질이 향상된다.)

   ⊙ 건축재의 수송이나 취급이 편리하다.

   ⊙ 현장작업이 단순해지고 공기가 단축된다.

   ⊙ 국제적인 MC 사용 시 건축 구성재의 국제교역이 용이하다.

   ⊙ 건축물 형태에 있어서 창조성 및 인간성을 상실할 우려가 있다.

   ⊙ 동일한 형태가 집단을 이루는 경향이 있어 건물의 배치와 외관이 단순해지므로 배색에 신중을 기해야 한다.

14 ③ 열관류율의 단위는 $kcal/m^2h℃$이다.

15 사무소 건축에 대한 설명으로 옳은 것만을 모두 고르면?

> ㉠ 소시오페탈(sociopetal) 개념을 적용한 공간은 상호작용에 도움이 되지 못하는 공간으로 개인을 격리하는 경향이 있다.
> ㉡ 코어는 복도, 계단, 엘리베이터 홀 등의 동선부분과 기계실, 샤프트 등의 설비관련부분, 화장실, 탕비실, 창고 등의 공용서비스 부분 등으로 구분된다.
> ㉢ 엘리베이터 대수산정은 아침 출근 피크시간대의 5분 동안에 이용하는 인원수를 고려하여 계획한다.
> ㉣ 비상용 엘리베이터는 평상시에는 일반용으로 사용할 수 있으나 화재 시에는 재실자의 피난을 주요 목적으로 계획한다.

① ㉡, ㉢
② ㉠, ㉡, ㉢
③ ㉠, ㉢, ㉣
④ ㉠, ㉡, ㉢, ㉣

ANSWER 15.①

15 ㉠ [×] 소시오페탈 공간(Sociopetal space)은 사회구심적 역할을 하는 공간으로서 상호작용이 활발하게 이루어질 수 있는 공간이다.

㉣ [×] 비상용 엘리베이터는 평상시는 승객이나 승객 화물용으로 사용되고 화재 발생 시에는 소방대의 소화·구출 작업을 위해 운전하는 엘리베이터로서 높이 31m를 넘는 건축물에 설치하도록 의무화되어 있다. (재실자의 피난은 계단이나 피난용승강기를 이용해야 하며 비상용 승강기는 비상시 소방관 등의 소방활동 등을 위한 것이다.)

16 다음에 해당하는 근대건축운동은?

> • 장식, 곡선을 많이 사용
> • 자연주의 경향과 유기적 형식 사용
> • 대표 건축가로는 안토니오 가우디

① 미술공예운동(Arts & Crafts Movement) ② 시카고파(Chicago School)
③ 빈 세제션(Wien Secession) ④ 아르누보(Art Nouveau)

16 보기에 제시된 사항들은 아르누보(Art Nouveau)에 관한 것들이다.
- • 아르누보(Art Nouveau)
  - 프랑스어로 신 예술이란 뜻으로 1890년~1910년 사이에 전 유럽에 퍼진 낭만적이고 개성적이며 과거와 결별한 번역사적 양식을 제창한 건축운동이다.
  - 넓은 뜻으로는 영국의 모던스타일, 독일의 유겐트스틸, 오스트리아 빈의 세제션 스타일까지 포함된 당시 유럽의 전위예술을 의미한다. – 자연 속에서 나타나는 생동감있는 형태 중 특히 곡선적인 미를 중시하였다.
  - 식물의 구조를 추상화하거나 식물이나 꽃에서 영감을 얻는 이 스타일은 기계를 모델로 하는 20세기 디자인의 구성과는 대립되는 면이 강하였다.
- • 미술공예운동(Arts & Crafts Movement)
  - 19세기 후반, 영국에서 윌리엄 모리스와 그의 동료들이 수공예를 중시하면서 건축과 공예를 중심으로 전개하였던 예술운동이다.
  - 산업혁명의 물결 속에서 가구 등의 일용품과 건축시장에 범람하기 시작한 값이 싸고 저속하며 조잡한 기계생산 공예품에 대한 반작용으로서 시작이 되었다.
  - 기계를 부정하고 중세시대의 수공예 생산방식으로 복귀하는 것을 주장하였으며 특히 고딕양식에 대한 향수를 가지고 있었다.
- • 빈 세제션 운동(Wien Secession)
  - 1897년 오스트리아 빈에서 시작된 운동으로 일체의 과거양식에서 벗어나 예술활동을 하려는 운동이었다.
  - 오토바그너(빈 우체국), 아돌프로스(슈타이너 주택), 조셉호프만, 피터베렌스(AEG 터빈공장) 등이 대표적 건축가이다.
- • 시카고파(Chicago School)
  - 1880년대 초에서 1900년대 초까지 미국 시카고에서 활약했던 건축가들 또는 그들이 만든 건물의 특정한 양식을 의미한다.
  - 1871년 발생된 시카고 대화재로 인해 전소된 도시의 재건을 위해 건축가와 공학기술자들이 일을 찾아 시카고로 몰려들었고, 상업적인 건물의 수요가 많아지던 당시의 상황과 그들의 실용주의적인 성격, 그리고 철골재료의 발전 등이 어우러져 기존의 건축양식과는 전혀 다른 건축양식을 만들어내었다.
  - 철골구조와 넓은 유리 창문, 넓어진 내부 사용공간은 시카고학파가 유행시킨 새로운 건축양식이다.
  - 오티스의 엘리베이터 발명에 영향을 주었으며 고층빌딩의 발전을 가속화하였다는 평을 받았다.
  - 대표적인 인물과 작품으로는 윌리엄 레바론 제니(William Le Baron Jenny)의 홈 인슈어런스 빌딩, 다니엘 번햄의 풀러빌딩(Fuller Building, 형상이 다리미를 닮아서 다리미 빌딩으로 불린다.) 등이 있다.

17 병원건축에 대한 설명으로 옳지 않은 것은?

① 정형외과 외래진료부는 보행이 부자연스러운 환자가 많으므로 타과 진료부보다 멀리 떨어진 한적한 곳에 배치한다.

② 중앙진료부는 성장, 변화가 많은 부분이므로 증개축을 고려하여 계획한다.

③ 간호사 대기소(nurses station)는 간호단위 또는 각층 및 동별로 설치하되, 외부인의 출입을 확인할 수 있고, 환자를 돌보기 쉽도록 배치한다.

④ 대형 병원의 동선계획 시 병동부, 중앙진료부, 외래부, 공급부, 관리부 등 각부 동선이 가급적 교차되지 않도록 계획한다.

18 주거건축에서 사용 인원수 대비 필요한 환기량을 고려하여 침실 규모를 결정할 경우, 다음과 같은 조건에서 성인 2인용 침실의 적정한 가로변의 길이는? (단, 성인은 취침 중 $0.02m^3/h$의 탄산가스나 기타의 유해물을 배출한다)

> • 침실의 자연환기 횟수는 1회/h이다.
> • 침실의 천장고는 2.5m이다.
> • 침실의 세로변 길이는 5m이다.

① 2m

② 4m

③ 6m

④ 8m

17 ① 정형외과 외래진료부는 보행이 부자연스러운 환자가 많으므로 되도록 타과보다 가까운 곳에 배치하여야 한다.

18 이산화탄소를 기준으로 한 성인 1인당 소요환기량은 $50(m^3/h)$이다. (아동은 1/2을 적용한다.)
침실의 용적은 '$12.5(m^2) \times$가로변의 길이'이다.
환기횟수는 1시간에 방의 공기를 외기와 교체하는 횟수를 의미한다.

$$V = \frac{Q}{n} \ (V는\ 침실의\ 용적,\ Q는\ 환기량,\ n은\ 환기횟수)$$

$$V = 2.5 \times 5 \times x = \frac{Q}{n} = \frac{50[m^3/h] \cdot 2명}{1[회/h]} = (100m^3)$$

이를 만족하는 $x = 8(m)$이다.

19 건축법령상 건축신고 대상이 아닌 것은?

① 바닥면적의 합계가 100제곱미터인 개축

② 내력벽의 면적을 30제곱미터 이상 수선하는 것

③ 공업지역에서 건축하는 연면적 400제곱미터인 2층 공장

④ 기둥을 세 개 이상 수선하는 것

20 근린주구 이론에 대한 설명으로 옳지 않은 것은?

① 페리(Clarence Perry)는 「뉴욕 및 그 주변지역계획」에서 일조문제와 인동간격의 이론적 고찰을 통해 근린주구이론을 정리하였다.

② 라이트(Henry Wright)와 스타인(Clarence Stein)은 보행자와 자동차 교통의 분리를 특징으로 하는 래드번(Radburn)을 설계하였다.

③ 아담스(Thomas Adams)는 「새로운 도시」를 발표하여 단계적인 생활권을 바탕으로 도시를 조직적으로 구성하고자 하였다.

④ 하워드(Ebenezer Howard)는 도시와 농촌의 장점을 결합한 전원도시 계획안을 발표하고, 「내일의 전원도시」를 출간하였다.

19 ① 바닥면적의 합계가 85m^2 이내의 증축·개축 또는 재축인 경우에 건축신고 대상이다. 85m^{2}를 초과하는 경우 건축허가를 받아야 한다〈건축법 제14조(건축신고) 제1항 제1호〉.

②④ '내력벽의 면적을 30m^2 이상 수선하는 것'과 '기둥을 세 개 이상 수선하는 것'은 주요구조부의 해체가 없는 등 대통령령으로 정하는 대수선에 해당되는 건축신고 대상이다〈건축법 시행령 제3조의2(대수선의 범위)〉.

③ 산업단지에서 건축하는 2층 이하인 건축물로서 연면적 합계 500m^2 이하인 공장은 건축신고 대상이다〈건축법 시행령 제1조(건축신고) 제3항 제4호〉.

20 ③ 〈새로운 도시〉를 발표한 인물은 페더(G. Feder)이다. 〈새로운 도시〉는 독일 여러 도시의 상세한 통계적 분석과 인구 20,000명을 갖는 자급자족적인 소도시를 지구단계 구성에 의해 만들어낸 연구논문(소도시론)이다.

1 공동주택의 평면형식 중에서 공사비는 많이 소요되나 출입이 편리하고 사생활 보호에 좋으며 통풍과 채광이 유리한 것은?

① 집중형

② 편복도형

③ 중복도형

④ 계단실형

ANSWER 1.④

1 공동주택의 평면형식 중에서 공사비는 많이 소요되나 출입이 편리하고 사생활 보호에 좋으며 통풍과 채광이 유리한 것은 계단실형이다.

※ 복도의 유형

㉠ 계단실형(홀형)
- 계단 또는 엘리베이터 홀로부터 직접 주거단위로 들어가는 형식
- 각 세대 간 독립성이 높다.
- 고층아파트일 경우 엘리베이터 비용이 증가한다.
- 단위주호의 독립성이 좋다.
- 채광, 통풍조건이 양호하다.
- 복도형보다 소음처리가 용이하다.
- 통행부의 면적이 작으므로 건물의 이용도가 높다.

㉡ 편복도형
- 남면일조를 위해 동서를 축으로 한쪽 복도를 통해 각 주호로 들어가는 형식
- 거주자의 자연적 환경을 동일하게 만들고자 할 때 일반적으로 채용
- 통풍 및 채광은 양호한 편이지만 복도 폐쇄 시 통풍이 불리

㉢ 중복도형
- 부지의 이용률이 높다.
- 고층고밀화에 유리하여 주로 독신자아파트에 적용된다.
- 통풍 및 채광이 불리하다.
- 프라이버시가 좋지 않다.

㉣ 집중형(코어형)
- 채광 및 통풍조건이 좋지 않으므로 기후조건에 따라 기계적 환경조절이 필요하다.
- 부지이용률이 극대화된다.
- 프라이버시가 좋지 않다.

2 모듈계획에 대한 설명으로 옳지 않은 것은?

① 모듈의 사용으로 공간의 통일성과 합리성을 얻을 수 있다.

② 모듈의 사용은 다양하고 자유로운 계획에 유리하다.

③ 사무소 건축에서는 지하주차를 고려한 모듈 설정이 바람직하다.

④ 설계 작업을 단순화, 간편화 할 수 있다.

3 학교 운영 방식과 교실 구성에 대한 설명으로 옳은 것은?

① 특별교실형은 교실 안에서 모든 교과를 학습할 수 있게 계획하는 방식으로 초등학교 저학년에 적합한 방식이다.

② 종합교실형은 설비, 가구, 자료 등이 필요하게 되어 교실 바닥면적이 증가될 수 있다.

③ 교과교실형은 전교 교실을 보통교실 이용 그룹과 특별교실 이용 그룹으로 분리하여 두 개의 학급 군이 각 교실 군을 교대로 사용하는 방식이다.

④ 플래툰형은 학급, 학년을 없애고 학생들이 각자의 능력에 따라 교과를 선택하고 수업하는 방식이다.

2 ② 모듈은 규격에 맞추어 공간이 구성되므로 계획안의 구성에 있어 제약을 받게 된다.

3 ① 교실 안에서 모든 교과를 학습할 수 있게 계획하는 방식은 종합교실형이다. 또한 특별교실형은 초등학교 저학년에는 부적합한 방식이다.
③ 전교 교실을 보통교실 이용 그룹과 특별교실 이용 그룹으로 분리하여 두 개의 학급 군이 각 교실 군을 교대로 사용하는 방식은 플래툰형이다.
④ 학급, 학년을 없애고 학생들이 각자의 능력에 따라 교과를 선택하고 수업하는 방식은 달톤형이다.

4 「건축법」상 용어 정의에 대한 설명으로 옳지 않은 것은?

① 고층건축물이란 층수가 30층 이상이거나 높이가 120m 이상인 건축물을 말한다.

② 거실이란 건축물 안에서 거주, 집무, 작업, 집회, 오락, 그 밖에 이와 유사한 목적을 위하여 사용되는 방을 말한다.

③ 지하층이란 건축물의 바닥이 지표면 아래에 있는 층으로서 바닥에서 지표면까지 평균높이가 해당 층 높이의 3분의 1 이상인 것을 말한다.

④ 리모델링이란 건축물의 노후화를 억제하거나 기능 향상 등을 위하여 대수선하거나 건축물의 일부를 증축 또는 개축하는 행위를 말한다.

5 재료의 열전도 특성을 파악할 수 있는 열전도율의 단위는?

① $kcal/m \cdot h \cdot ℃$

② $kcal/m^3 \cdot ℃$

③ $kcal/m^2 \cdot h \cdot ℃$

④ $kcal/m^2 \cdot h$

6 건축가와 그의 작품의 연결이 옳지 않은 것은?

① 프랑크 게리(Frank Owen Gehry) – 구겐하임 빌바오 미술관

② 자하 하디드(Zaha Hadid) – 비트라 소방서

③ 렘 쿨하스(Rem Kolhas) – 베를린 신 국립미술관

④ 다니엘 리베스킨트(Daniel Libeskind) – 베를린 유대박물관

ANSWER 4.③ 5.① 6.③

4 지하층이란 건축물의 바닥이 지표면 아래에 있는 층으로서 바닥에서 지표면까지 평균높이가 해당 층 높이의 2분의 1 이상인 것을 말한다〈건축법 제2조(정의) 제5호〉.

5 열전도율(λ) : $kcal/m \cdot h \cdot ℃$ 또는 W/mK
열관류율(K) : $kcal/m^2 \cdot h \cdot ℃$ 또는 W/m^2K
열전달률(α) : $kcal/m^2 \cdot h \cdot ℃$ 또는 W/m^2K
비열 : $kJ/kg \cdot k$
절대습도 : kg/kg' 또는 $kg/kg(DA)$
엔탈피 : kJ/kg
난방도일 : $℃/day$

6 ③ 베를린 신 국립미술관은 미스 반 데 로에의 작품으로, 그리스건축의 단순함을 모티브로 하여 디자인 한 건축물로서 '유리로 된 빛의 사원'이라는 별명을 가지고 있는 건물이다.

7 거주 후 평가(P.O.E.)에 대한 설명으로 옳지 않은 것은?

① 거주 후 평가(P.O.E.)를 통해 얻어진 각종 현실적 정보는 새로운 프로젝트에 활용되는 순환성이 있다.

② 거주 후 평가(P.O.E.)는 설계-시공-평가 등으로 이루어진 건축행위 주기에서 매우 중요한 과정으로 볼 수 있다.

③ 거주 후 평가과정 시 환경장치(setting), 사용자(user), 주변 환경(proximate environmental context), 디자인 활동(design activity)을 고려해야 한다.

④ 거주 후 평가(P.O.E.)는 행태적(behavioral) 항목에 국한하여 진행된다.

8 결로에 대한 설명으로 옳지 않은 것은?

① 결로는 실내외의 온도차, 실내습기의 과다발생, 생활습관에 의한 환기 부족, 구조재의 열적 특성, 시공 불량 등의 다양한 원인으로 발생할 수 있다.

② 난방을 통해 결로를 방지할 때에는 장시간 낮은 온도로 난방하는 것보다 단시간 높은 온도로 난방하는 것이 유리하다.

③ 외단열은 벽체 내의 온도를 상대적으로 높게 유지하므로 내단열에 비해 결로발생 가능성을 현저히 줄일 수 있다.

④ 표면결로는 건물의 표면온도가 접촉하고 있는 공기의 포화온도보다 낮을 때 그 표면에 발생한다.

ANSWER 7.④ 8.②

7 ④ 거주 후 평가(P.O.E.)는 행태적(behavioral) 항목만이 아닌 거주와 관련한 포괄적인 항목에 관하여 이루어진다.
　※ **거주성 평가요소**
　　㉠ 거주성이란 주거환경의 질을 표현하는 방법 중 하나이다. 주거환경 평가 과정 중에서 평가지표에 대한 만족도와 중요도를 파악하는 것은 주거의 문제점을 이해하는 데 매우 중요하다.
　　㉡ 평가요소의 분류체계는 차이가 있지만 평가를 위한 지표는 주로 거주자의 건강, 유지관리 용이성, 입지 및 주변 환경조건, 실의 구성 및 시설, 노후화정도, 건물 디자인 등으로 구성된다.

8 ② 난방을 통해 결로를 방지할 때에는 단시간 높은 온도로 난방하는 것보다 장시간 적정한 온도로 난방하는 것이 유리하다.

9 「주차장법 시행규칙」상 노외주차장 구조 설비기준에 대한 설명으로 옳지 않은 것은?

① 노외주차장(이륜자동차 전용 노외주차장 제외)이 출입구가 1개이고 주차형식이 평행주차일 경우 차로의 너비는 3.3m 이상이어야 한다.

② 노외주차장의 출입구 너비는 3.5m 이상으로 하여야 하며, 주차대수 규모가 50대 이상인 경우에는 출구와 입구를 분리하거나 너비 5.5m 이상의 출입구를 설치하여야 한다.

③ 노외주차장의 출구와 입구에서 자동차의 회전을 쉽게 하기 위하여 필요한 경우에는 차로와 도로가 접하는 부분을 곡선형으로 하여야 한다.

④ 노외주차장의 출구 부근의 구조는 해당 출구로부터 2m(이륜 자동차 전용출구의 경우에는 1.3m)를 후퇴한 노외주차장의 차로의 중심선상 1.4m의 높이에서 도로의 중심선에 직각으로 향한 왼쪽·오른쪽 각각 60°의 범위에서 해당 도로를 통행하는 자를 확인할 수 있도록 하여야 한다.

10 건축물 벽 재료에 대한 반사율이 높은 것부터 순서대로 바르게 나열한 것은?

① 붉은 벽돌 > 창호지 > 목재 니스칠

② 목재 니스칠 > 백색 유광 타일 > 검은색 페인트

③ 진한색 벽 > 검은색 페인트 > 목재 니스칠

④ 백색 유광 타일 > 목재 니스칠 > 붉은 벽돌

11 「건축법」상 공동주택에 포함되지 않는 것은? (단, 「건축법」상 해당용도 기준(층수, 바닥면적, 세대 등)에 모두 부합한다고 가정한다)

① 아파트 　　　　　　　　　　　② 다세대주택

③ 연립주택 　　　　　　　　　　④ 다가구주택

ANSWER　**9.**① 　**10.**④ 　**11.**④

9 이륜자동차 전용이 아닌 노외주차장은 출입구가 1개이고 주차형식이 평행주차일 경우 차로의 너비는 5.0m 이상이어야 한다〈주차장법 시행규칙 제6조(노외주차장의 구조·설비기준) 제1항 제3호〉.

10 벽 재료의 반사율 : 백색 유광 타일 > 목재 니스칠 > 붉은 벽돌 > 검은색 페인트

11 다가구주택은 단독주택에 속한다.
　　※ 용도별 건축물의 종류〈건축법 시행령 별표1〉

단독주택	단독주택, 다중주택, 다가구주택, 공관
공동주택	아파트, 연립주택, 다세대주택, 기숙사

12 극장의 무대 부분에 대한 설명으로 옳지 않은 것은?

① 사이클로라마는 와이어 로프를 한곳에 모아서 조정하는 장소로서, 작업에 편리하고 다른 작업에 방해가 되지 않는 위치가 바람직하다.

② 그리드아이언은 배경이나 조명기구, 연기자 또는 음향반사판 등이 매달릴 수 있는 장치이다.

③ 프로시니엄은 무대와 객석을 구분하여 공연공간과 관람공간으로 양분되는 무대형식이다.

④ 오케스트라 피트의 바닥은 연주자의 상체나 악기가 관객의 시선을 방해하지 않도록 객석 바닥보다 낮게 하는 것이 일반적이나, 지휘자는 무대 위의 동작을 보고 지휘하는 관계로 무대를 볼 수 있는 높이가 되어야 한다.

13 공기조화 설비 중 습공기에 대한 설명으로 옳지 않은 것은?

① 엔탈피는 현열과 잠열을 합한 열량이다.

② 비체적은 건조공기 1kg을 함유한 습공기의 용적이다.

③ 절대습도는 습공기의 수증기 분압과 그 온도 상태 포화공기의 수증기 분압과의 비를 백분율로 나타낸 것이다.

④ 비중량은 습공기 $1m^3$에 함유된 건조공기의 중량이다.

ANSWER 12.① 13.③

12 ① 사이클로라마(호리존트)는 무대의 제일 뒤에 설치되는 무대 배경용의 벽이다. 와이어 로프(wire rope)를 한곳에 모아서 조정하는 장소는 록 레일이다.

13 ③ 습공기의 수증기 분압과 그 온도 상태 포화공기의 수증기 분압과의 비를 백분율로 나타낸 것은 상대습도이다. 절대습도는 $1m^3$의 공기 중에 포함되어 있는 수증기의 무게를 나타낸다.

14 「건축법」상 지구단위계획에 대한 설명으로 옳은 것은?

① 지구단위계획구역 안에서 대지의 일부를 공공시설 부지로 제공하고 건축할 경우, 용적률은 완화받을 수 있으나 건폐율은 완화받을 수 없다.

② 지구단위계획구역이 주민의 제안에 따라 지정된 경우, 그 제안자가 지구단위계획안에 포함시키고자 제출한 사항이 타당하다고 인정되는 때에는 특별시장·광역시장·특별자치시장·특별자치도지사·시장 또는 군수는 지구단위계획안에 반영하여야 한다.

③ 지구단위계획의 사항에는 도시의 공간구조, 건축물의 용도제한, 건축물의 건폐율 또는 용적률, 기반시설의 배치와 규모만 포함된다.

④ 지구단위계획구역의 지정결정 고시일부터 2년 이내에 해당 구역 지구단위계획이 결정, 고시되지 않으면 지구단위 계획구역의 지정결정은 효력을 상실한다.

14 ① 지구단위계획구역(도시지역 내에 지정하는 경우)에서 건축물을 건축하려는 자가 그 대지의 일부를 공공시설 등의 부지로 제공하거나 공공시설 등을 설치하여 제공하는 경우에는 그 건축물에 대하여 지구단위계획으로 구분에 따라 건폐율·용적률 및 높이제한을 완화하여 적용할 수 있다.

③ **지구단위계획의 내용** … 지구단위계획구역의 지정목적을 이루기 위하여 지구단위계획에는 다음의 사항 중 ⓒ과 ⑩의 사항을 포함한 둘 이상의 사항이 포함되어야 한다. 다만, ⓛ을 내용으로 하는 지구단위계획의 경우에는 그러하지 아니하다.

　ㄱ 용도지역이나 용도지구를 대통령령으로 정하는 범위에서 세분하거나 변경하는 사항

　ㄴ 기존의 용도지구를 폐지하고 그 용도지구에서의 건축물이나 그 밖의 시설의 용도·종류 및 규모 등의 제한을 대체하는 사항

　ㄷ 대통령령으로 정하는 기반시설의 배치와 규모

　ㄹ 도로로 둘러싸인 일단의 지역 또는 계획적인 개발·정비를 위하여 구획된 일단의 토지의 규모와 조성계획

　ㅁ 건축물의 용도제한, 건축물의 건폐율 또는 용적률, 건축물 높이의 최고한도 또는 최저한도

　ㅂ 건축물의 배치·형태·색채 또는 건축선에 관한 계획

　ㅅ 환경관리계획 또는 경관계획

　ㅇ 보행안전 등을 고려한 교통처리계획

　ㅈ 그 밖에 토지 이용의 합리화, 도시나 농·산·어촌의 기능 증진 등에 필요한 사항으로서 대통령령으로 정하는 사항

④ 지구단위계획구역의 지정에 관한 도시·군관리계획결정의 고시일부터 3년 이내에 그 지구단위계획구역에 관한 지구단위계획이 결정·고시되지 아니하면 그 3년이 되는 날의 다음날에 그 지구단위계획구역의 지정에 관한 도시·군관리계획결정은 효력을 잃는다.

15 건축디자인 프로세스에서 프로그래밍에 대한 설명으로 옳지 않은 것은?

① 프로그래밍은 건축설계의 전(前) 단계로 설계작업에 필요한 정보를 분석·정리하고 평가하여 체계화시키는 작업이다.

② 프로그래밍은 목표설정, 정보수집, 정보분석 및 평가, 정보의 체계화, 보고서 작성의 순서로 진행된다.

③ 프로그래밍의 과정은 프로젝트 범위에 대한 정확한 정의와 성공적인 해결방안을 위한 기준을 설계자에게 제공하는 것이다.

④ 프로그래밍은 추출된 문제점들을 해결(problem solving)하는 종합적인 결정과정이다.

16 건축 흡음구조 및 재료에 대한 설명으로 옳은 것은?

① 다공질 흡음재는 저·중주파수에서의 흡음률은 높지만 고주파수에서는 흡음률이 급격히 저하된다.

② 다공질 재료의 표면이 다른 재료에 의해 피복되어 통기성이 저하되면 저·중주파수에서의 흡음률이 저하된다.

③ 단일 공동공명기는 전 주파수 영역 범위에서 흡음률이 동일하다.

④ 판진동형 흡음구조의 흡음판은 기밀하게 접착하는 것보다 못 등으로 고정하는 것이 흡음률을 높일 수 있다.

15 ④ 프로그래밍은 문제점들을 해결하는 과정이 아니라 문제점을 파악하고 문제의 해결을 위해 필요한 데이터를 수집하여 체계화시키는 과정이다.

  ※ 건축디자인 프로세스

  프로그래밍(Programming) → 개념설계(Concept Design) → 계획설계(Schematic Design) → 기본설계(Design Development) → 실시설계(Construction Documentation) → 시공(Construction) → 거주 후 평가(Post-occupancy Evaluation)

16 ① 다공질 흡음재는 고주파에서 높은 흡음률을 나타낸다.

  ② 다공질 재료의 표면이 다른 재료에 의해 피복되어 통기성이 저하되면 고·중주파수에서의 흡음률이 저하된다.

  ③ 단일 공동공명기는 주파수에 따라 흡음률이 변한다.

  • 판진동 흡음재의 흡음판은 막진동하기 쉬운 얇은 것일수록 흡음효과가 크다. 또한 중량이 큰 것을 사용할수록 공명주파수 범위가 저음역으로 이동한다.

  • 공동(천공판)공명기는 음파가 입사할 때 구멍부분의 공기는 입사음과 일체가 되어 앞뒤로 진동하며 동시에 배후공기층의 공기가 스프링과 같이 압축과 팽창을 반복한다. (특히 공명주파수 부근에서는 공기의 진동이 커지고 공기의 마찰점성저항이 생겨 음에너지가 열에너지로 변하는 양이 증가하여 흡음률이 증가한다.) 배후 공기층의 두께를 증가시키면 최대 흡음률의 위치가 저음역으로 이동한다.

17 화재경보설비에 대한 설명으로 옳지 않은 것은?

① 감지기는 화재에 의해 발생하는 열, 연소 생성물을 이용하여 자동적으로 화재의 발생을 감지하고, 이것을 수신기 송신하는 역할을 한다.

② 감지기에는 열감지기와 연기감지기가 있다.

③ 수신기는 감지기에 연결되어 화재발생 시 화재등이 켜지고 경보음이 울리도록 한다.

④ 열감지기에는 주위 온도의 완만한 상승에는 작동하지 않고 급상승의 경우에만 작동하는 정온식과 실온이 일정 온도에 달하면 작동하는 차동식이 있다.

18 미노루 야마자키가 세인트루이스에 설계한 주거단지로, 당시 미국 건축가협회 상(賞)을 수상하였지만 슬럼화와 범죄 발생으로 인해 폭파되었으며, 찰스 젱스(Charles Jencks)가 모더니즘 건축 종말의 상징으로 언급한 건축물은?

① 갈라라테세(Gallaratese) 집합주거단지

② 프루이트 이고우(Pruit Igoe) 주거단지

③ 아브락사스 주거단지(Le Palais d'Abraxas Housing Development)

④ IBA 공공주택(IBA Social Housing)

17 ④ 실온이 일정 온도에 달하면 작동하는 것은 정온식이며 급상승할 때 작동하는 것은 차동식이다.

　※ 자동화재 탐지설비
　　㉠ **차동식 감지기** : 감지기 내의 장치가 주변의 온도상승으로 인한 열팽창률에 의해 팽창하여 파이프에 접속된 감압실의 접점을 동작시켜 작동되는 감지기로, 부착높이가 15m 이하인 곳에 적합하다.
　　㉡ **정온식 감지기** : 주위의 온도가 일정 온도 이상이 되었을 경우 바이메탈이 팽창하여 접점이 닫힘으로써 작동되는 감지기로, 화기 및 열원기기를 취급하는 보일러실이나 주방 등에 적합하다.
　　㉢ **보상식 감지기** : 차동식 감지기와 정온식 감지기의 기능을 합친 감지기
　　㉣ **이온화식 감지기** : 연기에 의해서 이온전류가 변화하는 현상을 이용하여 감지하는 방식
　　㉤ **광전식 감지기** : 감지기의 주위의 공기가 일정한 농도의 연기를 포함하게 됐을 때 작동하는 것으로, 연기에 의하여 광전소자의 수광량이 변화하는 것을 이용해서 작동하는 감지기

18 프루이트 이고우(Pruit Igoe) 주거단지 … 미노루 야마자키가 설계한 근대건축의 상징적인 아파트였으나 범죄를 비롯하여 여러 가지 문제가 발생하게 되었고 결국 1972년 해체가 됨으로써 근대건축의 종말을 상징하는 건물이 되었다.

19 미술관의 자연채광방식에 대한 설명으로 옳지 않은 것은?

① 정광창 형식은 채광량이 많아 조각품 전시에 적합하다.

② 정측광창 형식은 전시실 채광방식 중 가장 불리하다.

③ 고측광창 형식은 정광창식과 측광창식의 절충방식이다.

④ 측광창 형식은 소규모 전시실 이외에는 부적합하다.

20 다음 목조건축물 중 고려시대의 다포식 건축물은?

① 영주 – 부석사 무량수전

② 안동 – 봉정사 극락전

③ 연탄 – 심원사 보광전

④ 안동 – 봉정사 대웅전

19 ② 측광창 형식이 전시실 채광방식 중 가장 불리하다.

20 ① 부석사 무량수전 : 고려시대 주심포식
　　② 봉정사 극락전 : 고려시대 주심포식
　　④ 봉정사 대웅전 : 조선 초기 다포식

1 건축물의 치수와 모듈계획(Modular Planning)에 대한 설명으로 가장 옳은 것은?

① 기본 단위는 30cm로 하며 이를 1M으로 표시한다.

② 건축물의 수직 방향은 3M을 기준으로 하고 그 배수를 사용한다.

③ 모듈치수는 공칭치수가 아닌 제품치수로 한다.

④ 창호치수는 문틀과 벽 사이의 줄눈 중심 간의 거리가 모듈치수에 적합하도록 한다.

2 〈보기〉에서 건설정보모델링(BIM : Building Information Modeling)의 특징으로 옳은 항목을 모두 고른 것은?

> 〈보기〉
> ㉠ 설계 단계에서 공사비 견적에 필요한 정확한 물량과 공간 정보 추출이 가능하다.
> ㉡ 다양한 설계 분야 전문가들과 협업이 가능하며, 시공 전 설계 오류 및 누락을 발견할 수 있다. 따라서, 설계 및 시공상 문제들에 대한 빠른 대응이 가능하다.
> ㉢ 건설정보모델링의 개념은 객체 속성이 없는 설계 시각화용 3차원 디지털 모델을 포함한다.
> ㉣ 에너지 효율과 지속 가능성을 사전 평가하고 향상시킬 수 있다.

① ㉠, ㉡, ㉢　　　　　　　　　　　　② ㉠, ㉢, ㉣

③ ㉠, ㉡, ㉣　　　　　　　　　　　　④ ㉡, ㉢, ㉣

ANSWER　1.④　2.③

1　① 기본 단위는 10cm로 하며 이를 1M으로 표시한다.
　　② 건축물의 수직 방향은 2M을 기준으로 하고 그 배수를 사용한다.
　　③ 모듈치수는 공칭치수를 기준으로 한다.

2　㉢ [×] 건설정보모델링의 각 객체들은 여러 가지 속성정보를 포함하고 있다.

3 소음 조절에 대한 설명으로 가장 옳지 않은 것은?

① 실내에서 소음 레벨의 증가는 실표면으로부터 반복적인 음의 반사에 기인한다.

② 강당의 무대 뒷부분 등 음의 집중 현상 및 반향이 예견되는 표면에서는 반사재를 집중하여 사용한다.

③ 모터, 비행기 소음과 같은 점음원의 경우, 거리가 2배가 될 때 소리는 6데시벨(dB) 감소한다.

④ 평면이 길고 좁거나 천장고가 높은 소규모 실에서는 흡음재를 벽체에 사용하고, 천장이 낮고 큰 평면을 가진 대규모 실에서는 흡음재를 천장에 사용하는 것이 효과적이다.

4 급수 방식과 그 특성을 옳게 짝지은 것은?

<보기 1>

㈎ 배관 부속품의 파손이 적고, 항상 일정한 수압으로 급수가 가능하다.

㈏ 급수 설비가 간단하고 시설비가 저렴하다.

㈐ 수조의 설치 위치에 제한을 받지 않고 미관상 좋다.

<보기 2>

㉠ 수도직결 방식
㉡ 고가수조 방식
㉢ 압력수조 방식

① ㈎ – ㉠   ② ㈎ – ㉡

③ ㈏ – ㉢   ④ ㈐ – ㉡

4 ㈎ 배관 부속품의 파손이 적고, 항상 일정한 수압으로 급수가 가능하다. → 고가수조방식의 특성이다.

㈏ 급수 설비가 간단하고 시설비가 저렴하다. → 수도직결방식의 특성이다.

㈐ 수조의 설치 위치에 제한을 받지 않고 미관상 좋다. → 압력수조 방식의 특성이다.

※ 급수 방식

    ㉠ **수도직결방식** : 수도본관에서 인입관을 따내어 급수하는 방식이다.
- 정전 시에 급수가 가능하다.
- 급수의 오염이 적다.
- 소규모 건물에 주로 이용된다.
- 설비비가 저렴하며 기계실이 필요없다.

    ㉡ **고가(옥상)탱크방식** : 수도본관의 인입관으로부터 상수를 일단 저수조에 저수한 후, 펌프를 이용하여 옥상 등 높은 곳에 설치한 고가수조에 양수하여 중력에 의해 건물 내의 필요한 곳에 급수하는 방식이다.
- 일정한 수압으로 급수할 수 있다.
- 단수, 정전 시에도 급수가 가능하다.
- 배관부속품의 파손이 적다.
- 저수량을 확보하여 일정 시간 동안 급수가 가능하다.
- 대규모 급수설비에 가장 적합하다.
- 저수조에서의 급수오염 가능성이 크다.
- 저수시간이 길어지면 수질이 나빠지기 쉽다.
- 옥상탱크의 하중 때문에 구조검토가 요구된다.
- 설비비, 경상비가 높다

    ㉢ **압력탱크방식** : 수조의 물을 펌프로 압력탱크에 보내고 이곳에서 공기를 압축, 가압하며 그 압력으로 건물 내에 급수하는 방식으로 탱크의 설치위치에 제한을 받지 않고 국부적으로 고압을 필요로 하는 곳에 적합하며 옥상에 탱크를 설치하지 않아 건축물의 구조를 강화할 필요가 없다. 그러나 급수압이 일정하지 않으며 펌프의 양정이 커서 시설비가 많이 들며 정전이나 단수 시 급수가 중단된다.
- 옥상탱크가 필요 없으므로 건물의 구조를 강화할 필요가 없다.
- 고가 시설 등이 불필요하므로 외관상 깨끗하다.
- 국부적으로 고압을 필요로 하는 경우에 적합하다.
- 탱크의 설치 위치에 제한을 받지 않는다.
- 최고 · 최저압의 차가 커서 급수압이 일정하지 않다.
- 탱크는 압력에 견디어야 하므로 제작비가 비싸다.
- 저수량이 적으므로 정전이나 펌프 고장 시 급수가 중단된다.
- 에어 컴프레서를 설치하여 때때로 공기를 공급해야 한다.
- 취급이 곤란하며 다른 방식에 비해 고장이 많다.

    ㉣ **탱크가 없는 부스터방식** : 수도본관으로부터 물을 일단 저수조에 저수한 후 급수펌프만으로 건물 내에 급수하는 방식으로 부스터 펌프 여러 대를 병렬로 연결하고 배관 내의 압력을 감지하여 펌프를 운전하는 방식이다.
- 옥상탱크가 필요없다.
- 수질오염의 위험이 적다.
- 펌프의 대수제어운전과 회전수제어 운전이 가능하다.
- 펌프의 토출량과 토출압력조절이 가능하나.
- 최상층의 수압도 크게 할 수 있다.
- 펌프의 교호운전이 가능하다.
- 펌프의 단락이 잦으므로 최근에는 탱크가 있는 부스터 방식이 주로 사용된다.

5 친환경 건축계획을 설명한 내용으로 가장 옳지 않은 것은?

① 이중외피는, 전면 유리를 사용하여 외부 열적부하에 취약한 건물외피의 성능을 향상시키기 위하여, 건물외벽의 외측에 또 다른 외피를 이중으로 만드는 것을 말한다.

② 옥상녹화를 통해 건물 외표면의 온도를 효과적으로 억제시킬 수 있으며, 우수의 집수와 보존을 제공함으로써 물의 재활용/재사용 측면에서 물 사용을 줄일 수 있다.

③ 패시브 시스템의 축열벽 방식은 실내의 남쪽 창의 안쪽에 열용량이 큰 돌이나 콘크리트 벽을 설치하여 태양 복사열을 저장하여 축열한 뒤 야간에 축열된 열을 실내로 방출하는 방식으로, 상대적으로 저렴하고 실내 공간으로부터의 조망이나 채광에 유리하다.

④ 액티브 시스템의 종류로는 태양열에 의한 급탕과 냉난방, 태양광 발전, 풍력, 지열의 이용 등이 있다.

6 건축계획에서 습도와 관련된 설명으로 가장 옳지 않은 것은?

① 습도가 높은 지역일수록 개방적 공간 형태를 구성한다.

② 쾌적 온도에서는 증발 냉각이 필요 없지만, 고온에서는 중요한 열 발산 방법이다.

③ 증발 조절에는 절대습도(Absolute humidity)가 가장 큰 영향을 미친다.

④ 상대습도(Relative humidity)는 그 공기에 포함되는 수증기 분압을 그 공기의 포화수증기 분압으로 나눈 후 100을 곱하여 구한다.

ANSWER 5.③ 6.③

5 축열벽방식에 사용되는 자재들은 부피와 면적이 크므로 실내공간의 조망, 채광에 있어 매우 불리한 방식이다.
  ※ **축열벽(Trombe)** … 전면을 유리로 덮은 석조, 콘크리트, 흙벽으로 축열이 목적이며 흡수된 태양열을 건물 내로 방출하는 역할을 한다. 태양열을 잘 흡수하기 위해 주로 검은색 유리를 사용하거나 콘크리트벽에 검은색을 칠하기도 한다. 집밖(주로 남측벽)에서 태양열을 흡수한 축열벽을 통하여 실내로 열을 방출하는데 이때 축열벽 위아래에 환기구를 설치하여 벽바깥 공기층과 실내 공기층 사이에 자연대류를 일으켜 열을 실내로 전달하기도 한다.

6 ③ 증발 조절에는 상대습도가 가장 큰 영향을 미친다.

7 공기조화 중 덕트 방식과 설명을 옳게 짝지은 것은?

<보기 1>

㈎ 송풍량을 일정하게 하고 실내의 열 부하 변동에 따라 송풍온도를 변화시키는 방식으로 에너지 소비가 크다.

㈏ 송풍온도를 일정하게 하고 실내 부하 변동에 따라 취출구 앞에서 송풍량을 변화시켜 제어하는 방식으로 에너지 절감 효과가 크다.

㈐ 각 존의 부하 변동에 따라 냉·온풍을 공조기에서 혼합하여 각 실내로 송풍한다.

㈑ 공조계통을 세분화하여 각 층마다 공조기를 배치한다.

<보기 2>

㉠ 정풍량 방식(CAV)   ㉡ 변풍량 방식(VAV)

㉢ 멀티 존 유닛(Multi Zone Unit) 방식   ㉣ 각층 유닛 방식

① ㈎ - ㉢   ② ㈏ - ㉡

③ ㈐ - ㉣   ④ ㈑ - ㉠

---

7 ㈎ 정풍량 방식
㈏ 변풍량 방식
㈐ 멀티 존 유닛 방식
㈑ 각층 유닛 방식

※ 공조장치에 의한 분류

　㉠ **단일덕트 정풍량방식**: 공급덕트와 환기덕트에 의해 항상 일정풍량을 공급하는 방식이다.

　㉡ **닥일덕트 변풍량방식**: 덕트 말단에 VAV를 설치하여 온도는 일정하게 하고 송풍량만 조절하는 방식. 에너지절약이 가장 큰 방식이지만 변풍량 유닛을 설치해야 하므로 설비비가 정풍량방식보다 많이 든다.

　㉢ **이중덕트방식**: 냉풍, 온풍 2개의 공급덕트와 1개의 환기덕트로 구성된다. 실내의 취출구 앞에 설치한 혼합상자에서 룸서머스탯에 의하여 냉풍, 온풍을 조절하여 송풍량으로 실내 온도를 유지하는 방식이다.

　㉣ **멀티존방식**: 이중덕트방식과 달리 각 존의 부하변동에 따라 공조기 내에서 냉·온풍이 혼합되는 방식이다.

　㉤ **각층 유닛방식**: 공조계통을 세분화하여 각 층마다 공조기를 배치한 방식으로, 외기처리용 중앙공조기가 1차로 처리한 외기를 각 층에 설치한 각층 유닛에 보내 필요에 따라 가열 및 냉각하여 실내에 송풍하는 방식이다.

　㉥ **유인유닛방식**: 중앙에 설치된 1차공조기에서 냉각감습 또는 가열가습한 1차공기를 고속·고압으로 실내의 유인유닛에 보내어 유닛의 노즐에서 불어내고 그 압력으로 유인된 2차 공기가 유닛 내의 코일에 의해 냉각·가열되는 방식이다.

　㉦ **팬코일유닛방식**: 중앙기계실에서 냉수, 온수를 공급받아서 각 실내에 있는 소형공조기로 공조하는 방식이다.

8 「건축물의 피난·방화구조 등의 기준에 관한 규칙」에 따르면, 스프링클러가 설치되고 벽 및 반자의 실내에 접하는 부분이 불연재료로 마감된 11층의 경우 방화 구획의 설치 기준 최소 면적은?

① 바닥면적 $200m^2$

② 바닥면적 $500m^2$

③ 바닥면적 $1,000m^2$

④ 바닥면적 $1,500m^2$

9 시대별 건축에 대한 설명으로 가장 옳지 않은 것은?

① 초기의 고딕 건축은 나이브 벽의 다발 기둥이 정리되고 리브 그로인 볼트가 정착되면서 수직적으로 높아질 수 있었다.

② 낭만주의 건축은 독일을 중심으로 전개되었으며, 픽처레스크 개념으로 구성한 장식풍의 양식에 집중되었다.

③ 바로크 건축은 종교적 열정을 건축적으로 표현해 낸 양식이며, 역동적인 공간 또는 체험의 건축을 주요 가치로 등장시켰다.

④ 르네상스 건축은 이탈리아의 플로렌스가 발상지이며, 브루넬레스키의 플로렌스 성당 돔 증축에서 시작되었다.

ANSWER 8.④ 9.②

8 방화구획의 설치기준〈건축물의 피난·방화구조 등의 기준에 관한 규칙 제14조 제1항〉
  ㉠ 10층 이하의 층은 바닥면적 1천m^2(스프링클러 기타 이와 유사한 자동식 소화설비를 설치한 경우에는 바닥면적 3천m^2) 이내마다 구획할 것
  ㉡ 매층마다 구획할 것. (다만, 지하 1층에서 지상으로 직접 연결하는 경사로 부위는 제외)
  ㉢ 11층 이상의 층은 바닥면적 200m^2(스프링클러 기타 이와 유사한 자동식 소화설비를 설치한 경우에는 600m^2) 이내마다 구획할 것. 다만, <u>벽 및 반자의 실내에 접하는 부분의 마감을 불연재료로 한 경우에는 바닥면적 500m^2(스프링클러 기타 이와 유사한 자동식 소화설비를 설치한 경우에는 1천500m^2)</u> 이내마다 구획하여야 한다.
  ㉣ 필로티나 그 밖에 이와 비슷한 구조(벽면적의 2분의 1 이상이 그 층의 바닥면에서 위층 바닥 아래면까지 공간으로 된 것만 해당)의 부분을 주차장으로 사용하는 경우 그 부분은 건축물의 다른 부분과 구획할 것

9 낭만주의 건축
  ㉠ 영국에서 19C에 들어와서 고전주의에 대한 반발로 중세 고딕건축을 채택하는 낭만주의 운동이 일어나서 독일, 프랑스 등지에서 발전하였다.
  ㉡ 고전주의는 먼 그리스, 로마의 고전을 모방했으나 낭만주의는 당시의 자기민족, 국가를 중심으로 특수성을 파악하고자 하였으며 그 중심은 고딕건축양식이었다.
  ㉢ 낭만주의 건축은 영국을 중심으로 전개되었으며, 픽처레스크 개념으로 구성한 장식풍의 양식에 집중되었다.

10 〈보기〉에 해당하는 인물은?

〈보기〉

- 1919년 경성고등공업학교 졸업 후 13년간 조선총독부에서 근무
- 1932년 건축사무소 설립
- 적극적인 사회 활동과 참여, 한글 건축 월간지 발간
- 조선 생명 사옥(1930), 종로 백화점(1931), 화신 백화점(1935) 설계

① 박길룡   ② 박동진

③ 김순하   ④ 박인준

11 단지계획과 관련된 용어에 대한 설명으로 가장 옳지 않은 것은?

① 건폐율은 건물의 밀집도를 나타내며, 건축면적을 대지(토지)면적으로 나눈 후 백분율로 산정한다.

② 용적률은 토지의 고도집약 정도를 나타내며, 건물의 지상층 연면적을 대지(토지)면적으로 나눈 후 백분율로 산정한다.

③ 호수밀도는 토지와 인구와의 관계를 나타내며, 주거 인구를 토지면적으로 나누어서 산정한다.

④ 토지이용률은 건물의 바닥면적을 부지면적으로 나누어 백분율로 산정한다.

ANSWER 10.① 11.③

10 보기에 제시된 사항은 건축가 박길룡에 관한 사항들이다.

 ※ **한국의 근현대 건축가와 작품**

  ㉠ **박길룡** : 화신백화점, 한청빌딩

  ㉡ **박동진** : 고려대학교 본관 및 도서관, 구 조선일보사

  ㉢ **이광노** : 어린이회관, 주중대사관

  ㉣ **김중업** : 프랑스대사관, 삼일로빌딩, 명보극장, 주불대사관

  ㉤ **김수근** : 국립부여박물관, 자유센터, 국회의사당, 경동교회, 남산타워

  ㉥ **강봉진** : 국립중앙박물관

  ㉦ **배기형** : 유네스코회관, 조흥은행 남대문지점

11 ③ 호수밀도는 주택 호수를 그 구역 내의 토지 면적으로 나눈 수치로 단위는 보통 '호/㏊'로 나타낸다. 주택지의 토지 이용도를 나타내는 지표가 되며, 또 여기에 1호당 평균 거주 인원을 곱해 인구 밀도를 구한다.

12 대중교통 중심 개발(TOD)에 대한 설명으로 가장 옳지 않은 것은?

① 무분별한 교외 지역 확산을 막고 중심적인 고밀 개발을 위하여 제시되었다.

② 경전철, 버스와 같은 대중교통 수단의 결절점을 중심으로 근린주구를 개발한다.

③ 주 도로를 따라 소매 상점과 시민센터 등이 배치되고 저층이면서 중간 밀도 정도의 주거가 계획된다.

④ 영국의 찰스 황태자에 의해 전개된 운동으로, 과거의 인간적이고 아름다운 경관을 지닌 주거환경을 구성한다.

Answer 12.④

12 대중교통 중심 개발(TOD)

   ㉠ TOD(Transit Oriented Development)는 미국 캘리포니아 출신의 건축가 피터 칼소프(Peter Calthorpe)가 제시한 이론이다.

   ㉡ 기존 도시 성장 과정에서 문제점으로 지적되었던 무분별한 도시의 외연적 팽창과 난개발 등에 문제의식을 가진 미국 건축 및 계획 관련 전문가들이 시작한 도시 개발 운동이다. '신도심주의' 또는 '신도시주의'로 번역된다.

   ㉢ 개인 승용차 의존적인 도시에서 탈피해 대중교통 이용에 역점을 둔 도시 개발 방식으로서 도심 지역을 대중교통 체계가 잘 정비된 대중교통 지향형 복합 용도의 고밀도지역으로 정비하고, 외곽 지역은 저밀도 개발과 자연 생태 지역 보전을 추구한다.

   ㉣ 경전철, 버스와 같은 대중교통 수단의 결절점을 중심으로 근린주구를 개발하며 주도로를 따라 소매 상점과 시민센터 등이 배치되고 저층이면서 중간 밀도 정도의 주거가 계획된다.

   ㉤ 입지적으로 현재 역세권이거나 도심의 상업지역 등에 주상 복합 아파트 또는 두 개 이상의 용도가 복합된 복합 건물 형태로 개발되고 있다. (TOD 목적 자체가 지하철·기차역, 버스터미널 등 대중교통을 중심으로 도보권 내에 행정, 상업, 업무, 교육 등의 기능과 다양한 주택 등을 갖춘 복합 용도의 커뮤니티를 개발하는 것이기 때문이다.)

13 「주차장법 시행규칙」에 따르면, 노상주차장의 주차 대수가 40대일 경우 설치해야 하는 장애인 전용주차 구획의 최소기준에 해당하는 것은?

① 1면

② 2면

③ 3면

④ 4면

14 「장애인·노인·임산부 등의 편의증진 보장에 관한 법률 시행규칙」의 내용에 대한 설명으로 가장 옳지 않은 것은?

① 장애인 등의 통행이 가능한 접근로의 기울기는 지형상 곤란한 경우 12분의 1까지 완화할 수 있다.

② 장애인전용주차구역이 평행주차형식인 경우, 주차대수 1대에 대하여 폭 2미터 이상, 길이 6미터 이상으로 하여야 한다.

③ 건물을 신축하는 경우, 장애인이 이용 가능한 대변기의 유효바닥면적은 폭 1.6미터 이상, 깊이 2.0미터 이상이 되도록 설치하여야 한다.

④ 장애인 등의 통행이 가능한 복도 및 통로의 유효폭은 0.9미터 이상으로 하되, 복도의 양옆에 거실이 있는 경우에는 1.2미터 이상으로 할 수 있다.

13 노상주차장에 설치해야 하는 장애인 전용주차구획〈주차장법 시행규칙 제4조 제1항 제8호〉

   ㉠ 주차대수 규모가 20대 이상 50대 미만인 경우 : 한 면 이상

   ㉡ 주차대수 규모가 50대 이상인 경우 : 주차대수의 2%부터 4%까지의 범위에서 장애인의 주차수요를 고려하여 해당 지방 자치단체의 조례로 정하는 비율 이상

14 ④ 장애인 등의 통행이 가능한 복도의 유효폭은 1.2m 이상으로 하되, 복도의 양옆에 거실이 있는 경우에는 1.5m 이상으로 할 수 있다〈장애인·노인·임산부 등의 편의증진 보장에 관한 법률 시행규칙 별표1(편의시설의 구조·재질 등에 관한 세무기준)〉.

15 공연장 계획에 대한 설명으로 가장 옳지 않은 것은?

① 프로시니엄(Proscenium)은 그림의 액자와 같이 관객의 눈을 무대에 쏠리게 하는 시각적 효과를 갖게 하는 것으로, 일반적으로 정사각형의 형태가 가장 많다.

② 이상적인 공연장 무대 상부 공간의 높이는, 사이클로라마(Cyclorama) 상부에서 그리드아이언 (Gridiron) 사이에 무대배경 등을 매달 공간이 필요하므로, 프로시니엄(Proscenium) 높이의 4배 정도 이다.

③ 영화관이 아닌 공연장 무대의 폭은 적어도 프로시니엄 아치(Proscenium Arch) 폭의 2배, 깊이는 1배 이상의 크기가 필요하다.

④ 실제 극장의 경우 사이클로라마(Cyclorama)의 높이는 대략 프로시니엄(Proscenium) 높이의 3배 정도 이다.

15 ① 프로시니엄(Proscenium)은 그림의 액자와 같이 관객의 눈을 무대에 쏠리게 하는 시각적 효과를 갖게 하는 것으로, 일반적으로 부채꼴의 형태가 가장 많다.

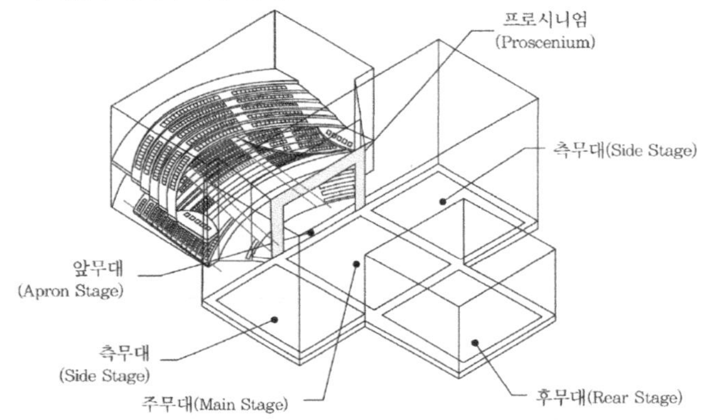

16 박물관 동선계획에 대한 〈보기〉의 내용으로 옳은 것을 모두 고른 것은?

〈보기〉

㉠ 대규모 박물관의 경우 직원 동선과 자료의 동선을 병용하여 효율성을 높이는 것을 고려할 수 있다.

㉡ 관람객 동선의 길이가 길어질 경우 적당한 위치에 짧은 휴식을 취할 수 있는 공간을 계획하는 것이 좋다.

㉢ 자료의 반출입 동선은 관람객에게 노출되지 않도록 계획한다.

㉣ 연구원(학예원) 동선은 관람객의 서비스나 직원과의 연락이 용이하게 계획한다.

---

① ㉠, ㉢
② ㉠, ㉣
③ ㉡, ㉢
④ ㉡, ㉣

17 「건축물의 피난·방화구조 등의 기준에 관한 규칙」에 따른 피난계단 및 특별피난계단에 대한 설명으로 가장 옳지 않은 것은?

① 건축물 내부에 설치하는 피난계단은 내화구조로 하고 피난층 또는 지상까지 직접 연결되도록 한다.

② 건축물의 내부에서 계단실로 통하는 출입구의 유효너비는 0.75미터 이상으로 하고, 그 출입구는 피난의 방향으로 열 수 있어야 한다.

③ 건축물의 바깥쪽에 설치하는 피난계단의 유효너비는 0.9미터 이상으로 하고 지상까지 직접 연결되도록 한다.

④ 피난계단 또는 특별피난계단은 돌음계단으로 하여서는 아니된다.

ANSWER 16.③ 17.②

16 ㉠ [×] 대규모 박물관의 경우 직원 동선과 자료의 동선을 병용을 하게 되면 자료의 하역, 운반, 배치에 있어서 혼선을 초래하므로 바람직하지 않다.

㉣ [×] 연구원(학예원)은 박물관의 전시분야에 관한 연구를 하는 것이 주목적이므로 관람객의 서비스를 용이하도록 하는 것은 연구원의 동선계획 시 적합하지 않다.

17 ② 건축물의 내부에서 계단실로 통하는 출입구의 유효너비는 0.90미터 이상으로 하고, 그 출입구는 피난의 방향으로 열 수 있어야 한다〈건축물의 피난·방화구조 등의 기준에 관한 규칙 제9조(피난 계단 및 특별 피난 계단의 구조) 제2항 제1호 바목〉.

18 「건축법 시행령」의 용도별 건축물에 대한 설명으로 가장 옳은 것은?

① 다가구주택은 대지 내 동별 세대수를 합하여 19세대 이하가 거주할 수 있어야 한다.

② 다세대주택은 주택으로 쓰는 1개 동의 바닥면적 합계가 660제곱미터를 초과하고, 층수가 5개 층 이하인 주택을 말한다.

③ 아파트는 주택으로 쓰는 층수가 4개 층 이상인 주택을 말한다.

④ 다중주택은 학생 또는 직장인 등 여러 사람이 장기간 거주할 수 있도록 독립된 주거의 형태를 갖추어야 한다.

19 「건축법 시행령」에 따른 건축물의 높이 산정 방법으로 가장 옳지 않은 것은?

① 대지에 접하는 전면도로의 노면에 고저차가 있는 경우, 그 건축물이 접하는 범위의 전면도로부분의 수평거리에 따라 가중평균한 높이의 수평면을 전면 도로면으로 본다.

② 건축물의 대지의 지표면이 전면도로보다 높은 경우, 그 고저차의 2분의 1의 높이만큼 올라온 위치에 그 전면도로의 면이 있는 것으로 본다.

③ 옥상에 설치되는 승강기탑 · 계단탑 · 망루 등으로서 그 수평투영면적의 합계가 해당 건축물 건축면적의 8분의 1 이하의 경우에는 그 부분의 높이가 15미터를 넘는 부분만 해당 건축물의 높이에 산입한다.

④ 지붕마루장식 · 굴뚝 · 방화벽의 옥상돌출부나 그 밖에 이와 비슷한 옥상돌출물과 난간벽(그 벽면적의 2분의 1 이상이 공간으로 되어 있는 것만 해당)은 그 건축물의 높이에 산입하지 아니한다.

Answer | 18.① 19.③

18 ② 다세대주택은 주택으로 쓰는 1개 동의 바닥면적 합계가 660제곱미터 이하이고, 층수가 4개 층 이하인 주택을 말한다〈건축법 시행령 별표1(용도별 건축물의 종류)〉.

③ 아파트는 주택으로 쓰는 층수가 5개 층 이상인 주택을 말한다〈동법〉.

④ 다중주택은 학생 또는 직장인 등 여러 사람이 장기간 거주할 수 있으나 독립된 주거의 형태를 갖추지 않아야 하며(각 실별로 욕실은 설치할 수 있으나 취사시설이 설치되지 아니한 것을 의미한다.) 1개동의 주택으로 쓰이는 바닥면적의 합계가 660제곱미터 이하이고, 주택으로 쓰는 층수(지하층은 제외한다.)가 3개층 이하인 것을 말한다〈동법〉.

19 ③ 건축물의 옥상에 설치되는 승강기탑 · 계단탑 · 망루 · 장식탑 · 옥탑 등으로서 그 수평투영면적의 합계가 해당 건축물 건축면적의 8분의 1(「주택법」 제15조제1항에 따른 사업계획승인 대상인 공동주택 중 세대별 전용면적이 85제곱미터 이하인 경우에는 6분의 1) 이하인 경우로서 그 부분의 높이가 12미터를 넘는 경우에는 그 넘는 부분만 해당 건축물의 높이에 산입한다〈건축법 시행령 제119조(면적 등의 산정방법) 제1항 제5호 다목〉.

20 〈보기〉에서 「건축법 시행령」에 따른 피난층 또는 지상으로 통하는 직통계단까지의 보행거리 적용기준 중 옳은 항목을 모두 고른 것은?

〈보기〉

㉠ 거실 각 부분으로부터 계단에 이르는 보행거리는 30미터 이하를 기준으로 한다.

㉡ 주요구조부가 내화구조 또는 불연재료인 건축물(지하층에 설치하는 것으로서 바닥면적의 합계가 300제곱미터 이상인 공연장·집회장·관람장 및 전시장은 제외)의 경우에는 보행거리를 50미터 이하로 산정한다.

㉢ 주요구조부가 내화구조 또는 불연재료인 건축물 중 16층 이상인 공동주택의 경우에는 보행거리를 40미터 이하로 산정한다.

㉣ 자동화 생산시설에 자동식 소화설비를 설치한 공장으로서 국토교통부령으로 정하는 공장의 경우에는 보행거리를 75미터 이하로 산정하며, 무인화 공장의 경우에는 100미터 이하로 산정한다.

---

① ㉠

② ㉡, ㉢

③ ㉠, ㉡, ㉣

④ ㉠, ㉡, ㉢, ㉣

ANSWER 20.④

20 건축물의 피난층 외의 층에서는 피난층 또는 지상으로 통하는 직통계단(경사로를 포함)을 거실의 각 부분으로부터 계단 (거실로부터 가장 가까운 거리에 있는 1개소의 계단을 말한다)에 이르는 보행거리가 30미터 이하가 되도록 설치해야 한 다.(㉠) 다만, 건축물(지하층에 설치하는 것으로서 바닥면적의 합계가 300제곱미터 이상인 공연장·집회장·관람장 및 전시장은 제외)의 주요구조부가 내화구조 또는 불연재료로 된 건축물은 그 보행거리가 50미터(㉡)(층수가 16층 이상인 공동주택의 경우 16층 이상인 층에 대해서는 40미터(㉢) 이하가 되도록 설치할 수 있으며, 자동화 생산시설에 스프링클 러 등 자동식 소화설비를 설치한 공장으로서 국토교통부령으로 정하는 공장인 경우에는 그 보행거리가 75미터(무인화 공 장인 경우에는 100미터) 이하(㉣)가 되도록 설치할 수 있다〈건축법 시행령 제34조(직통계단의 설치) 제1항〉.

1 미술관 출입구 계획에 대한 설명으로 옳지 않은 것은?

① 일반 관람객용과 서비스용 출입구를 분리한다.

② 상설전시장과 특별전시장은 입구를 같이 사용한다.

③ 오디토리움 전용 입구나 단체용 입구를 예비로 설치한다.

④ 각 출입구는 방재시설을 필요로 하며 셔터 등을 설치한다.

2 「건축법 시행령」상 면적 등의 산정방법에 대한 설명으로 옳지 않은 것은?

① 층고는 방의 바닥구조체 아랫면으로부터 위층 바닥구조체의 아랫면까지의 높이로 한다.

② 처마높이는 지표면으로부터 건축물의 지붕틀 또는 이와 비슷한 수평재를 지지하는 벽·깔도리 또는 기둥의 상단까지의 높이로 한다.

③ 지하주차장의 경사로는 건축면적에 산입하지 아니한다.

④ 해당 건축물의 부속용도인 경우 지상층의 주차용으로 쓰는 면적은 용적률 산정 시 제외한다.

1 상설전시장과 특별전시장은 입구를 서로 분리해야 한다. 일반적으로 특별전시장은 상설전시장보다 높은 입장료를 받는 기획전시물들이 전시되는 공간이기도 하며 출입에 제한을 둘 필요가 있다.

2 층고는 방의 바닥구조체 윗면으로부터 위층 바닥구조체의 윗면까지의 높이로 한다. 다만, 한 방에서 층의 높이가 다른 부분이 있는 경우에는 그 각 부분 높이에 따른 면적에 따라 가중평균한 높이로 한다〈건축법 시행령 제119조(면적등의 산정방법) 제1항 제8호〉.

3 「건축물의 피난·방화구조 등의 기준에 관한 규칙」상 특별피난계단의 구조에 대한 설명으로 옳은 것만을 모두 고르면?

> ㉠ 계단실에는 예비전원에 의한 조명설비를 할 것
> ㉡ 계단실의 실내에 접하는 부분의 마감은 난연재료로 할 것
> ㉢ 계단은 내화구조로 하고 피난층 또는 지상까지 직접 연결되도록 할 것
> ㉣ 출입구의 유효너비는 0.9미터 이상으로 하고 피난의 방향으로 열 수 있을 것
> ㉤ 건축물의 내부와 접하는 계단실의 창문등(출입구를 제외한다)은 망이 들어 있는 유리의 붙박이창으로서 그 면적을 각각 1제곱미터 이하로 할 것

① ㉠, ㉡, ㉤

② ㉠, ㉢, ㉣

③ ㉠, ㉢, ㉣, ㉤

④ ㉡, ㉢, ㉣, ㉤

---

3 ㉡ 계단실 및 부속실의 실내에 접하는 부분(바닥 및 반자 등 실내에 면한 모든 부분을 말한다)의 마감(마감을 위한 바탕을 포함한다)은 불연재료로 할 것

㉤ 계단실의 노대 또는 부속실에 접하는 창문등(출입구를 제외한다)은 망이 들어 있는 유리의 붙박이창으로서 그 면적을 각각 1제곱미터 이하로 할 것

※ **특별피난계단의 구조**
- 건축물의 내부와 계단실은 노대를 통하여 연결하거나 외부를 향하여 열 수 있는 면적 1제곱미터 이상인 창문(바닥으로부터 1미터 이상의 높이에 설치한 것에 한한다) 또는 「건축물의 설비기준 등에 관한 규칙」 제14조의 규정에 적합한 구조의 배연설비가 있는 면적 3제곱미터 이상인 부속실을 통하여 연결할 것
- 계단실·노대 및 부속실(「건축물의 설비기준 등에 관한 규칙」 제10조 제2호 가목의 규정에 의하여 비상용승강기의 승강장을 겸용하는 부속실을 포함한다)은 창문 등을 제외하고는 내화구조의 벽으로 각각 구획할 것
- <u>계단실 및 부속실의 실내에 접하는 부분(바닥 및 반자 등 실내에 면한 모든 부분을 말한다)의 마감(마감을 위한 바탕을 포함한다)은 불연재료로 할 것</u>
- 계단실에는 예비전원에 의한 조명설비를 할 것
- 계단실·노대 또는 부속실에 설치하는 건축물의 바깥쪽에 접하는 창문등(망이 들어 있는 유리의 붙박이창으로서 그 면적이 각각 1제곱미터 이하인 것을 제외한다)은 계단실·노대 또는 부속실 외의 당해 건축물의 다른 부분에 설치하는 창문 등으로부터 2미터 이상의 거리를 두고 설치할 것
- 계단실에는 노대 또는 부속실에 접하는 부분외에는 건축물의 내부와 접하는 창문등을 설치하지 아니할 것
- <u>계단실의 노대 또는 부속실에 접하는 창문등(출입구를 제외한다)은 망이 들어 있는 유리의 붙박이창으로서 그 면적을 각각 1제곱미터 이하로 할 것</u>
- 노대 및 부속실에는 계단실외의 건축물의 내부와 접하는 창문등(출입구를 제외한다)을 설치하지 아니할 것
- 건축물의 내부에서 노대 또는 부속실로 통하는 출입구에는 60+방화문 또는 60분방화문을 설치하고, 노대 또는 부속실로부터 계단실로 통하는 출입구에는 60+방화문, 60분방화문 또는 30분방화문을 설치할 것. 이 경우 방화문은 언제나 닫힌 상태를 유지하거나 화재로 인한 연기 또는 불꽃을 감지하여 자동적으로 닫히는 구조로 해야 하고, 연기 또는 불꽃으로 감지하여 자동적으로 닫히는 구조로 할 수 없는 경우에는 온도를 감지하여 자동적으로 닫히는 구조로 할 수 있다.
- 계단은 내화구조로 하되, 피난층 또는 지상까지 직접 연결되도록 할 것
- 출입구의 유효너비는 0.9미터 이상으로 하고 피난의 방향으로 열 수 있을 것

4 도서관의 서고계획에 대한 설명으로 옳지 않은 것은?

① 도서 증가에 따른 확장을 고려하여 계획한다.

② 내화, 내진 등을 고려한 구조로서 서가가 재해로부터 안전해야 한다.

③ 도서의 보존을 위해 자연채광을 하며 기계 환기로 방진, 방습과 함께 세균의 침입을 막는다.

④ 서고 공간 $1m^3$당 약 66권 정도를 보관한다.

5 현대적 학교운영방식인 개방형 학교(open school)에 대한 설명으로 옳지 않은 것은?

① 학생 개인의 능력과 자질에 따른 수준별 학습이 가능한 수요자 중심의 학교운영방식이다.

② 2인 이상의 교사가 협력하는 팀티칭(team teaching) 방식을 적용하기에 부적합하다.

③ 공간 계획은 개방화, 대형화, 가변화에 대응할 수 있어야 한다.

④ 흡음효과가 있는 바닥재 사용이 요구되며, 인공조명 및 공기조화 설비가 필요하다.

ANSWER 4.③ 5.②

4 도서의 보존을 위해서는 직사광선을 피해야 하므로 자연채광은 적합하지 않다. 또한 도서는 장기간 보존되어야 하므로 항온항습이 유지되어야 한다.

5 개방형학교(Open School)는 2인 이상의 교사가 협력하는 팀티칭(team teaching) 방식을 적용하기에 적합한 방식이다. 종래의 학급 단위로 하던 수업을 거부하고 개인의 자질과 능력 또는 경우에 따라서 학년을 없애고 그룹별 팀 티칭(team teaching, 교수학습제) 등 다양한 학습활동을 할 수 있게 만든 학교이다. 평면형은 가변식 벽구조로 하여 융통성을 갖도록 하고, 칠판, 수납장 등의 가구는 주로 이동식을 많이 사용한다. 또한 인공 조명을 주로 하며, 공기조화 설비가 필요하다.

6 1인당 공기공급량(m^3/h)을 기준으로 할 때 다음과 같은 규모의 실내 공간에 1시간당 필요한 환기 횟수 (회)는?

> • 정원 : 500명
> • 실용적 : 2,000 m^3
> • 1인당 소요 공기량 : 40 m^3/h

① 8

② 10

③ 16

④ 25

7 공연장에 대한 설명으로 옳은 것은?

① 대규모 공연장의 경우 클락룸(clock room)의 위치는 퇴장 시 동선 흐름에 맞추어 1층 로비의 좌측 또는 우측에 집중배치한다.

② 오픈스테이지(open stage)형은 가까이에서 공연을 관람할 수 있으며 가장 많은 관객을 수용하는 평면형이다.

③ 객석이 양쪽에 있는 바닥면적 800m^2 공연장의 세로통로는 80cm 이상을 확보한다.

④ 잔향시간은 객석의 용적과 반비례 관계에 있다.

6 정원이 500명이므로 여기에 1인마다 1시간 동안 소요되는 공기량을 곱한 후 이를 실용적으로 나눈 값은 10이 된다.

7 ① 대규모 공연장의 경우 클락룸(clock room)의 위치는 관객의 퇴장 동선과 충돌이 일어나지 않도록 해야 한다.

② 오픈스테이지(open stage)형은 가까이에서 공연을 관람할 수 있으나 가장 많은 관객을 수용할 수 있는 형으로 볼 수는 없다. (가장 많은 관객의 수용이 가능한 형식은 아레나(arena)형식이다.)

④ Sabine의 잔향시간 T=0.16V/A(V:실의 체적, A:바닥면적)에 따라 잔향시간은 객석의 용적과 비례관계로 볼 수 있다.

8 특수전시기법에 대한 설명으로 옳지 않은 것은?

① 디오라마 전시 – 사실을 모형으로 연출하여 관람시킬 수 있다.

② 파노라마 전시 – 벽면전시와 입체물이 병행되는 것이 일반적인 유형이다.

③ 아일랜드 전시 – 대형전시물, 소형전시물 등 전시물 크기와 관계없이 배치할 수 있다.

④ 하모니카 전시 – 전시 평면이 동일한 공간으로 연속 배치되어 다양한 종류의 전시물을 반복 전시하기에 유리하다.

9 주요 작품으로는 씨그램빌딩과 베를린 신 국립미술관 등이 있으며 "Less is more"라는 유명한 건축적 개념을 주장했던 건축가는?

① 미스 반 데어 로에

② 알바 알토

③ 프랭크 로이드 라이트

④ 루이스 설리반

8 하모니카 전시는 전시평면이 하모니카의 흡입구처럼 동일한 공간으로, 연속되어 배치되는 전시기법으로 전시내용을 통일된 형식 속에서 규칙, 반복적으로 나타내므로 동일종류의 전시물을 반복 전시할 경우에 유리하다. (즉, 다양한 종류의 전시물을 반복 전시하기에는 불리한 방법이다.) 또한 전시체계가 질서정연하며 전시항목 구분이 짧고 명확하여 동선계획이 용이하다.

9 미스 반 데어 로에(Mies van der Rohe)
독일에서는 바우하우스의 학장으로, 미국에서는 일리노이 공과대학교의 학장으로 재직한 모더니즘 건축의 대가이다. "더 적은 것이 더 많은 것이다(Less is More)."라는 말로써 모더니즘의 특성을 압축하여 표현하였다.
콘크리트, 강철, 유리를 건축재료로 사용하여 고층 건축물들을 설계하였으며, 콘크리트와 철은 건물의 뼈로, 유리는 뼈를 감싸는 외피로서의 기능을 하였다. 주요 작품으로는 투켄트하트(Tugendhat) 저택, 바르셀로나 파빌리온, 시그램빌딩, 크라운 홀, 슈투트가르트의 바이젠호프 주택단지 등이 있다.

10 병원건축의 간호 단위계획에 대한 설명으로 옳지 않은 것은?

① 공동병실은 주로 경환자의 집단수용을 위해 구성하며, 전염병 및 정신병 병실은 별동으로 격리한다.

② 1개의 간호사 대기소에서 관리할 수 있는 병상수는 일반적으로 30 ~ 40개 정도로 구성한다.

③ 오물처리실은 각 간호 단위마다 설치하는 것이 좋다.

④ PPC(progressive patient care)방식은 동일 질병의 환자들만을 증세의 정도에 따라 구분하여 간호 단위를 구성하는 것이다.

11 수격작용(water hammering) 방지 대책으로 옳지 않은 것은?

① 공기실(air chamber)을 설치한다.

② 유속을 느리게 한다.

③ 밸브작동을 천천히 한다.

④ 배관에 굴곡을 많이 만든다.

ANSWER 10.④ 11.④

10 간호단위 구성(PPC) : 질병의 종류에 따라 구분하지 않고, 다음과 같이 분류되는 간호방식이다.
　ㄱ **집중간호**(intensive care unit) : 밀도 높은 의료와 간호, 계속적인 관찰을 필요로 하는 중환자를 대상으로 한다.
　ㄴ **보통간호**(intermediate care unit) : 집중간호와 자가간호의 중간적인 단위로 병상 점유율이 가장 높다.
　ㄷ **자가간호**(self care unit) : 스스로 일상생활을 하는 데 별로 불편이 없는 환자들을 대상으로 한다.

11 배관에 굴곡이 많을수록 수격작용이 심해진다.
　※ **수격작용**
　　ㄱ **정의** : 관 속으로 물이 흐를 때 밸브를 갑자기 막으면 순간적으로 유속은 0이 되고 이로 인해 급격한 압력 증가가 생긴다. 이는 관내를 일정한 전파속도로 왕복하면서 충격을 주어(압력파의 작용) 큰 소음을 유발한다.
　　ㄴ **원인** : 좁은 관경, 과도한 수압과 유속, 밸브의 급조작으로 인한 유속의 급변
　　ㄷ **방지대책**
　　　• 기구류 가까이에 공기실(에어챔버)를 설치한다.
　　　• 관 지름을 크게 하여 수압과 유속을 줄이고 밸브는 서서히 조작한다.
　　　• 도피밸브나 서지탱크를 설치하여 축적된 에너지를 방출하거나 관내의 에너지를 흡수하도록 한다.
　　　• 급수배관의 횡주관에 굴곡부가 생기지 않도록 한다.

12 백화점 판매 매장의 배치형식 계획에 대한 설명으로 옳은 것은?

① 직각배치는 판매장 면적이 최대한으로 이용되고 배치가 간단하다.

② 사행배치는 많은 고객이 판매장 구석까지 가기 어렵다.

③ 직각배치는 통행폭을 조절하기 쉽고 국부적인 혼란을 제거할 수 있다.

④ 사행배치는 현대적인 배치수법이지만 통로폭을 조절하기 어렵다.

13 한국 목조건축의 구성요소 중 기둥에 적용된 의장 기법에 대한 설명으로 옳지 않은 것은?

① 배흘림은 평행한 수직선의 중앙부가 가늘어 보이는 착시현상을 교정하기 위한 기법이다.

② 민흘림은 상단(주두) 부분의 지름을 굵게 하여 안정감을 주는 기법이다.

③ 귀솟음은 중앙 기둥부터 모서리 기둥으로 갈수록 기둥 높이를 약간씩 높게 하는 기법이다.

④ 안쏠림은 모서리 기둥을 안쪽으로 약간 경사지게 하는 기법이다.

---

12 진열장 배치유형

    ㉠ **직각배치** : 진열장을 직각으로 배치하여 매장면적을 최대한 이용할 수 있으나 구성이 단순하여 단조로우며 고객의 통행량에 따라 통로폭을 조절할 수 없으므로 혼선을 야기할 수 있다.

    ㉡ **사행배치** : 주통로 이외의 제2통로를 상하교통계를 향해서 45°사선으로 배치한 형태로 많은 고객이 판매장 구석까지 가기 쉬운 이점이 있으나 이형의 진열장이 필요하다.

    ㉢ **방사배치** : 통로를 방사형으로 배치하여 고객의 시선 유도와 점원의 관리가 어려워 적용하기 어려운 기법이다.

    ㉣ **자유 유선배치** : 자유롭게 진열장을 배치하는 형식으로 각 매장의 특징을 살려 고객에게 보여줄 수 있지만 매장의 변경 및 이동이 어려우므로 계획이 복잡하며 시설비가 많이 든다.

13 • **민흘림기둥** : 기둥머리의 직경이 기둥뿌리에 비해 작아 단면이 사다리꼴 형태를 가지는 기둥을 말한다.

    • **배흘림기둥** : 원기둥의 경우 기둥허리 부분이 가장 두껍고 기둥머리와 기둥뿌리쪽으로 갈수록 직경이 줄어드는 형태의 기둥을 말한다. 주로 아래에서 1/3 지점이 가장 두껍다.

14 조선시대 궁궐에 대한 설명으로 옳지 않은 것은?

① 경복궁 – 근정전을 중심으로 하는 일곽의 중심건물은 남북축선상에 좌우 대칭으로 배치하였다.

② 창덕궁 – 인정전을 정전으로 하며 궁궐배치는 산기슭의 지형에 따라서 자유롭게 하였다.

③ 창경궁 – 명정전을 정전으로 하며 정전이 동향을 한 특유한 예로서 창덕궁의 서쪽에 위치한다.

④ 덕수궁 – 임진왜란 후에 선조가 행궁으로 사용하였으며 서양식 건물이 있다.

15 공기조화방식 중 패키지 유닛방식에 대한 설명으로 옳지 않은 것은?

① 설비비가 저렴하다.

② 각 유닛을 각각 단독으로 조절할 수 있다.

③ 일반적으로 진동과 소음이 적다.

④ 용량이 작으므로 대규모 건물에는 적합하지 않다.

ANSWER 14.③ 15.③

14 창경궁은 창덕궁의 남동쪽에 위치하며, 명정전을 정전으로 한다. 다른 궁궐의 정전이 남향인 데 비해 명정전은 유일하게 동향을 하고 있다. 이 때문에 성종은 '임금은 남쪽을 바라보고 정치를 하는데 명정전은 동쪽이니 임금이 나라를 다스리는 정전이 아니다' 라고 말했다고 전해진다. 창경궁은 창덕궁에 딸린 대비궁으로 지은 것으로 규모가 작은 편이며 크거나 중요한 국가행사보다는 비교적 작은 행사나 왕실의 잔치 등에 많이 활용되었다.

15 패키지유닛방식은 진동과 소음이 큰 편이다.

※ **패키지유닛방식** : 냉동기를 포함한 공기조화설비의 주요부분이 일체화된 방식으로 냉방만을 위한 유닛과 냉난방이 모두 가능한 히트펌프형 유닛이 있다.

- 공장생산방식으로 생산되어 시공과 취급이 간단하며 설비비가 저렴하고 온도조절이 용이하다.
- 유닛의 추가가 용이하며 기계실면적과 덕트스페이스가 작다.
- 덕트가 길어지면 송풍이 곤란하고 소음이 크며, 대규모인 경우 유지관리가 어렵다.

16 열전달에 대한 설명으로 옳은 것은?

① 대류란 고체와 고체 사이의 접촉에 의한 열전달을 의미하고 전도란 고체 표면과 유체 사이에 열이 전달되는 형태이다.

② 물은 다른 재료보다 열용량이 커서 열을 저장하기에 좋은 재료이다.

③ 복사열은 대류와 마찬가지로 중력의 영향을 받으므로 아래로는 복사가 가능하나 위로는 복사가 불가능하다.

④ 물이 높은 곳에서 낮은 곳으로 흐르는 것과 마찬가지로 열도 높은 곳에서 낮은 곳으로 흐르므로 고온도에 있는 열을 저온도로 보내는 장치를 열 펌프(heat pump)라 한다.

17 복사난방 방식에 대한 설명으로 옳지 않은 것은?

① 매입 배관 시공으로 설비비가 비싸나 유지관리는 용이하다.

② 실내의 온도 분포가 균등하고 쾌감도가 우수하다.

③ 외기 급변에 따른 방열량 조절은 어려우나 층고가 높은 공간에서도 난방 효과가 우수하다.

④ 바닥의 이용도가 높으며 개방상태에서도 난방 효과가 있다.

ANSWER 16.② 17.①

16 ① 전도란 고체와 고체 사이의 접촉에 의한 열전달을 의미하고 대류란 고체 표면과 유체 사이에 열이 전달되는 형태이다.
③ 복사열은 중력의 영향을 받지 않으며 열원으로부터 모든 방향으로 방출된다.
④ 열은 본래 온도가 높은 곳에서 낮은 곳으로 흐르는데 이와 반대로 온도가 낮은 곳에서 온도가 높은 곳으로 흐르도록 인위적으로 열을 끌어올리는 장치를 열펌프(heat pump)라 한다.

17 복사난방방식은 수리 및 유지관리가 어렵다.
※ 복사난방의 특징
- 실내의 수직온도분포가 균등하고 쾌감도가 높다.
- 방을 개방상태로 해도 난방효과가 높다.
- 바닥의 이용도가 높다.
- 대류가 적으므로 바닥면의 먼지가 상승하지 않는다.
- 외기의 급변에 따른 방열량 조절이 곤란하다.
- 시공이 어렵고 수리비, 설비비가 비싸다.
- 매입배관이므로 고장요소를 발견할 수 없다.
- 열손실을 막기 위한 단열층을 필요로 한다.
- 바닥하중과 두께가 증가한다.

18 분전반 설치 시 유의사항으로 옳지 않은 것은?

① 가능한 한 매층마다 설치하고 제3종 접지를 한다.

② 통신용 단자함이나 옥내 소화전함과 조화 있게 설치한다.

③ 조작상 안전하고 보수 · 점검을 하기 쉬운 곳에 설치한다.

④ 가능한 한 부하의 중심에서 멀리 설치한다.

19 「건축기본법」에서 규정하여 건축의 공공적 가치를 구현하고자 하는 기본이념만을 모두 고르면?

> ㉠ 국민의 안전 · 건강 및 복지에 직접 관련된 생활공간의 조성
> ㉡ 사회의 다양한 요구를 조정하고 수용하며 경제활동의 토대가 되는 공간환경의 조성
> ㉢ 환경 친화적이고 지속가능한 녹색건축물 조성
> ㉣ 지역의 고유한 생활양식과 역사를 반영하고 미래세대에 계승될 문화공간의 창조 및 조성
> ㉤ 건축물의 안전 · 기능 · 환경 및 미관을 향상시킴으로써 공공복리의 증진에 이바지하는 것

① ㉠, ㉡, ㉣

② ㉠, ㉣, ㉤

③ ㉡, ㉢, ㉤

④ ㉡, ㉣, ㉤

18 분전반은 가능한 한 부하의 중심에 가까이 설치하여 부하의 컨트롤이 용이하게끔 배치해야 한다.

19 기본이념〈건축기본법 제2조〉… 건축기본법은 국가 및 지방자치단체와 국민의 공동의 노력으로 다음 각 호와 같은 건축의 공공적 가치를 구현함을 기본이념으로 한다.
  ㉠ 국민의 안전 · 건강 및 복지에 직접 관련된 생활공간의 조성
  ㉡ 사회의 다양한 요구를 조정하고 수용하며 경제활동의 토대가 되는 공간환경의 조성
  ㉢ 지역의 고유한 생활양식과 역사를 반영하고 미래세대에 계승될 문화공간의 창조 및 조성

20 건물정보모델링(BIM : building information modeling) 기술을 도입하여 설계단계에서 얻을 수 있는 장점들만을 모두 고르면?

> ㉠ 설계안에 대한 검토를 통해 설계 요구조건 등에 대한 만족 여부를 확인할 수 있다.
> ㉡ 정확한 물량 산출을 하여 공사비 견적에 활용할 수 있다.
> ㉢ 각 작업단위에서 필요한 자재 정보를 연동하여 공정계획 및 관리 효율을 향상시킬 수 있다.
> ㉣ 발주자에게 건물 모델 및 정보를 건물 운영 관리 시스템에 사용될 수 있도록 넘겨줄 수 있다.

① ㉠, ㉡　　　　　　　　　　　　　　　② ㉠, ㉢
③ ㉡, ㉣　　　　　　　　　　　　　　　④ ㉢, ㉣

20 ㉢ BIM기술의 도입을 통해 설계 이후의 시공단계에서 각 작업단위에서 필요한 자재 정보를 연동하여 공정계획 및 관리 효율을 향상시킬 수 있다.

㉣ BIM기술을 활용하여 건축물이 완공된 후 유지관리단계에서 발주자에게 건물 모델 및 정보를 건물 운영 관리 시스템에 사용될 수 있도록 넘겨줄 수 있다.

1 호텔건축에 대한 설명으로 옳지 않은 것은?

① 아파트먼트호텔은 리조트호텔의 한 종류로 스위트룸과 호화로운 설비를 갖추고 있는 호텔이다.

② 리조트호텔은 조망 및 자연환경을 충분히 고려하고 있으며, 호텔 내외에 레크리에이션 시설을 갖추고 있다.

③ 터미널호텔은 교통기관의 발착지점에 위치하여 손님의 편의를 도모한 호텔이다.

④ 커머셜호텔은 주로 상업상, 업무상의 여행자를 위한 호텔로 도시의 번화한 교통의 중심에 위치한다.

2 은행 건축계획에 대한 설명으로 옳지 않은 것은?

① 주 출입구에 전실을 두거나 칸막이를 설치한다.

② 주 출입구는 도난방지를 위해 안여닫이로 하는 것이 좋다.

③ 은행 지점의 시설규모(연면적)는 행원 수 1인당 $16 \sim 26m^2$ 또는 은행실 면적의 $1.5 \sim 3$배 정도이다.

④ 금고실에는 도난이나 화재 등 안전상의 이유로 환기설비를 설치하지 않는다.

ANSWER　1.①　2.④

1 아파트먼트호텔은 장기간 체재하는 데 적합한 호텔로서 각 객실에는 주방설비를 갖추고 있다. 리조트 호텔은 주로 관광 객이나 휴양객을 위해 운영되는 호텔로서 해변호텔, 온천호텔, 스키 호텔, 산장 호텔, 클럽하우스, 모텔, 유스호스텔 등 이 있다. 따라서 아파트먼트 호텔은 리조트호텔로 볼 수 없다.

2 금고실에는 화재 등의 발생 시 배연 등을 위해 반드시 환기설비를 설치해야 한다.

3 다음 설명에 해당하는 공장건축의 지붕 종류를 옳게 짝지은 것은?

> ㉠ 채광, 환기에 적합한 형태로, 환기량은 상부창의 개폐에 의해 조절될 수 있다.
> ㉡ 채광창을 북향으로 하는 경우 온종일 일정한 조도를 가진다.
> ㉢ 기둥이 적게 소요되어 바닥면적의 효율성이 높다.

	㉠	㉡	㉢
①	솟을지붕	샤렌지붕	평지붕
②	솟을지붕	톱날지붕	샤렌지붕
③	평지붕	샤렌지붕	뾰족지붕
④	평지붕	톱날지붕	뾰족지붕

4 르네상스건축에 대한 설명으로 옳지 않은 것은?

① 일반적으로 층의 구획이나 처마 부분에 코니스(cornice)를 둘렀다.

② 수평선을 의장의 주요소로 하여 휴머니티의 이념을 표현하였다.

③ 건축의 평면은 장축형과 타원형이 선호되었다.

④ 건축물로는 메디치 궁전(Palazzo Medici), 피티 궁전(Palazzo Pitti) 등이 있다.

ANSWER 3.② 4.③

3 공장건축 지붕형식
  ㉠ **톱날지붕** : 채광창을 북향으로 하는 경우 온종일 일정한 조도를 가진다.
  ㉡ **뾰족지붕** : 직사광선을 어느 정도 허용하는 결점이 있다.
  ㉢ **솟을지붕** : 채광, 환기에 적합한 형태로, 환기량은 상부창의 개폐에 의해 조절될 수 있다.
  ㉣ **샤렌지붕** : 지붕 슬래브가 곡면으로 되어 있어 외력에 저항하도록 만들어진 지붕이므로 일반평지붕보다 기둥이 적게
    소요된다.

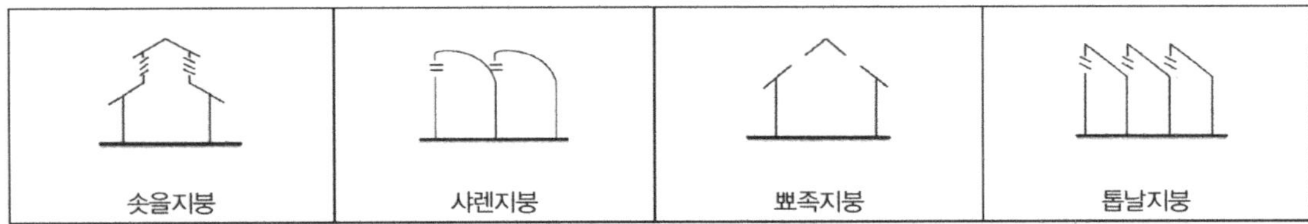

4 르네상스 시대에는 수학적 비례체계가 건축물의 기본적 구성원리였으며 수평선을 디자인의 주요소로 하여 인간의 사회관
  과 그 횡적인 유대를 강조하였다. 따라서 건축의 평면형태에서 장축형과 타원형을 선호했다고 볼 수는 없다.
  르네상스 양식은 대칭, 비례, 기하학 및 부품의 규칙성에 중점을 두었으며 반원형 아치, 반구형 돔, 틈새 및 경계선의
  사용뿐만 아니라 기둥, 필라스터 및 상인방의 정렬된 배열을 특징으로 한다.

5 백화점 건축계획에서 에스컬레이터에 대한 설명으로 옳은 것은?

① 엘리베이터에 비해 점유면적이 크고 승객 수송량이 적다.

② 직렬식 배치는 교차식 배치보다 점유면적이 크지만, 승객의 시야 확보에 좋다.

③ 교차식 배치는 단층식(단속식)과 연층식(연속식)이 있다.

④ 엘리베이터를 2대 이상 설치하거나 1,000인/h 이상의 수송력을 필요로 하는 경우는 엘리베이터보다 에스컬레이터를 설치하는 것이 유리하다.

5 ① 에스컬레이터는 엘리베이터에 비해 점유면적이 크고 승객 수송량이 많다.
③ 단층식(단속식)과 연층식(연속식)이 있는 방식은 병렬식 배치이다.

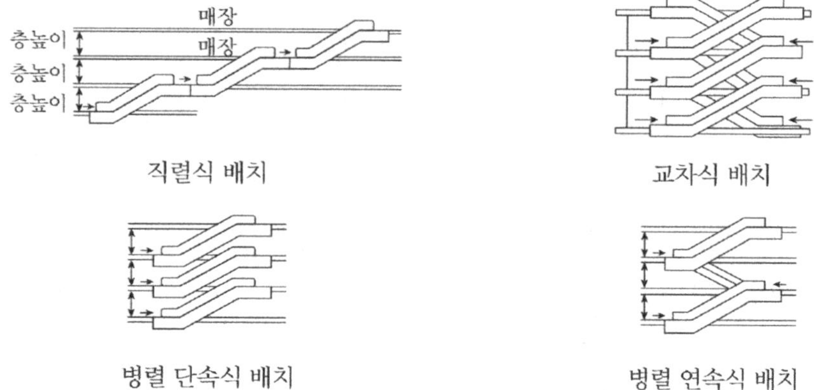

④ 일반적으로 엘리베이터를 2대 정도만 설치해도 충분한 경우라면 고객의 수가 적다고 볼 수 있으며 에스컬레이터의 수송능력은 일반적으로 4,000~8,000/h로 대량수송에 효과적이다. 따라서 1,000 인/h 이상 정도인 경우에 에스컬레이터를 운용하는 것은 바람직하지 않다.

6 증기난방 중 진공환수식에 대한 설명으로 옳지 않은 것은?

① 환수관의 말단에 설치된 진공펌프가 증기트랩 이후의 환수관내를 진공압으로 만들어 강제적으로 응축수를 환수한다.

② 환수가 원활하고 급속히 이루어지므로 관경을 작게 할 수 있다.

③ 보일러와 방열기의 높이차를 충분히 유지할 수 있어야 한다.

④ 중력환수식 증기난방과 달리 환수관의 말단에 공기빼기 밸브를 설치할 필요가 없다.

7 병원의 건축계획에 대한 설명으로 옳은 것은?

① 병원은 전용주거지역, 전용공업지역을 제외한 모든 용도지역에서 건축이 허용된다.

② 병동부의 간호단위 구성 시 간호사의 보행거리는 약 24m 이내가 되도록 한다.

③ 수술실은 26.6℃ 이상의 고온, 55% 이상의 높은 습도를 유지하고, 3종 환기방식을 사용한다.

④ COVID-19 감염병 환자의 병실은 일반 병실과 분리하고 2종 환기방식을 사용한다.

ANSWER 6.③ 7.②

6 진공환수식은 리프트 이음을 사용하여 환수를 위쪽 환수관으로 올릴 수 있으므로 방열기의 설치위치에 제한을 받지 않는다. 반면 자연(중력)순환식은 중력을 이용하여 응축수를 환수하므로 보일러와 방열기의 높이차가 충분히 있어야 한다.

※ 진공환수식
- 대규모 난방에 많이 사용되는 것으로 환수관의 끝, 보일러의 바로 앞에 진공펌프를 설치하여 환수관 내를 진공압으로 만들어 강제적으로 응축수 및 공기를 흡인하여 환수관의 진공도를 100~250mmHg로 유지하므로 응축수를 속히 배출시킬 수 있고 방열기 내의 공기도 빼낼 수 있다.
- 환수가 원활하고 급속히 이루어지므로 관경을 작게 할 수 있다.
- 환수관의 기울기를 1/200~1/300으로 낮게 할 수 있어 대규모 난방에 적합하다.
- 리프트 이음을 사용하여 환수를 위쪽 환수관으로 올릴 수 있으므로 방열기 설치위치에 제한을 받지 않는다.
- 중력환수식 증기난방과 달리 환수관의 말단에 공기빼기 밸브를 설치할 필요가 없다.

7 ① 병원은 종류에 따라 용도지역 안에서의 건축제한 규정을 달리 한다. 일반병원의 경우 전용주거지역, 유통상업지역, 자연환경보전지역에서 건축이 허용되지 않으며, 격리병원의 경우 모든 주거지역, 근린상업지역, 유통상업지역, 자연환경보전지역에서 건축이 허용되지 않는다. 그 외의 지역에서도 병원 종류 및 지역에 따라 도시 · 군계획 조례가 정하는 바에 따라 건축 제한 규정을 두고 있다.

③ 수술실은 26.6℃ 이상의 고온, 55% 이상의 높은 습도를 유지하고, 외부로부터의 세균 등의 유입을 최소화하기 위해 수술실 내부가 외부보다 높은 압력상태가 되어야 하므로 1종이나 2종 환기방식을 적용해야 한다.

④ COVID-19 감염병 환자의 병실은 일반 병실과 분리하고 병실내부의 바이러스가 외부로 나가지 못하도록 수술실 내부가 음압이 되는 음압격리병실과 같은 3종 환기방식으로 구성해야 한다.

> **음압격리병실**
> 병실 내부의 병원체가 외부로 퍼지는 것을 차단하는 특수 격리병실이다. 국내에서는 음압병실(Negative pressure room), 국제적으로는 감염병격리병실(Airborne Infection Isolation Room)이라고 표현한다.
> 이 시설은 병실내부의 공기압을 주변실보다 낮춰 공기의 흐름이 항상 외부에서 병실 안쪽으로 흐르도록 한다. 바이러스나 병균으로 오염된 공기가 외부로 배출되지 않도록 설계된 시설로 감염병 확산을 방지하기 위한 필수시설이다.

8 다음 설명에 해당하는 쾌적지표는?

> 온도, 기류, 습도를 조합한 감각지표로서 효과온도 또는 체감온도라고도 한다. 상대습도(RH)가 100 %,
> 풍속 0 m/s인 임의 온도를 기준으로 정의한 것이며, 복사열은 고려하지 않는다.

① 작용온도 ② 유효온도
③ 수정유효온도 ④ 신유효온도

9 배관 및 밸브 설비에 대한 설명으로 옳지 않은 것은?

① 동관이나 스테인리스강관은 내구성, 내식성이 우수하여 급수관이나 급탕관으로 적합하다.
② 급탕배관의 경우 슬루스밸브는 배관 내 공기의 체류를 유발하기 쉬우므로 글로브밸브를 사용하는 것이 좋다.
③ 체크밸브는 유체를 한 방향으로 흐르게 하고 반대 방향으로는 흐르지 못하게 하는 밸브이다.
④ 급탕배관의 경우 신축 · 팽창을 흡수 처리하기 위해 강관은 30m, 동관은 20m마다 신축이음을 1개씩 설치하는 것이 좋다.

ANSWER 8.② 9.②

8 • **유효온도** : 온도, 기류, 습도를 조합한 감각지표로서 효과온도 또는 체감온도라고도 한다. 상대습도(RH)가 100%, 풍속 0m/s인 임의 온도를 기준으로 정의한 것이며, 복사열은 고려하지 않는다.

• **수정유효온도** : 기존의 유효온도는 복사열을 고려하지 않았는데 이에 복사열까지 고려하여 산정하는 온열지표이다.

• **신유효온도** : 유효온도의 단점을 보완한 것으로, '온도, 습도, 기류, 복사열, 착의량, 인체대사량 6가지를 고려하여 나타낸 지표이다.

• **표준유효온도** : 상대습도 50%, 풍속 0.125m/s, 활동량 1met(58.2W/m²), 착의량 0.6clo의 환경일 때, 건구온도값의 변화에 따른 신유효온도값을 나타낸 선도이다.

온도	기호	기온	습도	기류	복사열
유효온도	ET	O	O	O	
수정유효온도	CET	O	O	O	O
신유효온도	ET*	O	O	O	O
표준유효온도	SET	O	O	O	O
작용온도	OT	O		O	O
등가온도	E_qT	O		O	O
등온감각온도	$E_{qw}T$	O	O	O	O
합성온도	RT	O		O	O

9 급탕배관의 경우 글로브밸브는 배관 내 공기의 체류를 유발하기 쉬우므로 슬루스밸브를 사용하는 것이 좋다.

10 「실내공기질 관리법 시행규칙」상 PM−10 미세먼지에 대한 실내공기질 유지기준이 다른 것은? (단, 실내공기질에 미치는 기타 요소들은 동일한 상태이고 각각의 연면적은 3,000 ㎡ 이상인 경우이다)

① 업무시설
② 학원
③ 지하역사
④ 도서관

11 「건축법 시행령」상 막다른 도로의 길이에 따른 최소한의 너비 기준으로 옳은 것은?

	막다른 도로의 길이	도로의 너비
①	10m 미만	2m 이상
②	10m 미만	3m 이상
③	10m 이상 35m 미만	4m 이상
④	10m 이상 35m 미만	6m 이상

ANSWER 10.① 11.①

10 지하역사, 도서관, 학원 등은 100($\mu g/㎥$) 이하여야 하나 업무시설은 200($\mu g/㎥$) 이하여야 한다.

※ 실내공기질 유지기준〈실내공기질 관리법 시행규칙 별표2〉

오염물질 항목 다중이용시설	미세먼지 (PM−10) ($\mu g/㎥$)	미세먼지 (PM−2.5) ($\mu g/㎥$)	이산화탄소 (ppm)	폼알데하이드 ($\mu g/㎥$)	총부유세균 (CFU/㎥)	일산화탄소 (ppm)
가. 지하역사, 지하도상가, 철도역사의 대합실, 여객자동차터미널의 대합실, 항만시설 중 대합실, 공항시설 중 여객터미널, 도서관·박물관 및 미술관, 대규모 점포, 장례식장, 영화상영관, 학원, 전시시설, 인터넷컴퓨터게임시설제공업의 영업시설, 목욕장업의 영업시설	100 이하	50 이하	1,000 이하	100 이하	−	10 이하
나. 의료기관, 산후조리원, 노인요양시설, 어린이집, 실내 어린이놀이시설	75 이하	35 이하		80 이하	800 이하	
다. 실내주차장	200 이하	−		100 이하	−	25 이하
라. 실내 체육시설, 실내 공연장, 업무시설, 둘 이상의 용도에 사용되는 건축물	200 이하	−	−	−	−	−

11 • 막다른 도로의 길이가 10미터 미만인 경우 도로의 최소너비는 2미터
• 막다른 도로의 길이가 10미터 이상 35미터 미만인 경우 도로의 최소너비는 3미터
• 막다른 도로의 길이가 35미터 이상이면 도로의 최소너비는 6미터(단, 도시지역이 아닌 읍·면지역은 4미터)
• 특별자치시장·특별자치도지사 또는 시장·군수·구청장이 지형적 조건으로 인하여 차량 통행을 위한 도로의 설치가 곤란하다고 인정하여 그 위치를 지정·공고하는 구간의 너비 3미터 이상(길이가 10미터 미만인 막다른 도로인 경우에는 너비 2미터 이상)인 도로

12 「국토의 계획 및 이용에 관한 법률」상 용도지역에 대한 설명으로 옳지 않은 것은? (단, 조례는 고려하지 않는다)

① 주거지역에서 건폐율의 최대한도는 70퍼센트이다.

② 자연환경보전지역에서 건폐율의 최대한도는 20퍼센트이다.

③ 계획관리지역이란 도시지역으로의 편입이 예상되는 지역이나 자연환경을 고려하여 제한적인 이용·개발을 하려는 지역으로서 계획적·체계적인 관리가 필요한 지역을 말한다.

④ 보전관리지역이란 자연환경·농지 및 산림의 보호, 보건위생, 보안과 도시의 무질서한 확산을 방지하기 위하여 녹지의 보전이 필요한 지역을 말한다.

ANSWER 12.④

12 ④는 도시지역 중 '녹지지역'에 대한 설명이다. 보전관리지역이란 관리지역 중 '자연환경 보호, 산림 보호, 수질오염 방지, 녹지공간 확보 및 생태계 보전 등을 위하여 보전이 필요하나, 주변 용도지역과의 관계 등을 고려할 때 자연환경보전지역으로 지정하여 관리하기가 곤란한 지역'을 말한다.

※ 용도지역의 구분 및 건폐율

구분		건폐율	내용
도시지역	주거지역	70% 이하	거주의 안녕과 건전한 생활환경의 보호를 위하여 필요한 지역
	상업지역	90% 이하	상업이나 그 밖의 업무의 편익을 증진하기 위하여 필요한 지역
	공업지역	70% 이하	공업의 편익을 증진하기 위하여 필요한 지역
	녹지지역	20% 이하	자연환경·농지 및 산림의 보호, 보건위생, 보안과 도시의 무질서한 확산을 방지하기 위하여 녹지의 보전이 필요한 지역
관리지역	보전관리지역	20% 이하	자연환경 보호, 산림 보호, 수질오염 방지, 녹지공간 확보 및 생태계 보전 등을 위하여 보전이 필요하나, 주변 용도지역과의 관계 등을 고려할 때 자연환경보전지역으로 지정하여 관리하기가 곤란한 지역
	생산관리지역	20% 이하	농업·임업·어업 생산 등을 위하여 관리가 필요하나, 주변 용도지역과의 관계 등을 고려할 때 농림지역으로 지정하여 관리하기가 곤란한 지역
	계획관리지역	40% 이하	도시지역으로의 편입이 예상되는 지역이나 자연환경을 고려하여 제한적인 이용·개발을 하려는 지역으로서 계획적·체계적인 관리가 필요한 지역
농림지역		20% 이하	–
자연환경보전지역		20% 이하	–

13 다음 설명에 해당하는 공동주택의 단위주거 단면형식은?

> • 단위주거의 평면구성 제약이 적고 소규모도 설계가 용이하다.
> • 복도가 있는 경우 단위주거의 규모가 크면 복도가 길어져 공용 면적이 증가하며, 프라이버시에 있어 타 형식보다 불리하다.
> • 단위주거가 한 개의 층에만 한정된 형식이다.

① 메조넷형   ② 스킵 메조넷형
③ 트리플렉스형   ④ 플랫형

ANSWER 13.④

13 제시된 특성들은 플랫형(단층형)에 관한 것이다.

※ **단층형(플랫형)**
- 평면 계획이나 구조가 단순하고 시공이 간편하다.
- 평면 구성에 제약이 적고, 작은 면적에서도 설계가 가능하다.
- 공동 복도에 면하는 부분이 많으므로 주호의 프라이버시 유지가 어렵다.

※ **복층형(메조네트형/듀플렉스/트리플렉스형)**
- 공용통로 면적을 절약할 수 있고, 엘리베이터의 정지 층을 감소시켜 경제적이다.
- 복도가 없는 층은 남북 면이 트여 있으므로 좋은 평면이 가능하다. 통로면적이 감소하고 임대면적이 증가하며 프라이버시가 가장 좋다.
- 거주성, 채광, 통풍, 프라이버시가 좋다.
- 작은 평형에는 비경제적이다.
- 단위 주거의 평면계획에 변화를 줄 수가 있다.
- 각 층(상하 층) 평면이 달라서 구조, 설비 등이 복잡하고 설계가 어렵다.
- 플랫형에 비해 통로면적 등의 공용면적이 감소하여 전용면적비가 증가한다.
- 트리플렉스형은 하나의 단위 주거가 3층으로 구성되어 있는 것으로 프라이버시 확보와 통로 면적의 절약은 메조네트형 보다 유리하다.
- 상당한 주호 면적이 없으면 융통성이 없게 되며, 피난 계획도 곤란하다.

※ **스킵플로어형**
- 계단실형의 장점과 편복도형의 장점을 복합한 방식으로서 1층 또는 2층을 걸러 복도를 설치하고, 그 밖의 층에서는 복도가 없이 계단실로 각 단위 주거에 도달하는 형식이다.
- 복도가 없는 층(계단실형)에서는 채광, 통풍, 프라이버시가 좋다.
- 엘리베이터의 이용률이 높고, 경제적이다.
- 공용통로 면적을 줄일 수 있으므로 건물의 이용도가 높고 대지 이용률이 높다.
- 복도가 없는 층에서는 피난하는 데 결점이 있다.
- 복도가 없는 층은, 각 단위 주거에 이르는 동선이 길어지는 단점이 있다.

14 다음 설명에 해당하는 공포 양식을 적용한 건축물을 옳게 짝지은 것은?

> ㉠ 창방 위에 평방을 올리고 그 위에 공포를 배치한 형식
> ㉡ 소로와 첨차로 공포를 짜서 기둥 위에만 배치한 형식

	㉠	㉡
①	수원 화서문	강릉 객사문
②	영주 부석사 무량수전	서울 숭례문
③	서울 창경궁 명정전	예산 수덕사 대웅전
④	안동 봉정사 대웅전	경주 불국사 대웅전

15 개인적 공간(personal space)에 대한 설명으로 옳지 않은 것은?

① 개인 상호간의 접촉을 조절하고 바람직한 수준의 프라이버시를 이루는 보이지 않는 심리적 영역이다.

② 개인이 사용하는 공간으로서, 외부에 대하여 방어하는 한정되고 움직이지 않는 고정된 공간이다.

③ 개인의 신체를 둘러싸고 있는 기포와 같은 형태이다.

④ 홀(Edward T. Hall)은 대인간의 거리를 친밀한 거리(intimate distance), 개인적 거리(personal distance), 사회적 거리(social distance), 공적 거리(public distance)로 구분하였다.

14 ㉠ 창방 위에 평방을 올리고 그 위에 공포를 배치한 형식 : 다포식
㉡ 소로와 첨차로 공포를 짜서 기둥 위에만 배치한 형식 : 주심포식
주어진 보기에 제시된 것을 양식에 따라 분류하면
• 주심포식 : 영주 부석사 무량수전, 예산 수덕사 대웅전, 강릉 객사문
• 다포식 : 서울 창경궁 명정전, 서울 숭례문, 안동 봉정사 대웅전, 경주 불국사 대웅전
• 익공식 : 수원 화서문

15 개인적 공간(personal space) : 개개인의 신체 주변에 다른 사람이 들어올 수 없는 프라이버시 공간의 형태를 말하며 이는 상황에 따라 변화되는 유동적인 공간이다.

16 다음 설명에 해당하는 서양 근대건축운동과 가장 관련 있는 인물과 작품을 옳게 짝지은 것은?

> • 19세기 말 프랑스와 벨기에를 중심으로 전개된 예술운동 양식이다.
> • 과거의 복고주의에서 탈피하여 상징주의 형태와 패턴의 미학을 받아들였다.
> • 주로 곡선을 사용하고 식물을 모방하여 '꽃의 양식'으로도 불린다.

① 빅토르 호르타(Victor Horta) — 타셀 주택(Tassel House)

② 게리트 토머스 리트벨트(Gerrit Thomas Rietveld) — 슈뢰더 주택(Schröder House)

③ 안토니 가우디(Antoni Gaudi) — 로비 주택(Robie House)

④ 월터 그로피우스(Walter Gropius) — 바우하우스(Bauhaus)

17 사무소계획의 표준계단설계에서 계단 단높이(R)와 단너비(T)의 가장 적합한 실용적 표준설계치수 범위는?

	R	T	R + T
①	10 ~ 15cm	20 ~ 25cm	약 35cm
②	13 ~ 18cm	22 ~ 27cm	약 40cm
③	15 ~ 20cm	25 ~ 30cm	약 45cm
④	18 ~ 23cm	27 ~ 32cm	약 50cm

---

16 제시문은 아르누보(Art Nouveau)에 대한 설명이다. 빅터 호르타는 대표적인 아르누보 건축가로, 타셀 주택, 살베이 주택, 인민의 집 등을 건축하였다. 또다른 아르누보 건축가로 안토니 가우디, 앙리 반 데 벨데 등이 있다.

② 게리트 토머스 리트벨트는 데 스틸 파에 속하며 슈뢰더 하우스를 건축하였다.

③ 로비 주택은 국제주의 건축가인 프랭크 로이드 라이트에 의해 건축되었다.

④ 바우하우스는 국제주의 건축가 그로피우스에 의해 설립·운영된 학교로, 미술과 공예, 사진, 건축 등을 교육한 기관이다. 그로피우스의 대표 작품으로는 파구스 공장, 데사우 바우하우스, 하버드 대학 그레듀에이트 센터 등이 있다.

17 사무소계획의 표준계단설계에서 계단 단높이(R)는 15 ~ 20cm, 단너비(T)는 25 ~ 30cm, 이 둘의 합은 약 45 cm를 적정한 것으로 본다.

18 상점 건축계획에서 진열장 배치에 대한 설명으로 옳지 않은 것은?

① 직렬배열형은 통로가 직선이므로 고객의 흐름이 빠르며, 부분별 상품진열이 용이하고 대량 판매형식도 가능한 형태이다.

② 굴절배열형은 진열케이스의 배치와 고객동선이 굴절 또는 곡선으로 구성된 형태로 대면판매와 측면판매의 조합으로 이루어진다.

③ 복합형은 서로 다른 배치형태를 적절히 조합한 형태로 뒷부분은 대면판매 또는 카운터 접객부분으로 계획된다.

④ 환상배열형은 중앙에는 대형상품을 진열하고 벽면에는 소형상품을 진열하며 침구점, 의복점, 양품점 등에 적합하다.

18 환상배열형은 중앙에는 판매대 등을 설치하고 벽면에는 대형상품을 진열한 방식으로서 민속예술품점이나 수공예품점 등에 적합하다.

평면배치형	특 징	적용대상
굴질배열형	대면판매와 측면판매의 조합	안경점, 양품점, 모자점, 문방구
직렬배열형	고객의 흐름이 가장 빠름 부분별로 상품진열이 용이하여 대량판매형식도 가능	침구점, 전기용품, 서점, 식기점
환상배열형	중앙에 판매대 등을 설치하고 판대를 둘러싼 벽면에는 대형상품을 진열한 방식	민속예술품점, 수공예품점
복합형	위의 방식들을 조합시킨 방식	서점, 부인복점, 피혁제품점

19 급수펌프에 대한 설명으로 옳은 것은?

① 펌프의 진공에 의한 흡입 높이는 표준기압상태에서 이론상 12.33m이나 실제로는 9m 이내이다.

② 히트펌프는 고수위 또는 고압력 상태에 있는 액체를 저수위 또는 저압력의 곳으로 보내는 기계이다.

③ 원심식 펌프는 왕복식 펌프에 비해 고속운전에 적합하고 양수량 조정이 쉬워 고양정 펌프로 사용된다.

④ 왕복식 펌프는 케이싱 내의 회전자를 회전시켜 케이싱과 회전자 사이의 액체를 압송하는 방식의 펌프이다.

ANSWER 19.③

19 ① 펌프의 진공에 의한 흡입 높이는 표준기압상태에서 이론상 10.33m이나 실제로는 흡입관 내의 마찰손실이나 물속에 함유된 공기 등에 의해 7m 이상은 흡상하지 않는다.

② 히트펌프는 열을 저온에서 고온으로 이동시키는 장치들을 펌프로 비유한 개념이다.

④ 케이싱 내의 회전자를 회전시켜 케이싱과 회전자 사이의 액체를 압송하는 방식의 펌프는 원심식펌프이다.

20 전원설비에서 수변전설비의 용량 추정과 관련한 산식으로 옳지 않은 것은?

① 수용률(%) $= \dfrac{\text{부하설비용량(kW)}}{\text{최대수용전력(kW)}} \times 100$

② 부등률(%) $= \dfrac{\text{각 부하의 최대수용전력의 합계(kW)}}{\text{합계 부하의 최대수용전력(kW)}} \times 100$

③ 부하율(%) $= \dfrac{\text{평균수용전력(kW)}}{\text{최대수용전력(kW)}} \times 100$

④ 부하설비용량 $=$ 부하밀도$(\text{VA/m}^2) \times$ 연면적(m^2)

20 수용률(%) $= \dfrac{\text{최대수용전력}(kW)}{\text{부하설비용량}(kW)} \times 100$

※ 부하율, 부등률, 수용률의 정확한 이해

㉠ 부하율(%) $= \dfrac{\text{평균수용전력(kW)}}{\text{최대수용전력(kW)}} \times 100$

최대전력에 대한 시간당 평균 사용량을 의미한다. 즉, 부하율이 높다는 것은 매시간 거의 최대전력에 가깝게 사용한다는 것이고 부하율이 낮다는 것은 최대전력을 사용하는 시간 이외의 시간에는 가동률이 그만큼 낮다는 의미이다. 최대부하는 피크치이고 평균부하는 총 사용전력량을 총 사용시간으로 나눈 값이다.

㉡ 부등률(%) $= \dfrac{\text{각 부하의 최대수용전력의 합계(kW)}}{\text{합계 부하의 최대수용전력(kW)}} \times 100$

각 층의 최대수요전력의 합을 합성최대수요전력으로 나눈 값이다. 설비된 용량만큼 항상 가동을 하는 것이 아니기 때문에 DM(최대수요전력계)를 통해 각 층의 최대전력은 그보다 더 작을 것이므로 그만큼 더 적은 용량을 선정해도 된다는 개념이다. 예를 들어 1층의 최대수요전력이 100kVA, 2층의 최대수요전력이 30kVA, 3층의 최대수요전력이 20kVA로 나왔다면 150kVA의 변압기 용량보다 더 적어질 수 있다. (부하사용시간이 각 층이 전부 같지가 않기 때문이다. 부등률은 항상 1보다 같거나 크고 부등률이 1이라는 것은 극단적으로 보면 각층이 동시에 전기를 사용하고 동시에 전기를 끄는 것이고 1보다 큰 것은 각 층의 사용시간이 몰리지 않고 분산되는 것을 의미한다.)

㉢ 수용률(%) $= \dfrac{\text{최대수용전력}(kW)}{\text{부하설비용량}(kW)} \times 100$

최대수요전력을 설비용량으로 나눈 값이다. 설비용량이라는 것은 현재 전기를 사용하든 하지 않는 기기이든 전기를 소비할 수 있는 모든 기기의 용량의 합이며 최대전력은 일정기간 내에서 가장 전력을 많이 소모할 때의 전력사용량(피크치)을 의미한다. 즉, 수용률은 수용가에서 갖추고 있는 전기설비들에 대해서 최대로 전력을 많이 사용할 때의 비율이다.

1 호텔 건축계획에 대한 설명으로 옳지 않은 것은?

① 직원용 출입구는 관리상 가급적 여러 개를 설치한다.

② 객실은 차음상 엘리베이터 샤프트와 거리를 두어 배치한다.

③ 숙박 고객과 연회 고객의 출입구는 분리하는 것이 좋다.

④ 물품 검수용 출입구는 검사 및 관리상 1개소로 한다.

2 사무소 건축계획에서 승강기 조닝(zoning)에 대한 설명으로 옳지 않은 것은?

① 더블데크(double deck) 방식은 단층형 승강기를 이용하며, 복합용도의 초고층건물에 적합하다.

② 스카이로비(sky lobby) 방식은 초고속의 셔틀(shuttle) 승강기를 설치한다.

③ 승강기 조닝(zoning)은 수송시간 단축, 유효면적 증가 등의 이점이 있다.

④ 컨벤셔널(conventional) 방식은 여러 층으로 구성된 1존(zone)을 1뱅크(bank)의 승강기가 서비스하는 방식이다.

ANSWER 1.① 2.①

1 직원용 출입구를 여러 개를 설치할 경우 동선이 복잡하게 되어 관리상 여러 가지 문제가 발생할 수 있으므로 바람직하지 않다.

2 더블데크시스템(double deck system)은 동일 샤프트(shaft) 내에 2대분의 수송력을 가진 엘리베이터를 사용하고 정지층도 2개층으로 운행하는 방식이다.

3 연립주택 분류 중 중정형 주택(patio house)에 대한 설명으로 옳지 않은 것은?

① 아트리움 하우스(atrium house)라고도 한다.

② 내부세대의 좋지 않은 채광을 극복하기 위해 일부 세대들을 2층으로 구성할 수 있다.

③ 격자형의 단조로운 형태를 피하기 위해 돌출 또는 후퇴시킬 수 있다.

④ 경사지의 자연 지형 훼손을 최소화하기 위해 많이 활용되며, 한 세대의 지붕이 다른 세대의 테라스로 사용된다.

3 경사지의 자연 지형 훼손을 최소화하기 위해 많이 활용되며, 한 세대의 지붕이 다른 세대의 테라스로 사용되는 것은 테라스형 주택이며 중정형과는 거리가 멀다.

　㉠ 중정형 주택
- 중앙에 중정을 두고 이를 거주용건물이 둘러싼 형식이다.
- 격자형의 단조로움을 피하기 위해 돌출, 후퇴시킬 수 있다. 입구의 연속적인 효과를 위해 도로나 공공보도에 면해 중정을 배치시켜 중정이 입구가 되게 한다.
- 놀이, 휴식, 수영장 등 커뮤니티시설이나 오픈스페이스를 확보하기 위해 한 세대를 제거할 수 있다.
- 다양하고 풍부한 외부공간을 구성하기에 유리하다.
- 일조를 위한 방위조절이 어렵고, 고밀도의 유지도 어렵고 개성있는 설계나 변형된 평면구성이 어렵다.
- 일정한 대지에 몇 개의 주거군 건립을 중정을 중심으로 하게 되는데, 본인이 이해하는 것처럼 남향 이외의 층이 나올 수 밖에 없는 필연적 이유이다.
- 중정형의 경우 대부분 고층 아파트 형식 보다는 연립주택 유형으로 분류되어 이해하는 것에 따른 고층, 고밀의 한계, 대지를 벗어나지 못하고 그 범주에서 설계하게 되므로 평면구성의 한계가 있을 수밖에 없다.

　㉡ 테라스하우스
- 경사진 대지를 계획하여 배치하는 형태로 아래 세대의 옥상을 테라스로 갖는 이점이 있지만, 배면에 창호가 없으므로 각 세대의 깊이가 7.5m 이상일 경우 세대의 일조에 불리하다.
- 테라스 하우스(terrace house)는 대지의 경사도가 30°가 되면 윗집과 아랫집이 절반정도 겹치게 되어 평지보다 2배의 밀도로 건축이 가능하다.

　㉢ 파티오 하우스(patio house)는 1가구의 단층형 주택으로, 주거 공간이 마당을 부분적으로 또는 전부 에워싸고 있다.

　㉣ 테라스 하우스(terrace house)는 상향식이든 하향식이든 경사지에서는 스플릿 레벨(split level) 구성이 가능하다.

4 「건축법」상 '주요구조부'에 속하는 것만을 모두 고르면?

> ㉠ 내력벽　　　　　　　　　　㉡ 작은 보
> ㉢ 주계단　　　　　　　　　　㉣ 지붕틀
> ㉤ 옥외 계단　　　　　　　　　㉥ 최하층 바닥

① ㉠, ㉡, ㉢　　　　　　　　　　② ㉠, ㉢, ㉣

③ ㉠, ㉢, ㉥　　　　　　　　　　④ ㉡, ㉣, ㉤

5 「범죄예방 건축기준 고시」상 범죄예방 건축기준 용어의 정의에 대한 설명으로 옳지 않은 것은?

① '접근통제'란 출입문, 담장, 울타리, 조경, 안내판, 방범시설 등을 설치하여 외부인의 진·출입을 통제하는 것을 말한다.

② '영역성 확보'란 공적공간과 사적공간의 적극적 연계를 통해 지역 공동체(커뮤니티)를 증진하는 것을 말한다.

③ '활동의 활성화'란 일정한 지역에 대한 자연적 감시를 강화하기 위하여 대상 공간 이용을 활성화 시킬 수 있는 시설물 및 공간 계획을 하는 것을 말한다.

④ '자연적 감시'란 도로 등 공공 공간에 대하여 시각적인 접근과 노출이 최대화되도록 건축물의 배치, 조경, 조명 등을 통하여 감시를 강화하는 것을 말한다.

4 "주요구조부"란 내력벽(耐力壁), 기둥, 바닥, 보, 지붕틀 및 주계단(主階段)을 말한다. 다만, 사이 기둥, 최하층 바닥, 작은 보, 차양, 옥외 계단, 그 밖에 이와 유사한 것으로 건축물의 구조상 중요하지 아니한 부분은 제외한다〈건축법 제2조(정의) 제7호〉.

5 용어의 정의〈범죄예방 건축기준 고시 제2조 제3호〉 … 영역성 확보란 공간배치와 시설물 설치를 통해 공적공간과 사적공간의 소유권 및 관리와 책임 범위를 명확히 하는 것을 말한다.

※ 영역성 유형
- **영역성** : 주민에게 거시적인 영역의 소속감을 제공하여 범죄에 대한 관심을 높이고 잠재적 범죄자에게 그러한 영역성을 인식시키는 것이다.
- **자연적 감시** : 자연적 감시는 건물·시설물의 배치에 있어 일반인들에 의한 가시권을 최대화하는 전략이다. (도로 등 공공 공간에 대하여 시각적인 접근과 노출이 최대화되도록 건축물의 배치, 조경, 조명 등을 통하여 감시를 강화하는 것을 말한다.)
- **자연적 접근 통제** : 자연적 접근 통제는 보호되어야 할 공간에 대한 출입을 제어하여 범죄 목표에 대한 접근을 어렵게 하고 범죄 행위의 노출(발각) 가능성을 높이는 설계 원리를 말한다. (즉, 출입문, 담장, 울타리, 조경, 안내판, 방범시설 등을 설치하여 외부인의 진·출입을 통제하는 것을 말한다.)
- **활동의 활성화** : 활동의 활성화는 주민들이 함께 어울릴 수 있는 환경을 조성하여 자연적인 감시 활동을 강화하는 것이다. (즉, 일정한 지역에 대한 자연적 감시를 강화하기 위하여 대상 공간 이용을 활성화 시킬 수 있는 시설물 및 공간 계획을 하는 것을 말한다.)
- **유지 및 관리** : 유지 및 관리의 원리는 시설물을 깨끗하고 정상적으로 유지하여 범죄를 예방하는 것으로 깨진 창문 이론과 그 맥락을 같이 한다.

6 박물관 건축계획에서 배치유형에 대한 설명으로 옳은 것은?

① 분동형(pavilion type)은 단일 건축물 내에 크고 작은 전시실을 집약하는 형식으로, 가동적인 전시연출에 유리하다.

② 개방형(open plan type)은 분산된 여러 개의 전시실이 광장을 중심으로 건물군을 이루는 형식으로, 많은 관람객의 집합, 분산, 선별 관람에 유리하다.

③ 중정형(court type)은 중정을 중심으로 전시실을 배치한 형식으로, 실내·외 전시공간 간 유기적 연계에 유리하다.

④ 폐쇄형(closed plan type)은 분산된 여러 개의 전시실이 작은 광장 주변에 분산 배치 되는 형식으로, 자연채광을 도입하는 데 유리하다.

7 수격작용(water hammering)에 대한 설명으로 옳지 않은 것은?

① 수격작용은 밸브, 수전 등의 관내 흐름을 순간적으로 막을 때 발생한다.

② 수격작용이 발생하면 배관이나 기구류에 진동이나 소음이 발생한다.

③ 수격방지기구는 발생원이 되는 밸브와 가급적 먼 곳에 부착한다.

④ 수격작용을 방지하기 위하여 관내 유속을 가능한 한 느리게 한다.

ANSWER 6.③ 7.③

6 ① 집약형에 대한 설명이다. 분동형은 몇 개의 단독 전시관들이 Pavilion 형식으로 건물군을 이루고 핵이 되는 중심광장(Communicore)이 있어서 많은 관객의 집합, 분산, 휴식, 선별관람이 용이하도록 도와주는 형식이다. 중정형과 유사한 특성을 가지나 주로 규모가 큰 경우에 적용된다.
　② 개방형은 공간 전체가 구획됨이 없이 개방된 형식으로, 전시 내용에 따라 가동적이다.
　④ 폐쇄형(closed plan type)은 자연채광을 도입하는데 매우 불리하다.
　• 분동형 배치
　－몇 개의 단독 전시관들이 Pavilion 형식으로 건물군을 이루고 핵이 되는 중심광장(Communicore)이 있어서 많은 관객의 집합, 분산, 휴식, 선별관람이 용이하도록 도와주는 것이 보통이고 "순환동선고리"를 고려해야 한다.
　－중정형과 유사한 특성을 가지나 주로 규모가 큰 경우에 적용된다.
　• 개방형 배치
　－전시공간 전체가 구획됨이 없이 개방된 형식을 의미한다.
　－주로 미스 반 데어로에가 즐겨 쓰는 수법으로 필요에 따라 간이 칸막이로 구획하고 가변적인 공간의 이점을 잘만 살리면 효과적인 전시분위기를 연출할 수 있다.
　－내외부 공간의 구분이 투명한 유리벽 위주로 되어 있어 내부와 외부공간의 구분이 모호해지는 효과를 얻을 수 있다.

7 수격방지기구(에어챔버 등)는 발생원(주로 수전이 급폐쇄되는 곳)이 되는 밸브와 가급적 가까운 곳에 부착한다.

8 그림의 밸브에 대한 설명으로 옳은 것은?

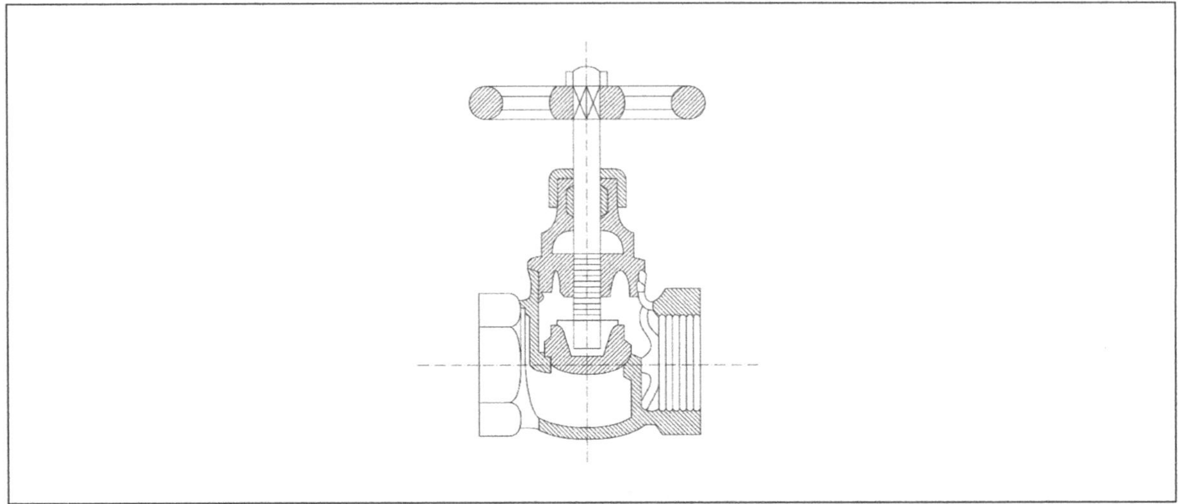

① 슬루스밸브(sluice valve)라고 하며, 유체의 흐름에 대하여 마찰이 적어 물과 증기의 배관에 주로 사용된다.

② 스톱밸브(stop valve)라고 하며, 유로 폐쇄나 유량 조절에 적합하다.

③ 체크밸브(check valve)라고 하며, 스윙형과 리프트형이 있고 그림은 리프트형을 나타낸 것이다.

④ 글로브밸브(globe valve)라고 하며, 쐐기형의 밸브가 오르내림으로써 유체의 흐름을 반대 방향으로 흐르지 못하게 한다.

ANSWER 8.②

8 제시된 그림은 스톱밸브(글로브밸브)로서 유로 폐쇄나 유량 조절에 적합하며 마찰저항(국부저항 상당관길이)이 가장 크다.

※ **밸브의 종류**
- **슬루스밸브** : 게이트 밸브라고도 하며 마찰저항(국부저항 상당관길이)이 가장 작다. 급수 및 급탕용으로 가장 많이 사용되는 밸브이다.
- **글로브밸브** : 스톱밸브, 구형밸브라고도 하며 마찰저항(국부저항 상당관길이)이 가장 크다. (슬루스[게이트]밸브는 유량의 개폐를 목적으로 사용하며 글로브[스톱, 구형]밸브는 유량을 제어하는 것을 목적으로 한다.)

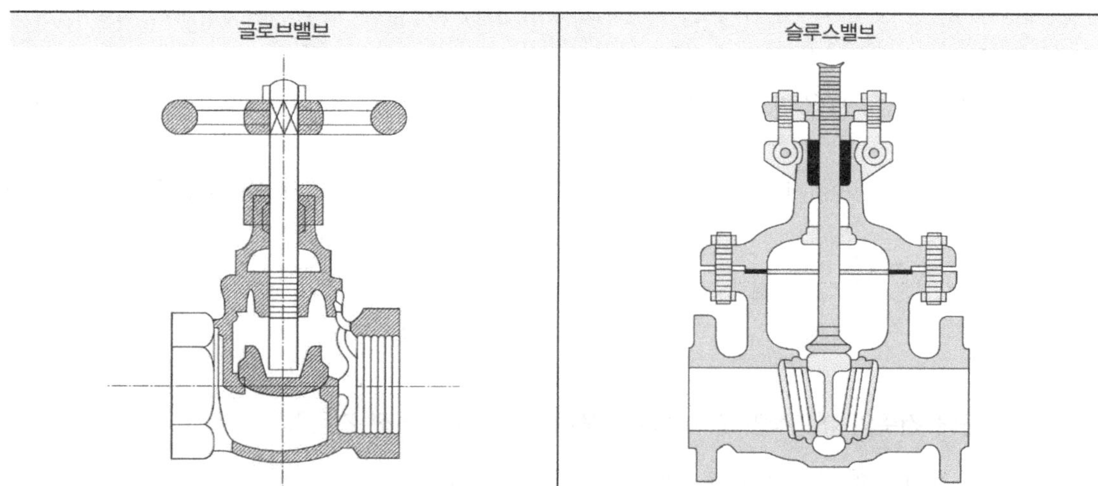

- **앵글밸브** : 글로브 밸브의 일종으로 유체의 입구와 출구가 이루는 각이 90o가 되는 밸브이다.
- **콕** : 원추형의 꼭지를 90° 회전하여 유로를 급속히 개폐하는 장치
- **역지밸브** : 유체를 한 방향으로만 흐르게 하는 역류방지용 밸브로 수평관에만 사용할 수 있는 리프트형과 수평, 수직관 어디에서도 사용가능한 스윙형이 있다. 유량을 조절하는 기능은 없다.
- **스트레이너** : 밸브류 앞에 설치하여 배관내의 흙, 모래, 쇠부스러기 등을 제거하기 위한 장치이다.
- **버터플라이밸브** : 주로 저압공기와 수도용이며 밸브몸통이 유체내에서 단순회전하므로 다른 밸브보다 구조가 간단하고 압력손실이 적으며 조작이 간편하다.
- **공기빼기밸브** : 배관내의 유체속에 섞여 있던 공기가 유체에서 분리되어 굴곡배관이 높은 곳에 체류하면서 유체의 유량을 감소시키는데 이를 방지하기 위해 굴곡배관 상부에 공기빼기 밸브를 설치하여 분리된 공기와 기체를 자동적으로 빼내는데 사용된다.
- **볼밸브** : 통로가 연결된 파이프와 같은 모양과 단면으로 되어 있는 중간에 위치한 둥근 볼의 회전에 의하여 유체를 조절하는 밸브이다.
- **감압밸브** : 고압배관과 저압배관 사이에 설치하여 압력을 낮추어 일정하게 유지할 때 사용하는 것으로 다이어프램식, 벨로우즈식, 파이롯트식 등이 있다.
- **안전밸브** : 증기, 압력수등의 배관계에 있어 그 압력이 일정한도 이상으로 상승했을 때 과잉압력을 자동적으로 외부에 방출하여 안전을 유지하는 밸브로서 증기보일러, 압축공기탱크, 압력탱크 등에 설치한다.
- **전동밸브** : 모터의 작동에 의해 자동으로 밸브를 조절개폐시킴으로써 각종 증기, 물, 오일 등의 온도, 압력, 유량 등을 자동제어하는데 사용된다.
- **플러시밸브** : 대소변기의 세정에 주로 사용되며 한 번 누르면 밸브가 작동되어 0.07MPa 이상의 수압으로 일정량의 물이 한꺼번에 나오며 서서히 자동으로 잠기는 밸브이다.
- **전자밸브** : 온도조절기 또는 압력조절기 등에 의해 신호전류를 받아 전자식의 흡인력을 이용하여 자동적으로 밸브를 개폐시키는 것으로 증기, 물, 기름, 공기, 가스 등 광범위하게 사용되고 있다.
- **플로트밸브** : 보일러의 급수탱크와 용기의 액면을 일정한 수위로 유지하기 위해 플로트를 수면에 띄워, 수위가 내려가면 플로트에 연결되어 있는 레버를 작동시켜서 밸브를 열어 급수를 한다. 또 일정한 수위로 되면 플로트도 부상하여 레버를 밀어내려 밸브가 닫히는 구조이며 일종의 자력식 조절밸브이다.
- **방열기밸브** : 증기용, 온수용 두 가지가 있으며 증기난방용 디스크밸브를 이용한 스톱밸브형이다. 이 밸브로는 방열량 조절(온수의 경우)도 가능하다. 유체흐름방향에 따라 앵글형, 직선형, 코너형으로 분류된다.

9 신·재생에너지에 대한 설명으로 옳지 않은 것은?

① 재생에너지는 햇빛이나 물과 같은 자연요소가 아닌 재생가능한 에너지를 변환시켜 이용하는 것이다.

② 수소에너지와 연료전지는 신에너지에 속한다.

③ 연료전지는 수소, 메탄 및 메탄올 등의 연료를 산화시켜서 생기는 화학에너지를 전기에너지로 변환시킨 것이다.

④ 「신에너지 및 재생에너지 개발·이용·보급 촉진법」에서 신·재생에너지 이용의무화 등을 규정하고 있다.

10 다음 중 근대 건축의 대표적인 건축가와 작품이 잘못 짝 지어진 것은?

① 미스 반 데어 로에(Mies van der Rohe) – 판스워스(Farnsworth) 주택

② 르 코르뷔제(Le Corbusier) – 롱샹(Ronchamp) 성당

③ 알바 알토(Alvar Aalto) – 소크(Salk) 생물학연구소

④ 발터 그로피우스(Walter Gropius) – 파구스(Fagus) 공장

---

9 신·재생에너지 … 신에너지와 재생에너지를 합쳐 부르는 말로서 석탄, 석유, 원자력 및 천연가스 등의 화석연료를 대체할 수 있는 태양에너지, 바이오매스, 풍력, 수력, 연료전지, 석탄의 액화, 가스화, 해양에너지, 폐기물에너지 및 기타로 구분되고 있고 이외에도 지열, 수소, 석탄에 의한 물질을 혼합한 유동성 연료까지도 의미한다. 신재생에너지개발 및 이용·보급촉진법에 의하면 다음과 같이 분류된다.

ㄱ 재생에너지 : 태양에너지, 풍력에너지, 수력에너지, 해양에너지, 지열에너지, 바이오에너지, 폐기물에너지

ㄴ 신에너지 : 연료전지에너지, 석탄액화·가스화에너지, 수소에너지

10 소크(salk) 생물학연구소는 루이스칸의 작품이다.

- 미스 반 데어 로에(Mies van der Rohe) : 바르셀로나 파빌리온, 판스워스주택, 시그램빌딩
- 르 코르뷔제(Le Corbusier) : 빌라 사부아, 마르세유 집합주택, 라투레트 수도원, 롱샹성당
- 발터 그로피우스(Walter Gropius) : 데사우 바우하우스교사, 아테네 미국대사관

11 다음 설명에 해당하는 설비는?

> 건물 내부의 각 층에 설치되어 화재 시 급수설비로부터 배관을 통하여 호스(hose)와 노즐(nozzle)의 방수압력에 따라 소화 효과를 발휘하는 설비이다. 소방대상물의 각 부분으로부터 수평거리 25m 이하에 설비를 설치하여야 한다.

① 드렌처 (drencher) 설비
② 스프링클러(sprinkler) 설비
③ 연결 송수관 설비
④ 옥내 소화전 설비

11 제시된 보기는 옥내소화전에 관한 설명이다.

※ **소화설비**
- **옥내소화전** : 방수압력 0.17MPa, 방수량 130L/min, 건물의 각 부분에서 소화전까지의 수평거리는 25m 이내, 20분간 사용할 수 있어야 하며 동시개구수는 최대 5개
- **옥외소화전** : 방수압력 0.25MPa, 방수량 350L/min, 건물외부 각 부분에서 소화전까지 수평거리 40m 이하, 20분간 사용할 수 있어야 하며 동시개구수는 최대 2개
- **스프링클러** : 방수압력 0.1MPa, 방수량 80L/min, 설치간격 3m 이내(스프링클러 헤드 하나가 소화할 수 있는 면적은 $10m^2$), 20분간 사용할 수 있어야 하며 기준개수는 아파트(16층 이상)의 경우는 10개, 판매 및 복합상가, 11층 이상의 소방대상물은 30개
- **드렌처** : 방수압력 0.1MPa, 방수량 80L/min, 설치간격은 2.5m 이하, 소화수량은 $1.6Nm^2$

12 다음에서 설명하는 도시계획가는?

> • 도시와 농촌의 관계에서 서로의 장점을 결합한 도시를 주장하였다.
> • 그의 이론은 런던 교외 신도시지역인 레치워스(Letchworth)와 웰윈(Welwyn) 지역 등에서 실현되었다.
> • 『내일의 전원도시(Garden Cities of Tomorrow)』를 출간하였다.

① 하워드(E. Howard) ② 페리(C. A. Perry)
③ 페더(G. Feder) ④ 가르니에(T. Garnier)

13 학교 운영방식에 대한 설명으로 옳은 것은?

① 종합교실형은 초등학교 고학년에 가장 적합하다.

② 교과교실형은 모든 교실을 특정 교과를 위해 만들어 일반교실은 없으며 학생의 이동이 많은 방식이다.

③ 플래툰형은 학년과 학급을 없애고 학생들은 각자의 능력에 따라 교과를 선택하고 일정한 교과를 수료하면 졸업하는 방식이다.

④ 달톤형은 각 학급을 2분단으로 나누어 한쪽이 일반교실을 사용할 때 다른 한쪽은 특별교실을 사용한다.

ANSWER 12.① 13.②

12 보기의 사항들은 하워드(E. Howard)에 대한 설명들이다.
- 하워드(E. Howard)는 도시와 농촌의 장점을 결합한 전원도시(Garden City)계획안을 발표하고, 런던 교외 신도시 지역인 레치워스에서 실현하였다. 하워드의 전원도시 레치워스는 도시와 농촌의 장점을 결합하였다.
- 페리(C. A. Perry)는 일조문제와 인동간격의 이론적 고찰을 통하여 근린주구의 중심시설을 교회와 커뮤니티센터로 하였다. 편익시설은 마을과 마을의 교차지점에 배치해야 한다.
- 페더는 일(day)중심, 주 중심, 월중심의 단계별 일상생활권의 개념을 확립했다. 단계적인 일상생활권을 바탕으로 자급자족적 소도시를 구상하였다.
- 아담스는 소주택의 근린지제안 및 중심시설은 공공시설과 상업시설이 위치한다고 하였다. 중심시설은 공민관과 상업시설이다.
- 라이트(H. Wright)와 스타인(C. S. Stein)은 자동차와 보행자를 분리한 슈퍼블록을 제안하였고, 쿨드삭(Cul-de-Sac)의 도로 형태를 제안하였다.
- 루이스는 현대도시계획을 제시하였고 어린이의 최대 통학거리를 1km로 산정하였다.
- 토니 가르니에는 철근콘크리트의 가능성을 최대한 활용하여 연속창, 유리벽, 지주, 돌출처마, 옥상정원, 평지붕을 개발하였고 이는 훗날 르코르뷔지에의 근대건축 5원칙에 지대한 영향을 미치게 된다.

13 ① 종합교실형은 초등학교 저학년에 가장 적합하다.
③ 플래툰은 각 학급을 2분단으로 나누어 한쪽이 일반교실을 사용할 때 다른 한쪽은 특별교실을 사용한다.
④ 달톤형은 학년과 학급을 없애고 학생들은 각자의 능력에 따라 교과를 선택하고 일정한 교과를 수료하면 졸업하는 방식이다.

14 자연형 태양열시스템 중 부착온실방식에 대한 설명으로 옳지 않은 것은?

① 집열창과 축열체는 주거공간과 분리된다.

② 온실(green house)로 사용할 수 있다.

③ 직접획득방식에 비하여 경제적이다.

④ 주거공간과 분리된 보조생활공간으로 사용할 수 있다.

15 녹색건축물 조성 지원법령상 녹색건축물에 대한 설명으로 옳지 않은 것은? (※ 기출변형)

① 녹색건축물이란 「기후위기 대응을 위한 탄소중립·녹색성장 기본법」 제31조에 따른 건축물과 환경에 미치는 영향을 최소화하고 동시에 쾌적하고 건강한 거주환경을 제공하는 건축물을 말한다.

② 국토교통부장관은 지속가능한 개발의 실현과 자원절약형이고 자연친화적인 건축물의 건축을 유도하기 위하여 녹색건축 인증제를 시행한다.

③ 녹색건축 인증등급은 에너지 소요량에 따라 10등급으로 한다.

④ 녹색건축 인증의 유효기간은 녹색건축 인증서를 발급한 날부터 5년으로 한다.

ANSWER 14.③ 15.③

14 자연형(패시브형) 태양열시스템은 환경계획적 측면이 큰 것이며 직접획득형과 간접획득형(축열벽형, 분리획득형, 부착온실형, 자연대류형, 이중외피구조형)으로 나뉜다.

㉠ **직접획득형**: 집열창을 통하여 겨울철에 많은 양의 햇빛이 실내로 유입되도록 하여 얻어진 태양에너지를 바닥이나 실내 벽에 열에너지로서 저장하여 야간이나 흐린날 난방에 이용할 수 있도록 한다. 일반건물에서 쉽게 적용되고 투과체가 다양한 기능을 갖지만 과열현상을 초래할 수 있다.

㉡ **간접획득형**: 태양에너지를 석벽, 벽돌벽 또는 물벽 등에 집열하여 열전도, 복사 및 대류와 같은 자연현상에 의하여 실내 난방효과를 얻을 수 있도록 한 것이다. 태양과 실내난방공간 사이에 집열창과 축열벽을 두어 주간에 집열된 태양열이 야간이나 흐린날 서서히 방출되도록 하는 것이다.

• **축열벽방식**: 추운지방에서 유리하고 거주공간내 온도변화가 적으나 조망이 결핍되기 쉽다.

• **부착온실방식**: 기존 재래식 건물에 적용하기 쉽고, 여유공간을 확보할 수 있으나 시공비가 높게 된다.

• **축열지붕방식**: 냉난방에 모두 효과적이고, 성능이 우수하나 지붕 위에 수조 등을 설치하므로 구조적 처리가 어렵고 다층건물에서는 활용이 제한된다.

• **자연대류방식**: 열손실이 가장 적으며 설치비용이 저렴하지만 설치위치가 제한되고 축열조가 필요하다.

㉢ **분리획득형**: 집열 및 축열부와 이용부를 격리시킨 형태이다. 이 방식은 실내와 단열되거나 떨어져 있는 부분에 태양에너지를 저장할 수 있는 집열부를 두어 실내난방필요시 독립된 대류작용에 의하여 그 효과를 얻을 수 있다. 즉, 태양열의 집열과 축열이 실내 난방공간과 분리되어 있어 난방효과가 독립적으로 나타날 수 있다는 점이 특징이다.

15 녹색건축 인증 등급은 최우수(그린1등급), 우수(그린2등급), 우량(그린3등급) 또는 일반(그린4등급)으로 한다.

16 도서관 건축계획 중 출납시스템에 대한 설명으로 옳지 않은 것은?

① 자유개가식은 도서가 손상되기 쉽고 분실 우려가 있다.

② 안전개가식은 도서 열람의 체크 시설이 필요하다.

③ 반개가식은 열람자가 직접 책의 내용을 열람하고 선택할 수 있어 출납시설이 불필요하다.

④ 폐가식은 대출받는 절차가 복잡하여 직원의 업무량이 많다.

17 병원 건축계획에 대한 설명으로 옳지 않은 것은?

① 간호단위의 크기는 1조(8~10명)의 간호사가 담당하는 병상수로 나타낸다.

② 병동부의 소요실로는 병실, 격리병실, 처치실 등이 있다.

③ 「의료법 시행규칙」상 '음압격리병실'은 보건복지부장관이 정하는 기준에 따라 전실 및 음압시설 등을 갖춘 1인 병실을 말한다.

④ CCU(Coronary Care Unit)는 요양시설과 같이 만성화되어 재원 기간이 긴 환자를 대상으로 하는 간호단위 구성이다.

ANSWER 16.③ 17.④

16 반개가식
- 열람자는 직접 서가에 면하여 책의 체재나 표시 정도는 볼 수 있으나 내용을 보려면 관원에게 요구하여 대출 기록을 남긴 후 열람하는 형식이다.
- 신간 서적 안내에 채용되며 대량의 도서에는 부적당하며 출납 시설이 필요하다.

17 ④ 만성화되어 재원기간이 긴 환자, 물리치료 환자 대상 : 장기간호
CCU(Coronary Care Unit) : 심장내과중환자실

18 건축화조명에 대한 설명으로 옳은 것만을 모두 고르면?

> ㉠ 조명이 건축물과 일체가 되는 조명방식으로 건축물의 일부가 광원의 역할을 한다.
> ㉡ 다운라이트 조명은 광원을 천장 또는 벽면 뒤쪽에 설치 후 천장 또는 벽면에 반사된 반사광을 이용하는 간접조명 방식이다.
> ㉢ 광천장 조명은 천장면에 확산투과성 패널을 붙이고 그 안쪽에 광원을 설치하는 방법이다.
> ㉣ 코브라이트 조명은 천장면에 루버를 설치하고 그 속에 광원을 설치하는 방법이다.

① ㉠, ㉡　　　　　　　　　　　　② ㉠, ㉢

③ ㉡, ㉣　　　　　　　　　　　　④ ㉢, ㉣

18 광원을 천장 또는 벽면 뒤쪽에 설치 후 천장 또는 벽면에 반사된 반사광을 이용하는 간접조명 방식은 바운스조명이다. 천장면에 루버를 설치하고 그 속에 광원을 설치하는 방식은 광천장조명이다.

※ 건축화 조명의 종류

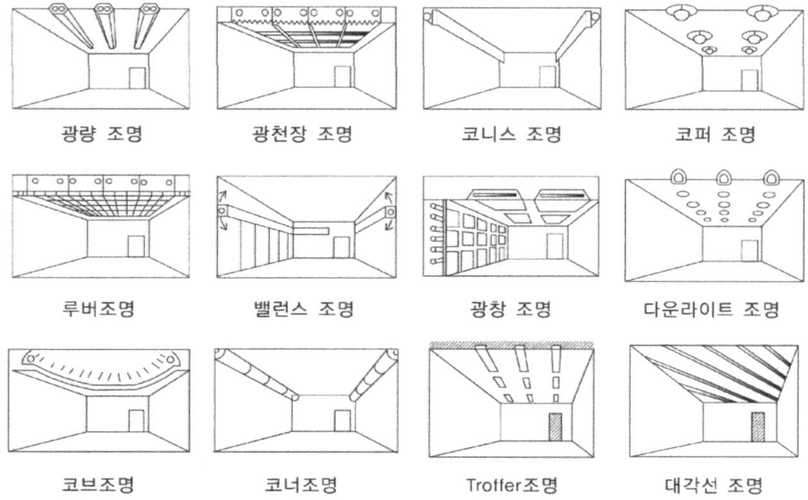

- **다운 라이트** : 천장에 작은 구멍을 뚫어 그 속에 광원을 매입한 것
- **코브 조명** : 광원을 눈가림판 등으로 가리고 빛을 천장에 반사시켜 간접조명하는 방식
- **코퍼 조명** : 실내의 천장면을 사각, 동그라미 등 여러 형태로 오려내고 그 속에 다양한 형태의 광원을 매입하여 단조로움을 피하는 방식
- **코니스 조명** : 광원을 벽면의 상부에 설치하여 빛이 아래로 비추도록 하는 조명방식
- **밸런스 조명** : 광원을 벽면의 중간에 설치하여 빛이 상하로 비추도록 하는 조명방식
- **광창 조명** : 광원을 벽에 설치하고 확산투과 플라스틱판이나 창호지 등으로 넓게 마감한 방식
- **광천장 조명** : 광원을 천장에 설치하고 그 밑에 루버나 확산투과 플라스틱판을 넓게 설치한 방식으로 천장 전면을 낮은 휘도로 빛나게 하는 방법

19 ㉠에 해당하는 공포의 구성 부재 명칭은?

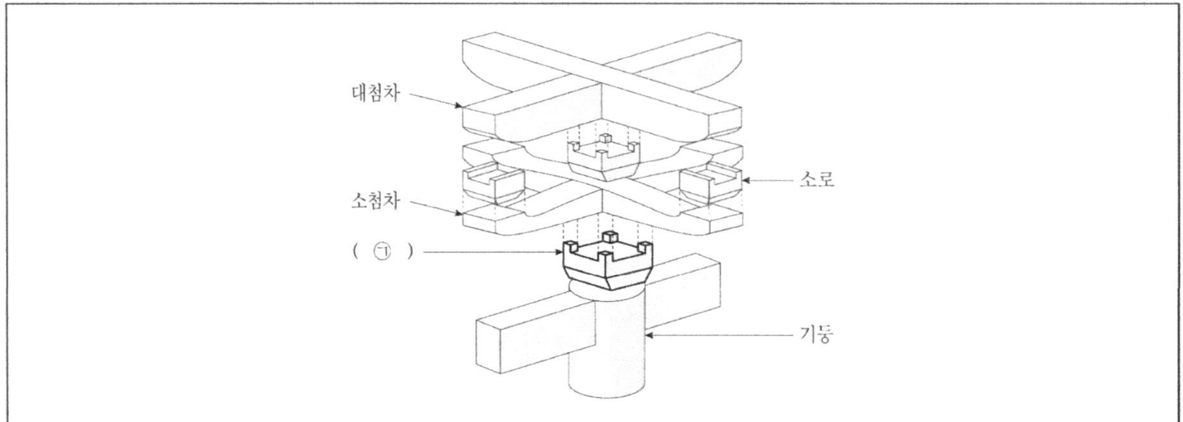

① 주두

② 평방

③ 살미

④ 창방

ANSWER 19.①

19 ㉠은 주두이다.

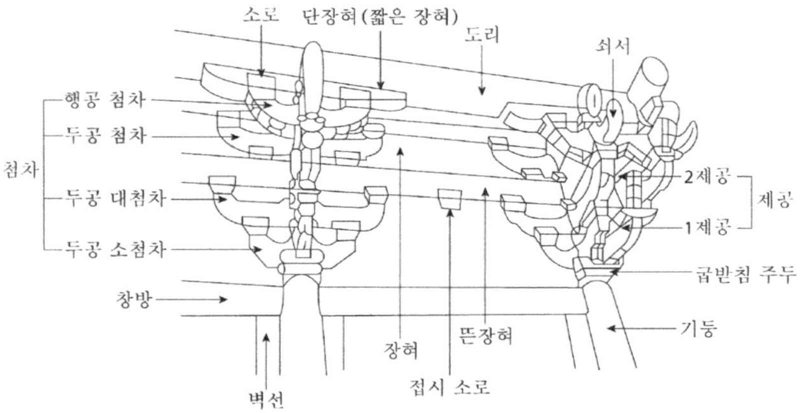

- **살미** : 주심(중심기둥)에서 보 밑을 받치거나, 좌우 기둥 중간에 도리, 장혀에 직교하여 받쳐 괸 쇠서(牛舌, 소의 혀) 모양의 공포 부재이다. 소의 혀 모양으로 만들어진 살미를 제공(齊工)이라 하고, 마구리(살미의 끝부분)가 새 날개 모양인 살미는 익공(翼工)이라 하며, 구름 모양은 운공(雲工)이라고 한다.
- **창방**(昌防) : 외진기둥을 한바퀴 돌아가면서 기둥머리를 연결하는 부재. 민도리집은 창방이 없고 도리나 장혀가 창방을 대신하는 경우가 많다.
- **평방**(平防) : 다포 건물에서 주간포를 받기 위해 창방 위에 수평으로 창방과 같은 방향으로 얹히는 부재

20 건축법령상 공개 공지 또는 공개 공간(이하 공개공지 등)에 대한 설명으로 옳지 않은 것은?

① 공개공지 등을 설치하는 경우 건축물의 용적률, 건폐율, 높이제한 등을 완화하여 적용할 수 있다.

② 공개 공지는 필로티의 구조로 설치하여서는 아니되며, 울타리를 설치하는 등 공개공지 등의 활용을 저해하는 행위를 해서는 아니 된다.

③ 공개공지 등의 면적은 대지면적의 100분의 10 이하의 범위에서 건축조례로 정하며, 이 경우 「건축법」 제42조에 따른 조경면적을 공개공지 등의 면적으로 할 수 있다.

④ 공개공지 등에는 일정 기간 동안 건축조례로 정하는 바에 따라 주민들을 위한 문화행사를 열거나 판촉활동을 할 수 있다.

20 공개 공지 등의 확보(건축법 시행령 제27조의2)

1. 법 제43조 제1항에 따라 다음 각 호의 어느 하나에 해당하는 건축물의 대지에는 공개 공지 또는 공개 공간(이하 이 조에서 "공개공지등"이라 한다)을 설치해야 한다. <u>이 경우 공개 공지는 필로티의 구조로 설치할 수 있다.</u>
   가. 문화 및 집회시설, 종교시설, 판매시설(「농수산물 유통 및 가격안정에 관한 법률」에 따른 농수산물유통시설은 제외한다), 운수시설(여객용 시설만 해당한다), 업무시설 및 숙박시설로서 해당 용도로 쓰는 바닥면적의 합계가 5천 제곱미터 이상인 건축물
   나. 그 밖에 다중이 이용하는 시설로서 건축조례로 정하는 건축물
2. <u>공개공지등의 면적은 대지면적의 100분의 10 이하의 범위에서 건축조례로 정한다. 이 경우 법 제42조에 따른 조경면적과</u> 「매장문화재 보호 및 조사에 관한 법률」 제14조 제1항 제1호에 따른 매장문화재의 현지보존 조치 면적을 <u>공개공지등의 면적으로 할 수 있다.</u>
3. 제1항에 따라 공개공지등을 설치할 때에는 모든 사람들이 환경친화적으로 편리하게 이용할 수 있도록 긴 의자 또는 조경시설 등 건축조례로 정하는 시설을 설치해야 한다.
4. 제1항에 따른 건축물(제1항에 따른 건축물과 제1항에 해당되지 아니하는 건축물이 하나의 건축물로 복합된 경우를 포함한다)에 <u>공개공지등을 설치하는 경우에는 법 제43조 제2항에 따라</u> 다음 각 호의 범위에서 <u>대지면적에 대한 공개공지 등 면적 비율에 따라 법 제56조 및 제60조를 완화하여 적용한다.</u> 다만, 다음 각 호의 범위에서 건축조례로 정한 기준이 완화 비율보다 큰 경우에는 해당 건축조례로 정하는 바에 따른다.
   가. 법 제56조에 따른 용적률은 해당 지역에 적용하는 용적률의 1.2배 이하
   나. 법 제60조에 따른 높이 제한은 해당 건축물에 적용하는 높이기준의 1.2배 이하
5. 제1항에 따른 공개공지등의 설치대상이 아닌 건축물(「주택법」 제15조 제1항에 따른 사업계획승인 대상인 공동주택 중 주택 외의 시설과 주택을 동일 건축물로 건축하는 것 외의 공동주택은 제외한다)의 대지에 법 제43조 제4항, 이 조 제2항 및 제3항에 적합한 공개 공지를 설치하는 경우에는 제4항을 준용한다.
6. <u>공개공지등에는 연간 60일 이내의 기간 동안 건축조례로 정하는 바에 따라 주민들을 위한 문화행사를 열거나 판촉활동을 할 수 있다. 다만, 울타리를 설치하는 등 공중이 해당 공개공지등을 이용하는데 지장을 주는 행위를 해서는 아니 된다.</u>
7. 법 제43조 제4항에 따라 제한되는 행위는 다음 각 호와 같다.
   가. 공개공지등의 일정 공간을 점유하여 영업을 하는 행위
   나. 공개공지등의 이용에 방해가 되는 행위로서 다음 각 목의 행위
      ㉠ 공개공지등에 제3항에 따른 시설 외의 시설물을 설치하는 행위
      ㉡ 공개공지등에 물건을 쌓아 놓는 행위
   다. 울타리나 담장 등의 시설을 설치하거나 출입구를 폐쇄하는 등 공개공지등의 출입을 차단하는 행위
   라. 공개공지등과 그에 설치된 편의시설을 훼손하는 행위
   마. 그 밖에 '가'부터 '라'까지의 행위와 유사한 행위로서 건축조례로 정하는 행위

1 은행의 건축계획에 대한 설명으로 옳지 않은 것은?

① 고객 출입구는 2개소 이상으로 하고 밖여닫이로 한다.

② 고객의 공간과 업무공간 사이에는 원칙적으로 구분이 없도록 한다.

③ 현금 반송 통로는 관계자 외 출입을 금하며 감시가 쉽도록 한다.

④ 고객이 지나는 동선은 가능한 한 짧게 한다.

ANSWER 1.①

1 고객 출입구는 되도록 1개소로 하고 안여닫이로 해야 한다.

※ 은행건축계획 주요사항
- 큰 건물의 경우 고객출입구는 되도록 1개소로 해야 한다.
- 바깥쪽 출입구는 외여닫이, 안쪽의 출입구는 안여닫이로 한다.
- 영업실의 면적은 은행원 1인당 $4\sim6m^2$를 기준으로 한다.
- 출입구에 전실을 둘 경우 바깥문을 밖여닫이 또는 자재문으로 설치하기도 한다.
- 고객공간과 업무공간과의 사이에는 원칙적으로 구분이 없어야한다.(단, 업무 내부의 일은 되도록 고객이 알게 어렵게 해야만 한다.)
- 은행실은 은행건축의 주체를 이루는 곳으로 기둥수가 적고 넓은 실이 요구된다.
- 은행금고가 철근콘크리트구조인 경우 벽체의 두께가 30~45cm이며(큰 규모인 경우 60cm이상), 지름은 16~19mm로 철근을 15cm간격으로 이중배근한다.
- 야간금고는 가능한 주출입문 근처에 위치하도록 해야 하며 조명시설이 완비되어야 한다.
- 주출입구는 도난방지를 위해 안여닫이로 하며 어린이의 출입이 많은 곳은 안전을 위해 회전문을 설치해서는 안 된다.
- 업무내부의 일의 흐름은 되도록 고객이 알기 어렵게 한다.
- 어린이의 출입이 많은 곳은 안전을 위해 회전문을 설치해서는 안 된다.
- 영업대의 높이는 고객대기실에서 100~110cm가 적당하다.
- 객장 내에는 최소폭을 3.2m 이상 확보한다.
- 영업장의 조도는 책상면을 기준으로 400lx 정도로 한다.

2 다음에서 설명하는 디자인의 원리는?

> • 양 지점으로부터 같은 거리인 점에서 평형이 이루어진다는 것을 의미
> • 두 부분의 중앙을 지나는 가상의 선을 축으로 양쪽 면을 접어 일치되는 상태

① 강조   ② 점이

③ 대칭   ④ 대비

ANSWER   2.③

2 주어진 보기의 내용은 디자인의 원리 중 대칭에 관한 사항들이다.

※ **디자인의 원리**(Principle)

- ㉠ **조화**(Harmony) : 부분과 부분 및 부분과 전체 사이에 안정된 관련성을 주며 상호간에 공감을 불러일으키는 효과이다. 유사조화와 대비조화가 있다.
- ㉡ **대비**(Contrast) : 서로 대조되는 요소를 대치시켜 상호간의 특징을 더욱 뚜렷하게 하는 효과이다.
- ㉢ **비례**(Proportion) : 선, 면, 공간 사이의 상호간의 양적인 관계이다.
- ㉣ **균형**(Balance) : 부분과 부분, 부분과 전체 사이의 시각적인 힘의 균형이 잡히면 쾌적한 느낌을 주게 되는 효과이다. 대칭균형, 비대칭균형, 정적균형과 동적균형이 있다.
- ㉤ **통일**(Unity) : 화면 안에서 일정한 형식과 질서를 갖는 것으로서 하나의 '규칙'에 해당되며, 다양한 디자인 요소들을 하나로 묶어준다.
- ㉥ **율동**(Rhythm) : 요소의 규칙적인 특징을 반복하거나 교차시킴으로써 비롯되는 움직임으로 패턴과 재질을 구성할 수 있다.
  - • 반복 : 주기적인 규칙이나 질서를 주었을 때 생기는 느낌으로, 대상의 의미나 내용을 강조하는 수단으로도 사용된다.
  - • 교차 : 두 개 이상의 요소를 서로 교체하는 것으로, 파워풀한 느낌을 주고 에너지를 느낄 수 있다.
  - • 방사 : 중심으로 방사되는 형태로, 율동감을 느낄 수 있다.
  - • 점이 : 두개 이상의 요소 사이에 형태나 색의 단계적인 변화를 주었을 때 나타나는 현상을 말한다.
- ㉦ **대칭**(Symmetry) : 균제라고도 하며 균형 중에 가장 단순한 형태로 나타나는 것으로 정지, 안정, 엄숙, 정적인 느낌을 준다.
  - • 선대칭 : 대칭축을 중심으로 좌우나 상하가 같은 형태로 되는 것으로 두 형이 서로 겹치면 포개진다.
  - • 방사대칭 : 도형을 한 점 위에서 일정한 각도로 회전시켰을 때 생기는 방사성의 도형이나.
  - • 이동대칭 : 도형이 일정한 규칙에 따라 평행으로 이동했을 때 생기는 형태이다.
  - • 확대대칭 : 도형이 일정한 비율과 크기로 확대되는 형태이다.
- ㉧ **변화**(Variety) : 화면안의 구성 요소들을 서로 다르게 구성하는 것으로서, 통일성에서 오는 지루함을 크기변화, 형태변화 등으로 지루함을 없앨 수 있는 원리를 말한다.

3 빛의 단위로 옳은 것은?

① 광도 – 칸델라(cd)

② 휘도 – 켈빈(K)

③ 광속 – 라드럭스(rlx)

④ 광속발산도 – 루멘(lm)

4 다음에서 설명하는 개념은?

> 성별, 연령, 국적 및 장애의 유무와 관계없이 모든 사람이 안전하고 편리하게 이용할 수 있는 제품,
> 건축, 환경을 설계하는 개념

① 범죄예방환경설계(Crime Prevention Through Environmental Design)

② 길찾기(Wayfinding)

③ 지속가능한 건축(Sustainable Architecture)

④ 유니버설 디자인(Universal Design)

ANSWER 3.① 4.④

3 • 광속 : 단위시간당 흐르는 광의 에너지량 (단위는 루멘(lm)을 사용한다.)
  • 광도 : 빛을 발하는 점에서 어느 방향으로 향한 단위 입체각당 발산광속 (단위는 칸델라(cd)를 사용한다.)
  • 조도 : 어떤 면에서의 입사광속밀도 (단위는 럭스(lx)를 사용한다.)
  • 휘도 : 광원은 겉보기상으로 밝기에 대한 느낌이 달라지는데 이러한 표면의 밝기를 의미한다. (단위는 cd/m^2 또는 nit를 사용한다.)
  • 광속발산도 : 단위면적당 발산광속 (단위는 rlx를 사용한다.)

4 유니버설 디자인 : 성별, 연령, 국적 및 장애의 유무와 관계없이 모든 사람이 안전하고 편리하게 이용할 수 있는 제품, 건축, 환경을 설계하는 개념

5 특수전시기법인 디오라마(Diorama) 전시에 대한 설명으로 옳지 않은 것은?

① 전시물을 부각해 관람자가 현장에 있는 듯한 느낌을 주게 하는 입체적인 기법이다.

② 사실을 모형으로 연출해 관람시키는 방법으로 실물 크기의 모형 또는 축소형의 모형 모두가 전시 가능하다.

③ 조명은 전면 균질조명을 기본으로 한다.

④ 벽면전시와 입체물을 병행하는 것이 일반적이며 넓은 시야의 실경을 보는 듯한 감각을 주는 기법이다.

6 주거건축 계획에 대한 설명으로 옳지 않은 것은?

① 주택 전체 건물의 방위는 남쪽이 좋으며, 남쪽 이외에는 동쪽으로 18° 이내와 서쪽으로 16° 이내가 합리적이다.

② 주택의 입지 조건은 일조와 통풍이 양호하고 전망이 좋은 곳이 이상적이다.

③ 한식 주택의 평면구성은 개방적이며 실의 분화로 되어 있고, 양식 주택의 평면구성은 폐쇄적이며 실의 조합으로 되어 있다.

④ 주택의 생활공간은 개인생활공간, 가사노동공간, 공동생활공간 등으로 구분한다.

ANSWER 5.④ 6.③

5 벽면전시와 입체물을 병행하는 것이 일반적이며 넓은 시야의 실경을 보는 듯한 감각을 주는 기법은 파노라마 전시기법이다.

　※ 특수전시기법
- **파노라마전시** : 전시물들의 나열 자체가 하나의 큰 그림이나 풍경처럼 보이도록 하여 전체적인 맥락이 이해될 수 있도록 한 기법
- **아일랜드 전시** : 바다에 떠 있는 섬처럼 전시물을 천장에 매달아서 전시물들이 동선을 만들어 관람하게 하는 기법
- **하모니카 전시** : 동일한 형태의 연속적 배치로 동일 종류의 전시물을 반복 전시할 경우 유리한 기법
- **디오라마 전시** : 현장감을 가장 실감나게 표현하는 방법으로 하나의 사실 또는 주제의 시간상황을 고정시켜 연출하는 기법

6 한식 주택의 평면구성은 패쇄적이며 실의 조합으로 되어 있는 반면 양식주택의 구성은 개방적이며 실의 분화로 되어 있다.

분류	한식주택	양식주택
평면의 차이	• 실의 조합(은폐적) • 위치별 실의 구분 • 실의 다용도	• 실의 분화(개방적) • 기능별 실의 분화 • 실의 단일용도
구조의 차이	• 목조가구식 • 바닥이 높고 개구부가 크다.	• 벽돌조적식 • 바닥이 낮고 개구부가 작다.
습관의 차이	좌식(온돌)	입식(의자)
용도의 차이	방의 혼용용도(사용 목적에 따라 달라진다.)	방의 단일용도(침실, 공부방)
가구의 차이	부차적존재(가구에 상관없이 각 소요실의 크기, 설비가 결정된다.)	중요한 내용물(가구의 종류와 형태에 따라 실의 크기와 폭이 결정된다.)

7 주차장법령상 주차장 계획 및 구조 · 설비기준에 대한 설명으로 옳지 않은 것은?

① 노외주차장의 출입구 너비는 3m 이상으로 하고, 주차대수 규모가 30대 이상이면 출구와 입구를 분리해야 한다.

② 횡단보도에서 5m 이내에 있는 도로의 부분에는 노외주차장의 출구 및 입구를 설치할 수 없다.

③ 단독주택(다가구주택 제외)의 시설면적이 50m²를 초과하고 150m² 이하일 경우, 부설주차장 설치기준은 1대이다.

④ 지하식 또는 건축물식 노외주차장 경사로의 종단경사도는 직선 부분에서 17%를, 곡선 부분에서는 14%를 초과해서는 안 된다.

8 사무소 건축계획에 대한 설명으로 옳지 않은 것은?

① 편심코어는 바닥면적이 작은 소규모 사무소 건축에 유리하다.

② 사무공간을 개실형으로 배치할 경우, 임대는 용이하나 공사비가 많이 든다.

③ 승강기 배치의 경우 4대 이상이면 알코브형으로 배치하되, 10대를 최대한도로 한다.

④ 기준층 평면의 결정요소는 구조상 스팬의 한도, 설비 시스템상 한계, 자연채광, 피난거리, 지하주차장 등이다.

9 건축물의 범죄예방 설계 가이드라인 상 설계기준에 대한 설명으로 옳지 않은 것은?

① [illegible]

② [illegible]

③ [illegible]

④ [illegible]

7 노외주차장의 출입구의 너비는 3.5미터 이상으로 하여야 하며, 주차대수규모가 50대 이상인 경우에는 출구와 입구를 분리하거나 너비 5.5미터 이상의 출입구를 설치하여 소통이 원활하도록 하여야 한다〈주차장법 시행규칙 제6조(노외주차장의 구조 · 설비기준) 제1항 제4호〉.

8 알코브형 배치는 8대 정도를 한도로 하고 그 이상일 경우 군별로 분할하는 것을 고려해야 한다.

9 공적인 장소와 사적인 장소 간 공간의 위계를 명확히 계획하여 공간의 성격을 명확하게 인지할 수 있도록 설계하여야 한다.
※ 「건축물의 범죄예방 설계 가이드라인」 행정규칙은 2022년 8월 12일자로 폐지되었다.

10 「건축물의 에너지절약설계기준」상 건축부문의 권장사항에 대한 설명으로 옳지 않은 것은? (※ 기출변형)

① 외피의 모서리 부분은 열교가 발생하지 않도록 단열재를 연속적으로 설치한다.

② 건물 옥상에는 조경을 하여 최상층 지붕의 열저항을 높이고, 옥상면에 직접 도달하는 일사를 차단한다.

③ 건물의 창 및 문은 가능한 한 크게 설계하여 자연채광을 좋게 하고 열획득 효율을 높이도록 한다.

④ 건축물 용도 및 규모를 고려하여 건축물 외벽, 천장 및 바닥으로의 열손실이 최소화되도록 설계한다.

ANSWER 10.③

10 건물의 창 및 문은 가능한 작게 설계하고, 특히 열손실이 많은 북측 거실의 창 및 문의 면적은 최소화한다.

※ **건축부문의 권장사항**〈건축물의 에너지절약설계기준 제7조〉

1. 배치계획
   가. 건축물은 대지의 향, 일조 및 주풍향 등을 고려하여 배치하며, 남향 또는 남동향 배치를 한다.
   나. 공동주택은 인동간격을 넓게 하여 저층부의 태양열 취득을 최대한 증대시킨다.
2. 평면계획
   가. 거실의 층고 및 반자 높이는 실의 용도와 기능에 지장을 주지 않는 범위 내에서 가능한 낮게 한다.
   나. 건축물의 체적에 대한 외피면적의 비 또는 연면적에 대한 외피면적의 비는 가능한 작게 한다.
   다. 실의 냉난방 설정온도, 사용스케줄 등을 고려하여 에너지절약적 조닝계획을 한다.
3. 단열계획
   가. 건축물 용도 및 규모를 고려하여 건축물 외벽, 천장 및 바닥으로의 열손실이 최소화되도록 설계한다.
   나. 외벽 부위는 외단열로 시공한다.
   다. 외피의 모서리 부분은 열교가 발생하지 않도록 단열재를 연속적으로 설치하고, 기타 열교부위는 별표11의 외피 열교 부위별 선형 열관류율 기준에 따라 충분히 단열되도록 한다.
   라. 건물의 창 및 문은 가능한 작게 설계하고, 특히 열손실이 많은 북측 거실의 창 및 문의 면적은 최소화한다.
   마. 발코니 확장을 하는 공동주택이나 창 및 문의 면적이 큰 건물에는 단열성이 우수한 로이(Low-E) 복층창이나 삼중창 이상의 단열성능을 갖는 창을 설치한다.
   바. 태양열 유입에 의한 냉·난방부하를 저감 할 수 있도록 일사조절장치, 태양열취득률(SHGC), 창 및 문의 면적비 등을 고려한 설계를 한다. 건축물 외부에 일사조절장치를 설치하는 경우에는 비, 바람, 눈, 고드름 등의 낙하 및 화재 등의 사고에 대비하여 안전성을 검토하고 주변 건축물에 빛반사에 의한 피해 영향을 고려하여야 한다.
   사. 건물 옥상에는 조경을 하여 최상층 지붕의 열저항을 높이고, 옥상면에 직접 도달하는 일사를 차단하여 냉방부하를 감소시킨다.
4. 기밀계획
   가. 틈새바람에 의한 열손실을 방지하기 위하여 외기에 직접 또는 간접으로 면하는 거실 부위에는 기밀성 창 및 문을 사용한다.
   나. 공동주택의 외기에 접하는 주동의 출입구와 각 세대의 현관은 방풍구조로 한다.
   다. 기밀성을 높이기 위하여 외기에 직접 면한 거실의 창 및 문 등 개구부 둘레를 기밀테이프 등을 활용하여 외기가 침입하지 못하도록 기밀하게 처리한다.
5. 자연채광계획
   가. 자연채광을 적극적으로 이용할 수 있도록 계획한다. 특히 학교의 교실, 문화 및 집회시설의 공용부분(복도, 화장실, 휴게실, 로비 등)은 1면 이상 자연채광이 가능하도록 한다.

11 도서관 건축계획에 대한 설명으로 옳지 않은 것은?

① 도서관 건축계획은 모듈러 플랜(modular plan)을 통해 확장 변화에 대응하는 것이 유리하다.

② 반개가식은 이용률이 낮은 도서나 귀중서 보관에 적합하다.

③ 안전개가식은 1실의 규모가 1만 5천권 이하의 도서관에 적합하다.

④ 참고실(reference room)은 일반열람실과 별도로 하고, 목록실과 출납실에 인접시키는 것이 좋다.

12 (개) ~ (래)의 건축용어와 A ~ D의 건축물 유형이 옳게 짝지어진 것은?

(개) 프로시니엄 아치(proscenium arch)	(나) 클린 룸(clean room)
(대) 캐럴(carrel)	(래) 프런트 오피스(front office)

A. 공장	B. 공연장
C. 호텔	D. 도서관

	(개)	(나)	(대)	(래)
①	B	A	D	C
②	B	D	C	A
③	D	B	A	C
④	D	C	A	B

11 이용률이 낮은 도서나 귀중서 보관에는 폐가식이 적합하다.

> ※ **반개가식(semi-open access)** … 열람자는 직접 서가에 면하여 책의 체재나 표시 정도는 볼 수 있으나 내용을 보려면 관원에게 요구하여 대출 기록을 남긴 후 열람하는 형식이다.
> • 신간 서적 안내에 채용되며 대량의 도서에는 부적당하다.
> • 출납 시설이 필요하다.
> • 서가의 열람이나 감시가 불필요하다.

12 (개) **프로시니엄 아치(proscenium arch)** : 무대와 객석을 구분하는 아치모양의 구조물

(나) **클린 룸(clean room)** : 공중의 미립자, 공기의 온·습도, 실내 압력 등이 일정하게 유지되도록 제어된 방이다. 공업용과 의료용(바이오클린룸)으로 나누어지는데, 공업용은 주로 전자·정밀 기기의 제조에 이용되고, 의료용은 제어 조건 외에 생물 미립자의 제어가 규제되어 수술실 등에 사용된다. 미립자의 제거에는 일반적으로 고성능 필터가 사용되고 있다.

(대) **캐럴(carrel)** : 열람실 내의 개인전용의 연구를 위한 소열람실로 서고 내에 둔다.

(래) **프런트 오피스(front office)** : 호텔 등에서 가장 먼저 손님을 접하는 공간

13 병원건축의 분관식(pavilion type) 배치에 대한 설명으로 옳지 않은 것은?

① 넓은 대지가 필요하며 보행거리가 멀어진다.

② 급수, 난방, 위생, 기계설비 등의 설비비가 적게 든다.

③ 병동부, 외래부, 중앙진료부가 수평 동선을 중심으로 연결된 형태이다.

④ 일조 및 통풍 조건이 좋다.

14 치수와 모듈에 대한 설명으로 옳지 않은 것은?

① 모듈치수는 공칭치수를 의미한다.

② 고층 라멘 건물은 조립부재 줄눈 중심 간 거리가 모듈치수에 일치해야 한다.

③ 제품치수는 공칭치수에서 줄눈 두께를 뺀 거리이다.

④ 창호치수는 문틀과 벽 사이의 줄눈 중심 간 거리가 모듈치수에 일치하도록 한다.

13 분관식은 집중식에 비해 급수, 난방, 위생 등의 배관길이가 길어지게 되므로 설비비가 더 많이 든다.

비교내용	분관식	집중식
배치형식	저층평면 분산식	고층집약식
환경조건	양호(균등)	불량(불균등)
부지의 이용도	비경제적(넓은부지)	경제적(좁은부지)
설비시설	분산적	집중적
관리상	불편함	편리함
보행거리	길다	짧다
적용대상	특수병원	도심대규모 병원

14 ② 조립식 건물 : 조립부재 줄눈 중심간 거리가 모듈치수에 일치

고층 라멘 건물 : 층 높이 및 기둥 중심거리가 모듈 치수에 일치하여야 하고, 장막벽 등은 모든 모듈제품의 사용이 가능해야 한다.

① 건축물의 모듈치수 : 공칭치수를 의미, 제품치수를 알고자 할 때는 공칭치수에서 줄눈 두께를 빼야한다.

③ 공칭치수 : 제품치수와 줄눈두께의 합

④ 창호의 치수 : 문틀과 벽사이의 줄눈 중심선간의 치수가 모듈 치수에 일치이어야 하고 장막벽 등을 모듈제품 사용이 가능해야 한다.

15 수도직결방식에 대한 설명으로 옳지 않은 것은?

① 탱크나 펌프가 필요하지 않아 설비비가 적게 소요된다.

② 수도 압력 변화에 따라 급수압이 변한다.

③ 정전일 때 급수를 계속할 수 있다.

④ 대규모 급수 설비에 가장 적합하다.

15 수도직결방식은 소규모급수설비에 적합하다.

　㉠ **수도직결방식** : 수도본관에서 인입관을 따내어 급수하는 방식이다.
　　• 정전시에 급수가 가능하다.
　　• 급수의 오염이 적다.
　　• 소규모 건물에 주로 이용된다.
　　• 설비비가 저렴하며 기계실이 필요없다.

　㉡ **고가(옥상)탱크방식** : 수도본관의 인입관으로부터 상수를 일단 저수조에 저수한 후, 펌프를 이용하여 옥상 등 높은 곳에 설치한 고가수조에 양수하여 중력에 의해 건물 내의 필요한 곳에 급수하는 방식이다.
　　• 일정한 수압으로 급수할 수 있다.
　　• 단수, 정전 시에도 급수가 가능하다.
　　• 배관부속품의 파손이 적다.
　　• 저수량을 확보하여 일정 시간 동안 급수가 가능하다.
　　• 대규모 급수설비에 가장 적합하다.
　　• 저수조에서의 급수오염 가능성이 크다.
　　• 저수시간이 길어지면 수질이 나빠지기 쉽다.
　　• 옥상탱크의 자중 때문에 구조검토가 요구된다.
　　• 설비비, 경상비가 높다.

　㉢ **압력탱크방식** : 수조의 물을 펌프로 압력탱크에 보내고 이곳에서 공기를 압축, 가압하며 그 압력으로 건물내에 급수하는 방식으로 탱크의 설치위치에 제한을 받지 않고 국부적으로 고압을 필요로 하는 곳에 적합하며 옥상에 탱크를 설치하지 않아 건축물의 구조를 강화할 필요가 없다. 그러나 급수압이 일정하지 않으며 펌프의 양정이 커서 시설비가 많이 들며 정전이나 단수 시 급수가 중단된다.
　　• 옥상탱크가 필요 없으므로 건물의 구조를 강화할 필요가 없다.
　　• 고가 시설 등이 불필요하므로 외관상 깨끗하다.
　　• 국부적으로 고압을 필요로 하는 경우에 적합하다.
　　• 탱크의 설치 위치에 제한을 받지 않는다.
　　• 최고·최저압의 차가 커서 급수압이 일정하지 않다
　　• 탱크는 압력에 견디어야 하므로 제작비가 비싸다.
　　• 저수량이 적으므로 정전이나 펌프 고장 시 급수가 중단된다.
　　• 에어 컴프레서를 설치하여 때때로 공기를 공급해야 한다.
　　• 취급이 곤란하며 다른 방식에 비해 고장이 많다.

　㉣ **탱크가 없는 부스터방식** : 수도본관으로부터 물을 일단 저수조에 저수한 후 급수펌프 만으로 건물내에 급수하는 방식으로 부스터 펌프 여러 대를 병렬로 연결하고 배관내의 압력을 감지하여 펌프를 운전하는 방식이다.
　　• 옥상탱크가 필요없다.
　　• 수질오염의 위험이 적다.
　　• 펌프의 대수제어운전과 회전수제어 운전이 가능하다.
　　• 펌프의 토출량과 토출압력조절이 가능하다.
　　• 최상층의 수압도 크게 할 수 있다.
　　• 펌프의 교호운전이 가능하다.
　　• 펌프의 단락이 잦으므로 최근에는 탱크가 있는 부스터 방식이 주로 사용된다.

16 온수난방에 대한 설명으로 옳은 것은?

① 난방 부하의 변동에 따라 온수 온도와 온수의 순환수량을 쉽게 조절할 수 있다.

② 온수순환방식에 따라 단관식, 복관식으로 분류한다.

③ 증기난방에 비해 방열 면적과 배관의 관경이 작아 설비비를 줄일 수 있다.

④ 예열시간이 짧고 동결 우려가 없다.

16 ② 배관방식에 따라 단관식, 복관식으로 분류한다.
③ 증기난방에 비해 방열 면적과 배관의 관경이 크다.
④ 예열시간이 길고 동결우려가 있다.

※ **온수난방의 특징**
• 예열시간이 길어서 간헐운전에 부적합하다.
• 열용량은 크나 열운반능력이 작다.
• 방열량의 조절이 용이하다. (난방 부하의 변동에 따라 온수 온도와 온수의 순환수량을 쉽게 조절할 수 있다.)
• 소음이 적은 편이나 설비비가 비싸다.
• 쾌감도가 높은 편이다.

※ **분류** : 온수의 온도–저온수난방, 고온수난방 / 순환방법–중력환수식, 강제순환식 / 배관방식–단관식, 복관식 / 온수의
공급방향–상향공급식, 하향공급식, 절충식

구분	증기난방	온수난방
표준방열량	$650 kcal/m^2 h$	$450 kcal/m^2 h$
방열기면적	작다	크다
이용열	잠열	현열
열용량	작다	크다
열운반능력	크다	작다
소음	크다	작다
예열시간	짧다	길다
관경	작다	크다
설치유지비	싸다	비싸다
쾌감도	나쁘다	좋다
온도조절 (방열량조절)	어렵다	쉽다
열매온도	102℃ 증기	85~90℃ 100~150℃
고유설비	방열기트랩 (증기트랩, 열동트랩)	팽창탱크 개방식 : 보통온수 밀폐식 : 고온수
공동설비	공기빼기 밸브 방열기 밸브	

17 급탕 배관에 이용하는 신축이음쇠의 종류에 대한 설명으로 옳지 않은 것은?

① 슬리브형(sleeve type) : 배관의 고장이나 건물의 손상을 방지한다.

② 벨로즈형(bellows type) : 온도 변화에 따른 관의 신축을 벨로즈의 변형에 의해 흡수한다.

③ 스위블 조인트(swivel joint) : 1개의 엘보(elbow)를 이용하여 나사부의 회전으로 신축 흡수한다.

④ 신축곡관(expansion loop) : 고압 옥외 배관에 사용할 수 있으나 1개의 신축길이가 길다.

18 「장애인 · 노인 · 임산부 등의 편의증진 보장에 관한 법률 시행규칙」상 장애인의 통행이 가능한 계단에 대한 설명으로 옳지 않은 것은?

① 계단은 직선 또는 꺾임형태로 설치할 수 있다.

② 계단 및 참의 유효폭은 1.2m 이상으로 하되, 건축물의 옥외 피난계단은 0.8m 이상으로 할 수 있다.

③ 바닥면으로부터 높이 1.8m 이내마다 휴식을 할 수 있도록 수평면으로 된 참을 설치할 수 있다.

④ 경사면에 설치된 손잡이의 끝부분에는 0.3m 이상의 수평손잡이를 설치하여야 한다.

17 스위블 조인트(swivel joint)는 2개 이상의 엘보(elbow)를 이용한다.

※ 신축이음의 종류

스위블 조인트(swivel joint)	2개 이상의 엘보를 사용하여 신축을 흡수하는 것으로 신축과 팽창으로 누수의 원인이 되는 것이 결점이다. 분기배관이나 방열기 주위배관에 사용된다.
신축곡관(expansion loop)	고압배관에도 사용할 수 있는 장점이 있으나 1개의 신축길이가 큰 것이 결점이며 고압배관의 옥외배관에 적합하다.
슬리브형(sleeve type)	배관의 고장이나 건물의 손상을 방지하고 보수가 용이한 곳에 설치한다. 벽, 바닥용의 관통배관에 사용된다.
벨로스형(bellows type)	주름모양으로 되어 있으며 고압에 부적당하다.

※ 일반적으로 많이 사용되는 이음쇠는 슬리브형 이음쇠와 벨로즈형 이음쇠이며 보통 1개의 신축이음쇠로 30mm 전후의 팽창력을 흡수한다. 따라서 강관은 보통 30m, 동관은 20m마다 신축이음을 1개씩 설치하는 것이 좋다.

18 계단 및 참의 유효폭은 1.2m 이상으로 하되, 건축물의 옥외 피난계단은 0.9m 이상으로 할 수 있다〈장애인 · 노인 · 임산부 등의 편의증진 보장에 관한 법률 시행규칙 별표1(편의시설의 구조 · 재질 등에 관한 세부기준)〉.

19 한국의 근현대 건축가와 그의 작품의 연결이 옳은 것은?

① 나상진 – 부여박물관

② 이희태 – 제주대학교 본관

③ 김수근 – 경동교회

④ 김중업 – 절두산 성당

20 서양 건축양식에 대한 설명으로 옳지 않은 것은?

① 로마 양식은 아치(arch)나 볼트(vault)를 이용하여 넓은 내부 공간을 만들었다.

② 초기 기독교 양식은 투시도법을 도입하였고 장미창(rose window)을 사용하였다.

③ 비잔틴 양식은 동서양의 문화 혼합이 특징이며 펜던티브 돔(pendentive dome)을 창안하였다.

④ 고딕 양식은 첨두아치(pointed arch), 플라잉 버트레스(flying buttress), 리브 볼트(rib vault)와 같은 구조적이자 장식적인 기법을 사용하였다.

ANSWER 19.③ 20.②

19 부여박물관은 김수근, 제주대학교 본관은 김중업, 절두산 성당은 이희태의 작품이다.

※ 한국의 근현대 건축가와 작품
- 박길룡 : 화신백화점, 한청빌딩
- 박동진 : 고려대학교 본관 및 도서관, 구 조선일보사
- 이광노 : 어린이회관, 주중대사관
- 김중업 : 제주대학교본관, 프랑스대사관, 삼일로빌딩, 명보극장, 주불대사관
- 김수근 : 국립부여박물관, 자유센터, 국회의사당, 경동교회, 남산타워
- 이희태 : 절두산 성당
- 강봉진 : 국립중앙박물관
- 배기형 : 유네스코회관, 조흥은행 남대문지점

20 투시도법은 르네상스시대에 적용되기 시작하였고, 장미창은 고딕양식에서부터 적용되었다.

1 유니버설 디자인의 7대 원칙에 해당하지 않는 것은?

① 공평한 사용(Equitable Use)

② 사용상의 융통성 (Flexibility in Use)

③ 오류에 대한 포용력(Tolerance for Error)

④ 안전한 사용(Safe Use)

2 학교 건축계획에 대한 설명으로 가장 옳지 않은 것은?

① 초등학교 배치계획은 학년단위로 구획하 것이 원칙이며, 저학년 교실은 저층에 두는 것이 좋다.

② 특별교실은 교과교육내용에 따라 융통성, 보편성, 학생 이동 시 소음 등을 고려하여 배치한다.

③ 관리부문은 전체 중심 위치에 배치하며 학생들의 동선을 차단하지 않도록 한다.

④ 교사배치계획은 폐쇄형보다 분산병렬형으로 하는 것이 토지이용 측면에서 효율적이다.

ANSWER   1.④   2.④

1 유니버설 디자인의 7대원칙
- 공평한 사용
- 사용상의 융통성
- 간단하고 직관적인 사용
- 정보이용의 용이
- 오류에 대한 포용력
- 적은 물리적 노력
- 접근과 사용을 위한 충분한 공간

2 토지이용측면에서는 폐쇄형이 분산병렬형보다 효율적이다.

3 〈보기〉에서 체육시설 계획 시 가동수납식 관람석의 특징으로 옳은 것을 모두 고른 것은?

〈보기〉

㉠ 경기장 바닥면에 설치가 용이하다.

㉡ 피난에 대비한 직통계단의 설치와 관람석 등으로부터 출구에 대한 법규 사항을 고려할 필요가 없다.

㉢ 벽의 1면에만 설치가 가능하다.

㉣ 좁은 경기장 코트의 충분한 면적을 확보하고 관람석에서 경기와 일체감을 유도하는 것이 가능하다.

---

① ㉠, ㉢

② ㉠, ㉣

③ ㉠, ㉢, ㉣

④ ㉡, ㉢, ㉣

4 배설물 정화조에 대한 설명으로 가장 옳지 않은 것은?

① 배설물 정화조의 정화성능은 일반적으로 BOD와 BOD제거율로 나타낸다.

② 산화조에서는 혐기성균을 작용시켜 산화한다.

③ 부패조에서는 오수분해 및 침전작용을 한다.

④ 부패탱크방식에서 오물은 부패조, 산화조, 소독조의 순서를 거치면서 정화된다.

ANSWER 3.③ 4.②

3 수납식 관람석이라고 하더라도 피난에 대비한 직통계단의 설치와 관람석 등으로부터 출구에 대한 법규 사항을 고려해야만 한다.

관람석시스템은 의자를 고정구조체에 정착시키는 고정식, 필요시 조립하고 사용 후 해체하여 보관하는 조립식, 기 조립된 관람석으로 수납공간에 보관하다가 필요시 인출하여 사용하는 수납식시스템이 있다.

㉠ 수납식관람석
- 여러 개의 단으로 구성되어 필요에 따라 관람석을 펼쳐서 다단의 관람석을 구성하는 방식으로 수납한 후에는 관람석 공간을 활용할 수 있어 한정된 공간을 다목적으로 활용할 수 있다.
- 한 단씩 순서에 따라 수납, 인출이 되며 최소한의 공간을 최대한 사용한다.
- 자유로운 배치가 가능하며, 여러 가지의 의자형과 색상으로 선택의 폭이 넓다.
- 자동(시스템 내장모터 내장)작동과 수동작동이 가능하다.

㉡ 조립식관람석
- 여러 개의 단으로 구성되며, 평지는 물론 지형에 관계없이 설치가 가능하다. 기존 콘크리트구조의 관람석에 비해 경제적이며 심플한 이미지창출과 신속한 시공이 장점이다.
- 조립식스탠드는 손쉽게 조립해체가 되며 재설치 사용이 가능하다.
- 필요시 관객들의 근접관람이 가능한 배치를 할 수 있다.

4 산화조에서는 호기성균을 작용시켜 산화한다.

5 지구단위계획에 대한 설명으로 가장 옳지 않은 것은?

① 지구단위계획은 도시계획 수립 대상지역의 일부에 대하여 토지 이용을 합리화하고 그 기능을 증진시키며 미관 개선 등을 위하여 수립하는 계획이다.

② 지구단위계획구역 및 지구단위계획은 도시관리계획으로 결정한다.

③ 지구단위계획은 건축물의 건폐율 또는 용적률, 건축물 높이의 최고한도 또는 최저한도 내용을 포함한다.

④ 지구단위계획은 건축법에 근거한다.

6 단열에 대한 설명으로 가장 옳지 않은 것은?

① 벽체의 축열성능을 이용하여 단열을 유도하는 방법을 용량형 단열이라고 한다.

② 열교는 단열된 벽체가 바닥 · 지붕 또는 창문 등에 의해 단절되는 부분에서 생기기 쉽다.

③ 내단열의 경우 외단열보다 실온변동이 작으며 표면 결로 발생의 위험이 적다.

④ 기포성 단열재를 통해 공기층을 형성하여 단열을 유도하는 방법을 저항형 단열이라고 한다.

7 16세기 르네상스를 대표하는 건축가 중 한 사람인 안드레아 팔라디오의 작품으로 가장 옳은 것은?

① 빌라 로톤다

② 캄피돌리오 광장

③ 피렌체 대성당(두오모)

④ 라 뚜레트 수도원

5 지구단위계획은 국토의 계획 및 이용에 관한 법률에 근거한다.

6 단열의 경우 외단열보다 실온변동이 크며 표면 결로 발생의 위험이 크다.

7 ② 캄피돌리오 광장 : 미켈란젤로
　③ 피렌체 대성당(두오모) : 브루넬레스키
　④ 라 뚜레트 수도원 : 르 코르뷔지에

8 예산 수덕사 대웅전에 대한 설명으로 가장 옳지 않은 것은?

① 전형적인 주심포 양식 건물이다.

② 우리나라에서 가장 오래된 목조 건물이다.

③ 고려시대의 사찰이다.

④ 앞면 3칸, 옆면 4칸의 단층건물이다.

9 「건축물의 피난·방화구조 등의 기준에 관한 규칙」상 학교 계단의 설치기준으로 가장 옳지 않은 것은?

① 중·고등학교 계단의 단높이는 18cm 이하로 한다.

② 초등학교 계단의 단높이는 18cm 이하로 한다.

③ 중·고등학교 계단의 단너비는 26cm 이상으로 한다.

④ 초등학교 계단의 단너비는 26cm 이상으로 한다.

10 업무시설 코어계획 시 코어의 역할 및 효용성으로 가장 옳지 않은 것은?

① 공용부분을 집약시켜 유효 임대 면적을 증가시키는 역할

② 건물의 단열성과 기밀성을 향상시키는 역할

③ 기둥 이외의 2차적 내력 구조체로서의 역할

④ 파이프, 덕트 등 설비요소의 설치공간으로서의 역할

ANSWER 8.② 9.② 10.②

8 우리나라에서 가장 오래된 목조 건물은 봉정사 극락전이다.

9 제1항에 따라 초등학교의 계단인 경우에는 계단 및 계단참의 유효너비는 150센티미터 이상, 단높이는 16센티미터 이하, 단너비는 26센티미터 이상으로 해야 한다. 이 경우 돌음계단의 단너비는 그 좁은 너비의 끝부분으로부터 30센티미터의 위치에서 측정한다〈건축물의 피난·방화구조 등의 기준에 관한 규칙 제15조(계단의 설치기준) 제2항 제1호〉.

10 코어 자체는 건물의 단열성과 기밀성을 향상시키는 역할과는 거리가 멀다.

11 병원 건축계획에 대한 설명으로 가장 옳지 않은 것은?

① 수술실은 외래진료부와 병동부와의 접근성을 고려하여 배치하고 이를 위해 통과 동선으로 계획한다.

② 외래진료부는 외부환자 접근이 유리한 곳에 위치시키며 외래진료와 대기, 간단한 처치 등을 고려하여 계획한다.

③ 병동부는 환자가 입원하여 24시간 간호가 이루어지는 곳으로 간호단위를 고려하여 계획한다.

④ 병원계획에서는 의료기술 발전에 따른 성장과 미래 변화에 대응할 수 있도록 공간의 확장 변형, 설비변경이 가능하도록 계획하여야 한다.

12 「주차장법 시행규칙」상 노외주차장 설치에 대한 계획기준과 구조·설비기준에 대한 설명으로 가장 옳지 않은 것은?

① 노외주차장의 출입구 너비는 주차대수 규모가 50대이상인 경우에는 출구와 입구를 분리하거나 너비 3.5미터 이상의 출입구를 설치하여 소통이 원활하도록 하여야 한다.

② 지하식 노외주차장의 경사로의 종단경사도는 직선부분에서는 17퍼센트를 초과하여서는 아니 되며 곡선부분에서는 14퍼센트를 초과하여서는 아니 된다.

③ 지하식 노외주차장 차로의 높이는 주차바닥면으로부터 2.3미터 이상으로 하여야 한다.

④ 경사진 곳에 노외주차장을 설치하는 경우에는 미끄럼 방지시설 및 미끄럼 주의 안내표지 설치 등 안전대책을 마련해야 한다.

11 수술실은 절대로 통과교통이 발생해서는 안 되며 수술실 위치는 중앙재료 멸균실에 수직적으로 또는 수평적으로 근접이 쉬운 장소이어야 한다. (수술실은 일반적으로 외래진료부와 병동부 중간에 배치한다.)

12 노외주차장의 출입구 너비는 3.5미터 이상으로 하여야 하며, 주차대수 규모가 50대 이상인 경우에는 출구와 입구를 분리하거나 너비 5.5미터 이상의 출입구를 설치하여 소통이 원활하도록 하여야 한다〈주차장법 시행규칙 제6조(노외주차장의 구조·설비기준) 제1항 제4호〉.

13 〈보기〉에서 옳은 것을 모두 고른 것은?

> ─────── 〈보기〉 ───────
>
> ㉠ 하워드(E. Howard)의 내일의 전원도시 이론은 산업화에 따른 근대공업 도시에 대한 대안으로 제시되었다. 또한 농촌과 도시의 장점만을 골라 결합한 제안으로 런던 교외 도시 레치워스의 모델이 되었다.
> ㉡ 페리(C. A. Perry)의 근린주구 이론은 한 개의 초등학교를 중심으로 한 인구 규모를 단위로 삼고 주구 내 통과교통을 방지하는 교통계획을 제안하였다.
> ㉢ 라이트(H. Wright)와 스타인(C. S. Stein)의 래드번 설계의 주된 특징은 자동차와 보행자의 분리이며 쿨데삭으로 계획되었다.

① ㉠, ㉡

② ㉠, ㉢

③ ㉡, ㉢

④ ㉠, ㉡, ㉢

14 공동주택의 건축계획적 분류에 대한 설명으로 가장 옳지 않은 것은?

① 편복도형 아파트는 공용복도로 인하여 사생활 침해가 발생할 우려가 있다.

② 계단실형 아파트는 복도를 통하지 않고 단위주호에 접근할 수 있는 장점은 있지만 중간에 위치한 주택은 직접 외기에 접할 수 있는 개구부를 2면에 설치할 수 없다는 단점이 있다.

③ 중복도형 아파트는 대지에 대한 이용도가 높으나 일반적으로 채광과 통풍이 양호하지 않다.

④ 홀집중형 아파트는 좁은 대지에 주거를 집약할 수 있으나 통풍이 불리해질 수 있다.

ＡNSWER 13.④ 14.②

13 • 1898년에 영국의 에버니저 하워드 경이 제창한 도시 계획 방안으로서 "전원 속에 건설된 도시"라는 뜻이다. 영국 산업혁명의 결과로 도시들이 걷잡을 수 없이 팽창했으며 슬럼이 생겨나고 생활환경이 매우 조악해졌다. 사회일각에서 이를 우려하여 도시관리 및 계획에 대해 새롭게 생각하기 시작했다. 이에 에버네저 하워드는 그의 여러 저서를 통해 새로운 도시개념을 피력하였고 이를 전원도시(가든시티)라고 칭하였다.
　• 근린주구는 1929년 페리에 의해 제시된 개념으로서 적절한 도시 계획에 의하여 거주자의 문화적인 일상생활과 사회적 생활을 확보할 수 있는 이상적 주택지의 단위를 말한다.
　• 래드번은 H.Wright(라이트)와 C.Stein(스타인)에 의해 제시된 시스템이었는데, 12~20ha의 대가구(super-block)를 채택하여 격자형 도로가 가지는 도로율 증가, 통과교통 및 단조로운 외부공간형성을 방지하였다. 따라서 제시된 보기의 내용은 모두 옳은 것이다.

14 중간에 위치한 주택은 직접 외기에 접할 수 있는 개구부를 2면에 설치할 수 없다는 단점이 있는 형식은 홀집중형과 중복도형이다.

15 「건축법 시행령」 제2조에 명시된 특수구조 건축물에 대한 설명 중 〈보기〉의 ㉠, ㉡에 들어갈 값을 옳게 짝지은 것은?

---〈보기〉---

㉮ 한쪽 끝은 고정되고 다른 끝은 지지(支持)되지 아니한 구조로 된 보·차양 등이 외벽(외벽이 없는 경우에는 외곽 기둥을 말한다)의 중심선으로부터 (㉠)미터 이상 돌출된 건축물

㉯ 기둥과 기둥 사이의 거리(기둥의 중심선 사이의 거리를 말하며, 기둥이 없는 경우에는 내력벽과 내력벽의 중심선 사이의 거리를 말한다)가 (㉡)미터 이상인 건축물

㉰ 특수한 설계·시공·공법 등이 필요한 건축물로서 국토교통부장관이 정하여 고시하는 구조로 된 건축물

	㉠	㉡			㉠	㉡
①	3	10		②	3	20
③	5	10		④	5	20

16 급배수 및 위생설비 등에 대한 설명으로 가장 옳지 않은 것은?

① 급수·급탕설비는 양호한 수질과 수압을 확보하기 위한 설비시스템이 요구되며 일단 공급된 물은 역류되지 않아야 한다.

② 가스설비는 가스의 공급설비와 이를 연소시키기 위한 설비이다.

③ 배수와 통기설비 설치 시 악취나 해충이 실내에 침입하는 것을 방지하기 위해 트랩이 사용된다.

④ 소화설비는 화재 시 물과 소화약제를 분출하는 설비로 「건축법」의 규정에 맞춰 용량 및 규격을 결정하여야 한다.

ANSWER 15.② 16.④

15 「건축법 시행령」 제2조는 건축법 상의 용어를 정의한 조항이다. 그 중 특수구조건축물은 다음에 해당되는 건축물을 말한다.

㉮ 한쪽 끝은 고정되고 다른 끝은 지지(支持)되지 아니한 구조로 된 보·차양 등이 외벽(외벽이 없는 경우에는 외곽 기둥을 말한다)의 중심선으로부터 3미터 이상 돌출된 건축물

㉯ 기둥과 기둥 사이의 거리(기둥의 중심선 사이의 거리를 말하며, 기둥이 없는 경우에는 내력벽과 내력벽의 중심선 사이의 거리를 말한다)가 20미터 이상인 건축물

㉰ 특수한 설계·시공·공법 등이 필요한 건축물로서 국토교통부장관이 정하여 고시하는 구조로 된 건축물

16 소화설비는 화재 시 물과 소화약제를 분출하는 설비로 「화재안전기준」의 규정에 맞춰 용량 및 규격을 결정하여야 한다.

17 「주차장법 시행령」상 시설면적이 동일할 경우 부설주차장의 주차대수를 가장 많이 설치하여야 하는 시설은?

① 위락시설

② 판매시설

③ 제2종 근린생활시설

④ 방송통신시설 중 데이터센터

17

주요시설	설치기준
위락시설	100m²당 1대
문화 및 집회시설(관람장 제외) 종교시설 판매시설 운수시설 의료시설(정신병원, 요양병원 및 격리병원 제외) 운동시설(골프장, 골프연습장, 옥외수영장 제외) 업무시설(외국공관 및 오피스텔은 제외) 방송통신시설 중 방송국 장례식장	150m²당 1대
숙박시설, 근린생활시설(제1종, 제2종)	200m²당 1대
단독주택	시설면적 50m²초과 150m²이하: 1대 시설면적 150m²초과 시 : $1+\dfrac{(시설면적-150m^2)}{100m^2}$
다가구주택, 공동주택(기숙사 제외), 오피스텔	주택건설기준 등에 관한 규정
골프장 골프연습장 옥외수영장 관람장	1홀당 10대 1타석당 1대 15인당 1대 100인당 1대
수련시설, 발전시설, 공장(아파트형 제외)	350m²당 1대
창고시설	400m²당 1대
학생용 기숙사	400m²당 1대
방송통신시설 중 데이터센터	400m²당 1대
그 밖의 건축물	300m²당 1대

18 「건축법 시행령」 제27조의 2 (공개 공지 등의 확보)에 명시된 공개 공지에 대한 설명으로 가장 옳지 않은 것은?

① 공개 공지는 필로티의 구조로 설치할 수 있다.

② 공개공지 등의 면적은 대지면적의 100분의 10 이하의 범위에서 건축조례로 정한다.

③ 공개공지 등에는 연간 60일 이내의 기간 동안 건축조례로 정하는 바에 따라 주민들을 위한 문화행사를 열거나 판촉활동을 할 수 있다.

④ 문화 및 집회시설, 종교시설, 농수산물유통시설, 업무시설 및 숙박시설로서 해당 용도로 쓰는 바닥면적의 합계가 3천 제곱미터 이상인 건축물에는 공개공지 등을 설치해야 한다.

19 건축설계 도서에 포함되는 도면은 배치도, 평면도, 단면도, 상세도 등이 있다. 배치도에 표현되는 정보로 가장 옳지 않은 것은?

① 대지 내 건물들 간의 간격 및 부지경계선과 건물 외곽선과의 거리

② 대지에 접하거나 대지를 통과하는 모든 도로

③ 건물 계단실 형태와 계단참의 높이

④ 건물 주변 수목들의 위치와 조경부분

18 공개공지 확보대상

다음의 용도 및 규모의 건축물은 일반이 사용할 수 있도록 소규모 휴식시설 등의 공개공지를 설치해야 한다.

대상지역	용도	규모
• 일반주거지역 • 준주거지역 • 상업지역 • 준공업지역 • 특별자치시장, 특별자치도지사, 시장, 군수, 구청장이 도시화의 가능성이 크다고 인정하여 지정, 공고하는 지역	• 문화 및 집회시설 • 판매시설(농수산물 유통시설은 제외) • 업무시설 • 숙박시설 • 종교시설 • 운수시설(여객용 시설만 해당)	연면적의 합계 5000m^2 이상
	• 다중이 이용하는 시설로서 건축조례가 정하는 건축물	

19 건물 계단실 형태와 계단참의 높이는 계단상세도에 나타나있다.

20 〈보기〉에서 설명하는 수법의 명칭은?

우리나라 전통목조건축에서 사용되는 기법으로 건물 중앙에서 양쪽 모퉁이로 갈수록 기둥의 높이를 조금씩 높이는 수법을 뜻한다. 같은 높이로 기둥을 세우면 건물 양쪽이 처진 것처럼 보이는 착시현상을 교정하는 방법 중 하나이다.

① 후림
② 조로
③ 귀솟음
④ 안쏠림

20 보기에서 설명하고 있는 것은 귀솟음에 관한 것들이다.

※ 한옥의 착시효과
- **후림** : 평면에서 처마의 안쪽으로 휘어 들어오는 것
- **조로** : 입면에서 처마의 양끝이 들려 올라가는 것
- **귀솟음(우주)** : 건물의 귀기둥을 중간 평주(平柱)보다 높게 한 것
- **오금(안쏠림)** : 귀기둥을 안쪽으로 기울어지게 한 것

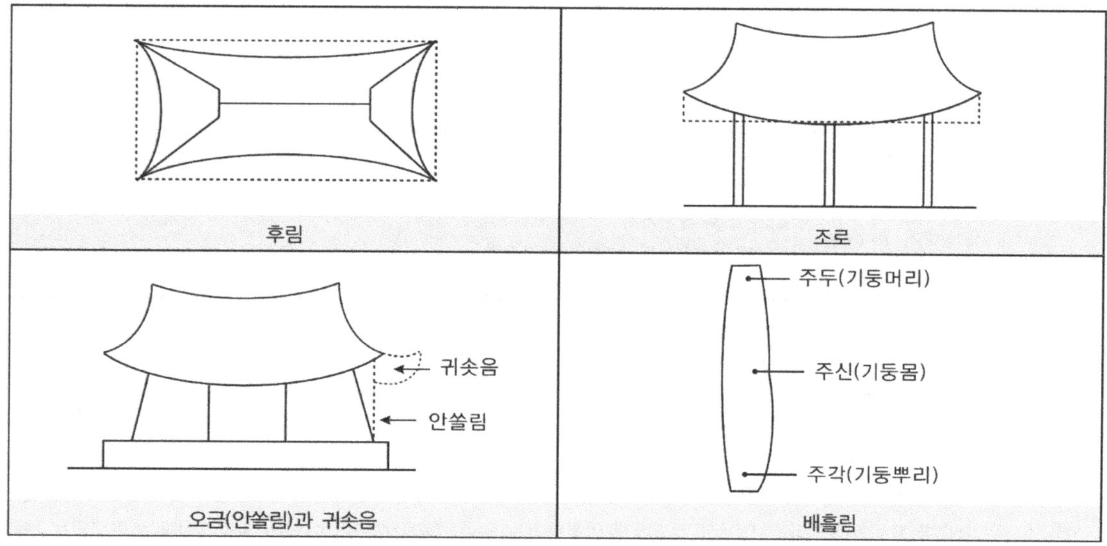

1 「노인복지법」상 노인복지시설 중 노인주거복지시설이 아닌 것은?

① 양로시설　　　　　　　　　　　② 노인공동생활가정

③ 노인복지주택　　　　　　　　　④ 노인요양시설

2 학교건축 학습공간계획에 있어서 열린교실 계획방법으로 옳지 않은 것은?

① 일반교실과 오픈스페이스를 하나의 기본 유닛(unit)으로 계획한다.

② 저·중·고학년별로 그루핑하여 계획한다.

③ 모든 학습과 활동이 일반교실 내에서 긴밀하게 이루어지도록 계획한다.

④ 개방형 또는 가변형 칸막이(movable partition)를 계획한다.

ANSWER 1.④　2.③

1 노인주거복지시설〈노인복지법 제32조 제1항〉

㉠ 양로시설 : 노인을 입소시켜 급식과 그 밖에 일상생활에 필요한 편의를 제공함을 목적으로 하는 시설

㉡ 노인공동생활가정 : 노인들에게 가정과 같은 주거여건과 급식, 그 밖에 일상생활에 필요한 편의를 제공함을 목적으로 하는 시설

㉢ 노인복지주택 : 노인에게 주거시설을 임대하여 주거의 편의·생활지도·상담 및 안전관리 등 일상생활에 필요한 편의를 제공함을 목적으로 하는 시설

구분	내용
노인주거 복지시설	양로시설 노인공동생활가정 실비양로시설과 실비노인복지주택 유료양로시설과 유료노인복지주택
노인의료 복지시설	노인요양시설, 노인전문병원 실비노인요양시설, 유료노인 요양시설 노인전문요양시설, 유료노인 전문요양시설
노인여가 복지시설	노인복지회관, 경로당, 노인교실, 노인휴양소
재가노인 복지시설	가정봉사원 파견시설 주간보호시설, 단기보호시설

2 모든 학습과 활동이 일반교실 내에서 긴밀하게 이루어지는 것은 종합교실형이며 이는 열린교실과는 반대되는 개념이다.

3 「장애인·노인·임산부 등의 편의증진 보장에 관한 법률 시행규칙」상 장애인을 위한 편의시설에 대한 설명으로 옳지 않은 것은?

① 장애인 출입문의 전면 유효거리는 1.2m 이상으로 하여야 한다.

② 접근로의 기울기는 18분의1 이하이어야 하며, 다만 지형상 곤란한 경우에는 12분의1까지 완화할 수 있다.

③ 건물을 신축하는 경우, 장애인용 화장실의 대변기 전면에는 1.4m × 1.4m 이상의 활동공간을 확보하여야 한다.

④ 장애인용 승강기의 승강장바닥과 승강기바닥의 틈은 2cm이하이어야 하며, 승강장 전면의 활동공간은 1.2m × 1.2m 이상 확보하여야 한다.

4 ⑺에 해당하는 주거단지 계획 용어는?

> • [⑺]은/는 자동차 통과교통을 막아 주거단지의 안전을 높이기 위한 도로 형식으로 도로의 끝을 막다른 길로 하고 자동차가 회차할 수 있는 공간을 제공한다.
> • 미국 뉴저지의 래드번(Radburn) 근린주구 설계(1928년)는 [⑺]이/가 적용되었으며, 자동차 통과교통을 막고 보행자는 녹지에 마련된 보행자 전용통로로 학교나 상점에 갈 수 있게 한 보차분리 시스템이다.

① 슈퍼블록(super block)

② 본엘프(Woonerf)

③ 쿨데삭(Cul-de-sac)

④ 커뮤니티(community)

---

3 승강기의 전면에는 1.4미터×1.4미터 이상의 활동공간을 확보하여야 하며, 승강장바닥과 승강기바닥의 틈은 3센티미터 이하로 하여야 한다〈장애인·노인·임산부 등의 편의증진 보장에 관한 법률 시행규칙 별표1(편의시설의 구조·재질 등에 관한 세부기준)〉.

4 쿨데삭(Cul-de-sac) : 자동차 통과교통을 막아 주거단지의 안전을 높이기 위한 도로 형식으로 도로의 끝을 막다른 길로 하고 자동차가 회차할 수 있는 공간을 제공한다. 미국 뉴저지의 래드번(Radburn) 근린주구 설계(1928년)에 적용되었으며, 자동차 통과교통을 막고 보행자는 녹지에 마련된 보행자 전용통로로 학교나 상점에 갈 수 있게 한 보차분리 시스템이다.
본엘프(Woonerf) : 1960년대 밀 네덜란드 델프트시의 신서주시 설계에서 본엘프 지구를 설정하면서 보차공존도로를 처음 채택하였다. 기존의 도로에서와 같이 차량과 보행자를 분리하는 것이 아니라 보행자와 주민의 도로이용과 도로에서의 활동만 침해하지 않는 범위에서 자동차의 이용을 인정하는 것이다. 보도와 차도를 엄격하게 분리하지 않고 차량의 감소를 유도할 수 있는 여러가지 물리적인 시설기법들을 적용한 본엘프는 도로교통법에서 법적 지위를 보장받고 1980년대까지 약 1,500개 이상의 주거지역에 적용되었다.

5 주택법령상 도시형 생활주택에 대한 설명으로 옳은 것은?

① 도시형 생활주택이란 500세대 미만의 국민주택규모에 해당하는 주택을 말한다.

② 소형주택의 경우 세대별로 독립된 주거가 가능하도록 욕실 및 부엌을 설치하면 지하층에 세대를 설치할 수 있다.

③ 단지형 연립주택의 경우 건축위원회의 심의를 받은 경우에는 주택으로 쓰는 층수를 10개 층까지 건축할 수 있다.

④ 소형주택과 주거전용면적이 85제곱미터를 초과하는 주택 1세대를 함께 건축하는 경우에 이 둘을 하나의 건축물에 건축할 수 있다.

5 ① 도시형 생활주택이란 300세대 미만의 국민주택규모에 해당하는 주택을 말한다.
② 소형주택의 경우 지하층에는 세대를 설치할 수 없다.
③ 단지형 연립주택의 경우 건축위원회의 심의를 받은 경우에는 주택으로 쓰는 층수를 5개 층까지 건축할 수 있다.

※ **도시형 생활주택**〈주택법 시행령 제10조〉
　㉠ 법 제2조제20호에서 "대통령령으로 정하는 주택"이란 「국토의 계획 및 이용에 관한 법률」 제36조 제1항 제1호에 따른 도시지역에 건설하는 다음의 주택을 말한다.
　• 아파트형 주택 : 다음 각 목의 요건을 모두 갖춘 아파트
　－세대별로 독립된 주거가 가능하도록 욕실 및 부엌을 설치할 것
　－지하층에는 세대를 설치하지 않을 것
　• 단지형 연립주택 : 연립주택. 다만, 「건축법」 제5조제2항에 따라 같은 법 제4조에 따른 건축위원회의 심의를 받은 경우에는 주택으로 쓰는 층수를 5개층까지 건축할 수 있다.
　• 단지형 다세대주택 : 다세대주택. 다만, 「건축법」 제5조 제2항에 따라 같은 법 제4조에 따른 건축위원회의 심의를 받은 경우에는 주택으로 쓰는 층수를 5개층까지 건축할 수 있다.
　㉡ 하나의 건축물에는 도시형 생활주택과 그 밖의 주택을 함께 건축할 수 없다. 다만, 다음의 어느 하나에 해당하는 경우는 예외로 한다.
　• 도시형 생활주택과 주거전용면적이 85제곱미터를 초과하는 주택 1세대를 함께 건축하는 경우
　• 「국토의 계획 및 이용에 관한 법률 시행령」 제30조 제1항 제1호 다목에 따른 준주거지역 또는 같은 항 제2호에 따른 상업지역에서 아파트형 주택과 도시형 생활주택 외의 주택을 함께 건축하는 경우
　㉢ 하나의 건축물에는 단지형 연립주택 또는 단지형 다세대주택과 아파트형 주택을 함께 건축할 수 없다.

6 도서관의 건축계획에 대한 설명으로 옳지 않은 것은?

① 도서관의 현대적 기능은 교육 및 연구시설을 넘어 지역사회와 연계된 공공문화 활동의 중심체 역할을 하므로 이러한 특징을 건축계획에 반영할 수 있어야 한다.

② 도서관은 이용자 안전을 보장하고 도서보관이 용이하도록 접근에 대한 강한 통제와 감시가 확보되어야 한다.

③ 도서관은 이용자와 관리자, 자료의 동선이 교차되지 않도록 배치하는 것이 바람직하다.

④ 도서관 공간구성에서 중심 부분은 열람실 및 서고이며 미래의 확장 수요에 건축적으로 대응할 수 있어야 한다.

7 건물에서 공조방식의 결정요인에 대한 설명으로 옳지 않은 것은?

① 건물 설계방법이나 공조 설비계획에서 이루어지는 에너지 절약

② 각 존(zone)마다 실내의 온·습도 조건을 고려하여 제어하는 개별제어

③ 공조구역별 공조계통과 내·외부 존(zone)을 통합하는 조닝(zoning)

④ 설비비, 운전비, 보수관리비, 시간 외 운전, 설비의 변경 등의 요인

8 아트리움의 장점이 아닌 것은?

① 천창을 통한 시각적 개방감을 줄 수 있다.

② 외기로부터 보호되어 외부공간보다 쾌적한 온열환경을 제공할 수 있다.

③ 화재 등 재난 방재에 유리하다.

④ 휴식공간, 라운지, 실내정원, 전시, 공연 등 다양한 기능적 공간으로 활용할 수 있다.

Answer 6.② 7.③ 8.③

6 도서관은 이용자들이 보다 많은 도서를 접할 수 있도록 계획되어야 한다.

7 공조계획 시 내부존과 외부존을 구분해서 계획을 해야 한다. 내부존은 온도가 균일하게 유지되지만 외부존은 외기의 영향을 받기 쉽기 때문에 이러한 차이를 고려하여 공조를 계획해야 한다.

8 아트리움은 화재 등 재난방지에 있어 불리하다.
- 아트리움 내 혹은 인접해 있는 공간에서 화재가 발생하게 되면 아트리움을 통해서 단시간에 다른 영역으로 화재가 퍼질 수 있으며 건물 내의 잔류인원에게 피해를 줄 수 있다.
- 일반적인 건축물에 설치되는 기존의 감지기로는 천장이 매우 높은 아트리움의 특성 상 정상적인 연기감지기의 작동이 어렵게 된다. 또한 아트리움 공간 내의 미적효과 증대를 위해 장식재료 등이 도입되어 화재하중이 증가하는 문제도 있다.

9 먼셀 색채계에 따른 색채(color)의 속성에 대한 설명으로 옳지 않은 것은?

① 기본색(primary color)은 원색으로서 적색(red), 황색(yellow), 청색(blue)을 말하며, 기본색이 혼합하여 이루어진 2차색(secondary color) 중 녹색(green)은 황색(yellow)과 청색(blue)을 혼합한 것이다.

② 오렌지색(orange)과 자주색(violet)은 상호 보색(complimentary color)관계이다.

③ 먼셀 색입체(Munsell color solid)에서 명도(value)는 흑색, 회색, 백색의 차례로 배치되며, 흑색은 0, 백색은 10으로 표기된다.

④ 채도(chroma)는 색의 선명도를 나타낸 것으로서 먼셀 색입체(Munsell color solid)에서 중심축과 직각의 수평방향으로 표시된다.

10 배관 속에 흐르는 물질의 종류와 배관 식별색을 바르게 연결한 것은? (단, KS A 0503 : 2020 배관계의 식별표시를 따른다)

① 증기(S) – 어두운 빨강   ② 물(W) – 하양

③ 가스(G) – 연한 주황   ④ 공기(A) – 초록

---

9 보색은 색상환상에서 서로 가장 멀리 떨어져 있는 관계인 한 쌍의 색, 즉 서로 마주보고 있는 색들의 관계를 말한다. 오렌지색의 보색은 청색계열이다.

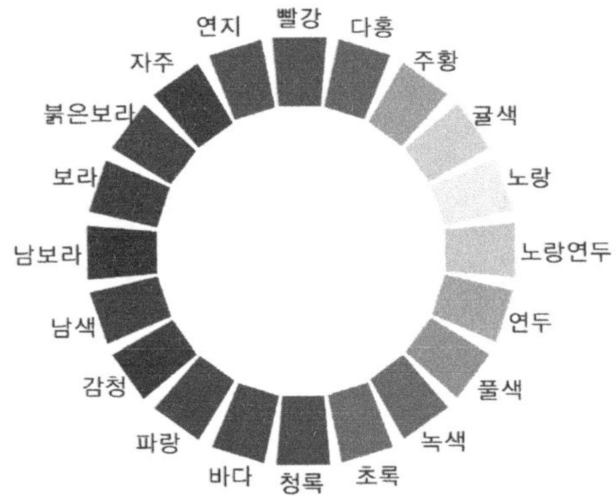

10

종류	식별색	종류	식별색
물	청색	산	회자색
증기	진한 적색	알칼리	회자색
공기	백색	기름	진한 황적색
가스	황색	전기	엷은 황적색

11 18세기 말 조선시대에 대두되었던 신진 학자들의 실학정신이 성곽 축조에 반영된 사례는?

① 풍납토성

② 부소산성

③ 남한산성

④ 수원화성

12 공연장 무대와 객석의 평면 형식과 그에 대한 특징을 바르게 연결한 것은?

> ㉠ 무대 및 객석 크기, 모양, 배열 등의 형태는 작품과 환경에 따라 변화가 가능하다.
> ㉡ 사방(360°)에 둘러싸인 객석의 중심에 무대가 자리하고 있는 형식이다.
> ㉢ 연기자가 일정 방향으로만 관객을 대하고 관객들은 무대의 정면만을 바라볼 수 있다.
> ㉣ 관객의 시선이 3 방향(정면, 좌측면, 우측면)에서 형성될 수 있다.

① ㉠ – 아레나 타입

② ㉡ – 오픈스테이지 타입

③ ㉢ – 프로시니엄 타입

④ ㉣ – 가변형 타입

13 건축조형원리에 대한 설명으로 옳지 않은 것은?

① '축'은 공간 내 두 점으로 성립되고, 형태와 공간을 배열하는 데 중심이 되는 선을 말한다.

② '리듬'은 서로 다른 형태 또는 공간이 반복패턴을 이루지 않고, 모티프의 특성을 활용하는 것을 말한다.

③ '대칭'은 하나의 선(축) 또는 점을 중심으로 동일한 형태와 공간이 나누어지는 것을 말한다.

④ '비례'는 부분과 부분 또는 부분과 전체와의 수량적 관계를 말한다.

11 수원화성은 18세기 말 조선시대에 대두되었던 신진 학자들의 실학정신이 잘 반영된 건축물이다. 풍납토성과 부소산성은 백제가 건립한 성곽이며 남한산성은 조선시대에 건립된 산성이다.

12 • 무대 및 객석 크기, 모양, 배열 등의 형태는 작품과 환경에 따라 변화가 가능한 타입은 가변형타입이다.
　• 사방(360°)에 둘러싸인 객석의 중심에 무대가 자리하고 있는 형식은 아레나타입이다.
　• 연기자가 일정 방향으로만 관객을 대하고 관객들은 무대의 정면만을 바라볼 수 있는 타입은 프로시니엄 타입이다.
　• 관객의 시선이 3방향(정면, 좌측면, 우측면)에서 형성될 수 있는 것은 오픈스테이지타입이다.

13 리듬'은 서로 다른 형태 또는 공간이 반복패턴을 이루어 모티프의 특성을 활용하는 것을 말한다.

14 트랩(trap)의 봉수파괴 원인이 아닌 것은?

① 위생기구의 배수에 의한 사이펀작용

② 이물질에 의한 모세관현상

③ 장기간 미사용에 의한 증발

④ 낮은 기온에 의한 동결

15 건물들이 가로에 면하여 나란히 연속하여 입지한 경우, 바람이 가로에 빠르게 흐르는 현상은?

① 벤투리 효과(Venturi effect)

② 통로효과(channel effect)

③ 차압효과(pressure connection effect)

④ 피라미드 효과(pyramid effect)

16 BIM(Building Information Modeling)에 대한 설명으로 옳지 않은 것은?

① 신속한 의사결정을 가능하게 하여 중복작업 및 공사 지연을 감소시킬 수 있다.

② 복잡한 곡면형태를 가진 비정형 건축의 경우 물량산출이 불가능하다.

③ 시공 시 필요한 상세 정보를 공장에서 제작할 수 있는 데이터로 변환해 제공할 수 있다.

④ 시공 시 부재 간의 충돌을 사전에 확인하고 시공품질을 향상시킬 수 있다.

ANSWER 14.④ 15.② 16.②

14 낮은 기온에 의한 동결은 트랩의 봉수파괴 원인으로 보기는 어렵다.

15 • 통로효과 : 건물들이 가로에 면하여 나란히 연속하여 입지한 경우, 바람이 가로에 빠르게 흐르는 현상
　　• 벤투리효과 : 굵기가 다른 관에 유체를 통과시킬 때, 넓은 관보다 좁은 관에서 유체의 속도가 빨라지는 대신에 압력은
　　　낮아지게 되는 현상

16 BIM은 관련 기술의 발전으로 복잡한 곡면형태를 가진 비정형 건축의 경우도 물량산출이 가능하다.

17 「건축물의 피난·방화구조 등의 기준에 관한 규칙」상 연면적 200m²를 초과하는 건물에 설치하는 계단의 설치기준으로 옳지 않은 것은?

① 높이가 3m를 넘는 계단에는 높이 3m 이내마다 유효너비 150cm 이상의 계단참을 설치할 것

② 높이가 1m를 넘는 계단 및 계단참의 양옆에는 난간(벽 또는 이에 대치되는 것을 포함한다)을 설치할 것

③ 너비가 3m를 넘는 계단에는 계단의 중간에 너비 3m 이내마다 난간을 설치하되, 계단의 단높이가 15cm 이하이고 계단의 단너비가 30cm 이상인 경우에는 그러하지 아니함

④ 계단의 유효높이(계단의 바닥 마감면부터 상부 구조체의 하부 마감면까지의 연직방향의 높이를 말한다)는 2.1m 이상으로 할 것

18 주거단지 근린생활권에 대한 설명으로 옳지 않은 것은?

① 인보구는 어린이 놀이터가 중심이 되는 단위이며 아파트의 경우 3~4층, 1~2동의 규모이다.

② 근린분구는 일상 소비생활에 필요한 공동시설이 운영 가능한 단위이며 소비시설, 유치원, 후생시설 등을 설치한다.

③ 근린주구는 약 200ha의 면적에 초등학교를 중심으로 한 단위를 말하며 경찰서, 전화국 등의 공공시설이 포함된다.

④ 주거단지의 생활권 체계는 인보구, 근린분구, 근린주구 순으로 위계가 형성된다.

17 규정에 의하여 건축물에 설치하는 높이가 3미터를 넘는 계단에는 높이 3미터 이내마다 유효너비 120센티미터 이상의 계단참을 설치해야 한다〈건축물의 피난·방화구조 등의 기준에 관한 규칙 제15조(계단의 설치기준)제 1항 제1호〉.

18 근린주구의 면적은 약 100ha정도이며 경찰서, 전화국이 포함되는 규모는 아니다.

구분	인보구	근린분구	근린주구	근린지구
규모	0.5~2.5ha(최대 6ha)	15~25ha	100ha	400ha
반경	100m전후	150~250m	400~500m	1,000m
가구수	20~40호	400~500호	1,600~2,000호	20,000호
인구	100~200명	2,000~2,500명	8,000~10,000명	100,000명
중심시설	유아놀이터, 어린이놀이터, 구멍가게, 공동세탁장 등	유치원, 어린이공원, 근린상점(잡화, 음식점, 쌀가게 등), 미용소, 진료소, 노인정, 독서실, 파출소, 버스정거장 등	초등학교, 도서관, 동사무소, 우체국, 소방서, 병원, 근린상가, 운동장 등	도시생활의 대부분의 시설
상호관계	친분유지의 최소단위	주민 간 면식이 가능한 최소생활권	보행으로 중심부와 연결이 가능한 범위이자 도시계획종합계획에 따른 최소단위	

19 한국의 대표적인 현대건축가와 그 설계 작품을 바르게 연결한 것은?

① 김수근 – 자유센터

② 류춘수 – 수졸당

③ 승효상 – 주한 프랑스 대사관

④ 김중업 – 상암 월드컵 경기장

20 범죄예방 환경설계(CPTED)에 대한 설명으로 옳지 않은 것은?

① 범죄예방을 위한 전략으로 영역성 강화, 자연적 접근, 활동성 증대, 유지관리의 4개의 전략을 제시하고 있다.

② 공적공간과 사적공간의 경계부분은 바닥에 단을 두거나 바닥의 재료 또는 색채를 다르게 하여 공간구분을 명확하게 인지할 수 있도록 한다.

③ 오스카 뉴먼(O. Newman)이 제시한 '방어공간(Defensible Space)'이론은 범죄예방 환경설계의 발전에 기여하였다.

④ 범죄예방 환경설계는 잠재적 범죄가 발생할 수 있는 환경요소의 다각적인 상황을 변화시키거나 개조함으로써 범죄를 예방하는 설계기법을 의미한다.

Aɴsᴡᴇʀ 19.① 20.①

19 • 김수근 – 자유센터
　　 • 류춘수 – 상암 월드컵 경기장
　　 • 승효상 – 수졸당
　　 • 김중업 – 주한 프랑스 대사관

20 CPTED는 자연적 감시, 자연적 접근 통제, 영역감이라는 세 가지 기본원리와 활용성 증대, 유지관리라는 두 가지 부가원리를 바탕으로 이뤄진다. CPTED 원리는 범죄예방을 위해 다양한 도시계획이나 설계 전략으로 전환되어 적용될 수 있다. 이러한 전략은 다음과 같은 카테고리로 나누어 볼 수 있다.
① 분명한 시야선 확보
② 적합한 조명의 사용
③ 고립지역의 개선
④ 사각지대의 개선
⑤ 대지의 복합적 사용 증진
⑥ 활동 인자
⑦ 영역성 강화
⑧ 정확한 표시로 정보 제공
⑨ 공간 설계

1 루이스 헨리 설리반(Louis Henry Sullivan)에 대한 설명으로 옳은 것만을 모두 고르면?

> ㉠ "형태는 기능을 따른다(Form follows function)."라는 명제를 주장하였다.
> ㉡ 구성주의 이론을 전개하였다.
> ㉢ 홈 인슈어런스 빌딩을 설계하였다.
> ㉣ 프랭크 로이드 라이트의 스승이다.

① ㉠, ㉡

② ㉠, ㉣

③ ㉡, ㉢

④ ㉠, ㉢, ㉣

ANSWER　1.②

1 루이스 헨리 설리반은 기능주의적 건축을 추구하였으며 이는 그 당시 러시아를 중심으로 전개된 사조인 구성주의와 연관 짓기에는 무리가 있다.
홈 인슈어런스 빌딩은 1883년 건축가 윌리엄 르 베런 제니가 설계하였다.

2 다음에서 설명하는 공기조화 방식에 해당하는 것으로만 묶은 것은?

- 온도 및 습도 등을 제어하기 쉽고 실내의 기류 분포가 좋다.
- 실내에 설치되는 기기가 없어 실의 유효 면적이 증가한다.
- 외기냉방 및 배열회수가 용이하다.
- 덕트 스페이스가 크고, 공조 기계실을 위한 큰 면적이 필요하다.

---

① 패키지유닛방식, 룸에어컨

② CAV방식, VAV방식, 이중덕트방식

③ 팬코일유닛방식, 유인유닛방식

④ 인덕션유닛방식, 복사냉난방방식

ANSWER 2.②

2 보기에 나열된 사항들은 공조방식 중 전공기방식의 특징이다.

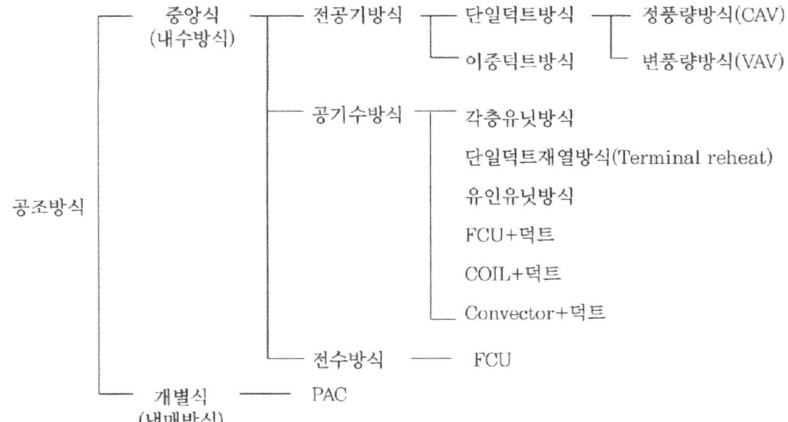

3 화장실 바닥 배수에 주로 사용하는 트랩은?

① U형 트랩

② 드럼 트랩

③ 벨 트랩

④ 샌드 트랩

3

트랩	용도	특징
S트랩	대변기, 소변기, 세면기	사이펀 작용이 심하여 봉수파괴가 쉽다. 배관이 바닥으로 이어진다.
P트랩	위생 기구에 가장 많이 쓰임	통기관을 설치하면 봉수가 안정된다. 배관이 벽체로 이어진다.
U트랩	일명 가옥트랩, 메인트랩이라고 하며 하수가스 역류방지용	가옥배수 본관과 공공하수관 연결부위에 설치한다. 배수관 최말단에 위치하여 유속을 저하시키는 단점이 있다.
벨트랩	욕실 등 바닥배수에 이용	종 모양으로 다량의 물을 배수한다. 찌꺼기를 회수하기 위해 설치
드럼트랩	싱크대에 이용	봉수가 안정된다. 다량의 물을 배수한다.
그리스트랩	호텔, 식당 등 주방바닥	주방 바닥 기름기 제거용 트랩이다. 양식 등 기름이 많은 조리실에 이용된다.
가솔린트랩	주유소, 세차장	휘발성분이 많은 가솔린을 트랩 수면 위에 띄워 토익관을 통해서 휘발시킨다.
샌드트랩	흙이 많은 곳	
석고트랩	병원 기공실	치과기공실, 정형외과 기브스실에서 배수시 사용
헤어트랩	이발소, 미장원	모발 제거용 트랩
런드리트랩	세탁소	단추, 끈 등 세탁 오물 제거용 트랩

4 건축물의 급수방식에 대한 설명으로 옳지 않은 것은?

① 고가수조방식은 상수도에서 받은 물을 저수탱크에 저장한 뒤, 펌프로 건물 옥상 등에 끌어올린 후 공급하는 방식이다.

② 초고층 건물에서는 과대한 수압으로 인한 수격작용이나, 저층부와 상층부의 불균등한 수압 차 문제를 해소하기 위해 급수조닝을 할 필요가 있다.

③ 수도직결방식은 일반주택이나 소규모 건물에서 많이 사용하는 방식으로 상수도 본관에서 인입관을 분기하여 급수하는 방식이다.

④ 부스터 방식은 수도 본관에서 물을 받아 물받이 탱크에 저수한 다음 급수펌프로 압력탱크에 물을 보내면 압력탱크에서는 공기를 압축 가압하여 급수하는 방식이다.

5 건축의 과정에 대한 설명으로 옳은 것은?

① 기초조사 – 실시설계 – 기본계획 – 기본설계의 순으로 진행된다.

② 기본계획은 구체적인 형태의 기본을 결정하는 단계로 기본설계도서를 작성한다.

③ 기초조사는 설계도면에 표시할 수 없는 각종 건축, 기계, 전기, 기타 사항 등을 글이나 도표로 작성하는 과정이다.

④ 실시설계는 공사에 필요한 사항을 상세도면 등으로 명시하는 작업단계이다.

ANSWER 4.④ 5.④

4 • **부스터방식** : 수도본관으로부터 물을 일단 저수조에 저수한 후 급수펌프 만으로 건물내에 급수하는 방식으로 부스터 펌프 여러 대를 병렬로 연결하고 배관내의 압력을 감지하여 펌프를 운전하는 방식이다.

　• **압력탱크방식** : 수도 본관에서 물을 받아 물받이 탱크에 저수한 다음 급수펌프로 압력탱크에 물을 보내면 압력탱크에서는 공기를 압축 가압하여 급수하는 방식

5 ① 기초조사 – 기본계획 – 기본설계 – 실시설계의 순으로 진행된다.
　② 기본설계는 구체적인 형태의 기본을 결정하는 단계로 기본설계도서를 작성한다.
　③ 기본계획은 설계도면에 표시할 수 없는 각종 건축, 기계, 전기, 기타 사항 등을 글이나 도표로 작성하는 과정이다.

6 주거 건축계획에 대한 설명으로 옳은 것만을 모두 고르면?

> ㉠ 공동주택 단면형식 중 단위주거의 복층형은 프라이버시가 좋으므로 소규모 주택일수록 경제적이다.
> ㉡ 공동주택 접근형식 중 편복도형은 각 세대의 주거환경을 균질하게 할 수 있다.
> ㉢ 쿨데삭(cul-de-sac)은 통과교통이 없어 보행자의 안전성 확보에 유리하다.
> ㉣ 근린 생활권 중 인보구는 어린이놀이터가 중심이 되는 단위이다.

① ㉠, ㉡

② ㉢, ㉣

③ ㉠, ㉡, ㉢

④ ㉡, ㉢, ㉣

7 건축법령상 용어의 정의로 옳지 않은 것은?

① "초고층 건축물"이란 층수가 50층 이상이거나 높이가 200미터 이상인 건축물을 말한다.

② "주요구조부"란 기초, 내력벽, 기둥, 보, 지붕틀 및 주계단을 말한다.

③ "고층건축물"이란 층수가 30층 이상이거나 높이가 120미터 이상인 건축물을 말한다.

④ "거실"이란 건축물 안에서 거주, 집무, 작업, 집회, 오락, 그 밖에 이와 유사한 목적을 위하여 사용되는 방을 말한다.

8 고대 건축에 대한 설명으로 옳지 않은 것은?

① 인슐라(Insula)는 1층에 상점이 있는 중정 형태의 로마 시대 서민주택이다.

② 로마의 컴포지트 오더는 이오니아식과 코린트식 오더를 복합한 양식으로 화려한 건물에 많이 사용되었다.

③ 조세르왕의 단형 피라미드는 마스타바라고도 부르며 쿠푸왕의 피라미드보다 후기에 만들어졌다.

④ 우르의 지구라트는 신에게 제사를 지내는 신전의 기능과 천문관측의 기능을 동시에 가지고 있었으며, 평면은 사각형이고 각 모서리가 동서남북으로 배치되었다.

6 ㉠ 공동주택 단면형식 중 단위주거의 복층형은 프라이버시가 좋으나 소규모 주택일수록 비경제적이다.

7 기초는 주요구조부에 속하지 않는다.
"주요구조부"란 내력벽(耐力壁), 기둥, 바닥, 보, 지붕틀 및 주계단(主階段)을 말한다. 다만, 사이 기둥, 최하층 바닥, 작은 보, 차양, 옥외 계단, 그 밖에 이와 유사한 것으로 건축물의 구조상 중요하지 아니한 부분은 제외한다.

8 "마스터바 - 단형피라미드 - 굴절형 피라미드 - 일반형 피라미드(쿠푸왕의 피라미드)"순의 변천단계를 거쳤다.

9 우리나라 전통 목조 가구식 건축에 대한 설명으로 옳은 것은?

① 정면(도리 방향) 5칸, 측면(보 방향) 3칸인 평면구성일 경우에는 칸 수가 24칸이다.

② 고주는 외곽기둥으로 사용되며, 평주와 우주는 내부기둥으로 사용된다.

③ 오량가는 종단면상에 보가 3줄, 도리가 2줄로 걸리는 가구형식이다.

④ 장방형의 건물은 일반적으로 정면(도리 방향) 중앙에 정칸을 두고 그 좌우에는 협칸을 둔다.

10 소화설비 중 스프링클러에 대한 설명으로 옳지 않은 것은?

① 스프링클러헤드와 소방대상물 각 부분에서의 수평거리(R)는 내화구조건축물의 경우 2.3m이며, 스프링클러를 정방형으로 배치한다면 스프링클러헤드 간의 설치간격은 $\sqrt{3}$ R로 나타낼 수 있다.

② 개방형은 천장이 높은 무대부를 비롯하여 공장, 창고에 채택하면 효과적이다.

③ 스프링클러헤드의 방수압력은 1kg/cm^2 이상이고, 방수량은 80ℓ/min 이상이 되어야 한다.

④ 병원의 입원실에는 조기반응형 스프링클러헤드를 설치하여야 한다.

ANSWER 9.④ 10.①

9

퇴칸
정칸
내진칸
퇴칸
외진칸
퇴칸 2협칸 1협칸 정칸 협칸 협칸 퇴칸

① 정면(도리 방향) 5칸, 측면(보 방향) 3칸인 평면구성일 경우에는 칸 수가 15칸이다.

② 고주는 내부기둥으로 사용되며, 평주와 우주는 외부기둥으로 사용된다.

③ 오량가는 살림집 안채와 일반건물, 작은 대웅전 등에서 많이 사용하는 가구법이다. 종단면상에 도리가 다섯 줄로 걸리는 가구형식을 말한다.

10 스프링클러헤드와 소방대상물 각 부분에서의 수평거리(R)는 내화구조건축물의 경우 2.3m이며, 스프링클러를 정방형으로 배치한다면 스프링클러헤드 간의 설치간격은 $\sqrt{2}$ R로 나타낼 수 있다.

11 「주차장법 시행규칙」상 노외주차장의 출구 및 입구가 설치될 수 없는 경우는?

① 유치원 출입구로부터 24미터 이격된 도로의 부분

② 종단 기울기가 8퍼센트인 도로

③ 건널목의 가장자리로부터 6미터 이격된 도로의 부분

④ 횡단보도로부터 10미터 이격된 도로의 부분

12 병원 건축계획에 대한 설명으로 옳은 것만을 모두 고르면?

> ㉠ 「의료법 시행규칙」상 입원실은 내화구조인 경우에는 지하층에 설치할 수 있다.
> ㉡ 종합병원은 생산녹지지역 및 자연녹지지역에서 건축이 가능하다.
> ㉢ 간호사 근무실(nurse station)은 병실군의 중앙에 배치하여야 한다.
> ㉣ 「의료법 시행규칙」상 병상이 300개 이상인 종합병원은 입원실 병상 수의 100분의 3 이상을 중환자실 병상으로 만들어야 한다.

① ㉠, ㉡

② ㉠, ㉢

③ ㉡, ㉢

④ ㉢, ㉣

ANSWER 11.③ 12.③

11 노외주차장의 설치에 대한 계획기준〈주차장법 시행규칙 제5조 제5호〉 … 노외주차장의 출구 및 입구(노외주차장의 차로의 노면이 도로의 노면에 접하는 부분을 말한다. 이하 같다)는 다음의 어느 하나에 해당하는 장소에 설치하여서는 아니 된다.
> ㉠ 「도로교통법」 제32조 제1호부터 제4호까지, 제5호(건널목의 가장자리만 해당한다) 및 같은 법 제33조제1호부터 제3호까지의 규정에 해당하는 도로의 부분
> ㉡ 횡단보도(육교 및 지하횡단보도를 포함한다)로부터 5미터 이내에 있는 도로의 부분
> ㉢ 너비 4미터 미만의 도로(주차대수 200대 이상인 경우에는 너비 6미터 미만의 도로)와 종단 기울기가 10퍼센트를 초과하는 도로
> ㉣ 유아원, 유치원, 초등학교, 특수학교, 노인복지시설, 장애인복지시설 및 아동전용시설 등의 출입구로부터 20미터 이내에 있는 도로의 부분

12 ㉠ 「의료법 시행규칙」상 입원실은 3층 이상, 지하층에는 설치할 수 없다. 그러나 내화구조인 경우에는 3층 이상에 설치할 수 있다.
> ㉣ 「의료법 시행규칙」상 병상이 300개 이상인 종합병원은 입원실 병상 수의 100분의 5 이상을 중환자실 병상으로 만들어야 한다.

13 호텔 건축계획에 대한 설명으로 옳지 않은 것은?

① 기준층 기둥 간격은 객실 단위 폭(침실 폭 + 각 실 입구 통로 폭 + 반침 폭)의 두 배로 한다.

② 연면적에 대한 숙박부의 면적비는 평균적으로 리조트호텔보다 시티호텔이 크다.

③ 프런트 오피스는 호텔의 기능적 분류상 관리부분에 속한다.

④ 호텔 연회장의 회의실 1인당 소요 면적은 $1.8m^2$/인이다.

14 지상 15층 사무소 건축물에서 아침 출근 시간에 10분간 엘리베이터 이용자의 최대 인원수가 62명일 때, 일주시간이 5분인 10인승 엘리베이터의 최소 필요 대수는? (단, 10인승 엘리베이터 1대의 평균 수송 인원은 8명으로 한다)

① 3대

② 4대

③ 7대

④ 8대

15 극장 건축계획에 대한 설명으로 옳은 것은?

① 객석의 단면형식 중 단층형이 복층형보다 음향효과 측면에서 유리하다.

② 각 객석에서 무대 전면이 모두 보여야 하므로 수평시각은 클수록 이상적이다.

③ 공연장의 출구는 2개 이상 설치하며, 관람석 출입구는 관람객의 편의를 위하여 안여닫이 방식으로 한다.

④ 연극 등을 감상하는 경우 연기자의 표정을 읽을 수 있는 가시 한계(생리적 한도)는 22m이다.

13 기준층 기둥 간격은 객실 단위 폭(침실 폭 + 각 실 입구 통로 폭 + 반침 폭)의 두 배로 한다.

14 5분간 최대이용자수는 31명이며 1대 1회 왕복시간 5분이라는 조건 하에 10인승 엘리베이터 설치시 필요대수는 엘리베이터 1대의 5분간 수송능력이 10인이므로 31인 수송 시 필요한 대수: 31인/10인 =3.1이므로 최소 4대가 필요하게 된다.

15 ② 관객이 객석에서 무대를 볼 때 적당한 수평시각이 필요하며, 각 객석에서 무대전면을 볼 때 시각이 작을수록 이상적이다.

③ 관람석 출입구는 화재 발생 시 신속한 대피를 위하여 밖여닫이로 해야 한다.

④ 연극 등을 감상하는 경우 연기자의 표정을 읽을 수 있는 가시 한계(생리적 한도)는 15 m이다.

16 「주택법 시행령」상 준주택에 해당하지 않는 것은? (단, 건축물의 종류 및 범위는 「건축법 시행령」에 따른다)

① 다중주택

② 다중생활시설

③ 기숙사

④ 오피스텔

16 다중주택은 단독주택으로 분류된다.

　※ **준주택** : 주택 외의 건축물과 그 부속토지로서 주거시설로 이용가능한 시설 등으로서 기숙사, 다중생활시설, 노인복지주택, 오피스텔이 이에 속한다〈주택법 시행령 제4조〉.

　※ **다중생활시설**〈다중생활시설 건축기준 제2조〉… 다중이용업소의 안전관리에 관한 다중이용업 중 고시원업의 시설로서 다음의 기준에 적합한 구조이어야 한다.

- 각 실별 취사시설 및 욕조 설치는 설치하지 말 것(단, 샤워부스는 가능)
- 다중생활시설(공용시설 제외)을 지하층에 두지 말 것
- 각 실별로 학습자가 공부할 수 있는 시설(책상 등)을 갖출 것
- 시설내 공용시설(세탁실, 휴게실, 취사시설 등)을 설치할 것
- 2층 이상의 층으로서 바닥으로부터 높이 1.2미터 이하 부분에 여닫을 수 있는 창문(0.5제곱미터 이상)이 있는 경우 그 부분에 높이 1.2미터이상의 난간이나 이와 유사한 추락방지를 위한 안전시설을 설치할 것
- 복도 최소폭은 편복도 1.2미터이상, 중복도 1.5미터이상으로 할 것
- 실간 소음방지를 위하여 「건축물의 피난·방화구조 등의 기준에 관한 규칙」 제19조에 따른 경계벽 구조 등의 기준과 「소음방지를 위한 층간 바닥충격음 차단 구조기준」에 적합할 것
- 범죄를 예방하고 안전한 생활환경 조성을 위하여 「범죄예방 건축기준」에 적합할 것

17 다음과 같은 조건을 가진 어떤 학교 미술실의 이용률[%]과 순수율[%]은?

> 1주간 평균 수업시간은 50시간이다. 미술실이 사용되는 수업시간은 1주에 총 30시간이다. 그 중 9시간은 미술 이외 다른 과목 수업에서 사용한다.

	이용률	순수율
①	42	60
②	60	42
③	60	70
④	70	60

18 열교에 대한 설명으로 옳지 않은 것은?

① 열의 손실이라는 측면에서 냉교라고도 한다.

② 난방을 통해 실내온도를 노점온도 이하로 유지하면 열교를 방지할 수 있다.

③ 중공벽 내의 연결 철물이 통과하는 구조체에서 발생하기 쉽다.

④ 내단열 공법 시 슬래브가 외벽과 만나는 곳에서 발생하기 쉽다.

ANSWER 17.③ 18.②

17 1주간 평균수업시간이 50시간, 미술실이 사용되는 1주간 수업시간이 30시간이므로 이용률은 30/50=0.6이므로 60%가 된다.
미술실이 1주일동안 사용되는 시간이 30시간이며 이 중 9시간을 제외한 21시간이 미술교과를 위해 사용되므로 순수율은 21/30=0.7이므로 70%이다.

$$\text{이용률} : \frac{\text{교실이 사용되고 있는 시간}}{\text{1주간의 평균수업시간}} \times 100\%$$

$$\text{순수율} : \frac{\text{일정한 교과를 위해 사용되는 시간}}{\text{교실이 사용되고 있는 시간}} \times 100\%$$

18 난방을 통해 실내온도를 노점온도 이하로 유지하면 결로가 발생하기 쉽고 열교가 유발될 수 있다.

19 다음 설명에 해당하는 사회심리적 요인은?

> • 어떤 물건 또는 장소를 개인화하고 상징화함으로써 자신과 다른 사람을 구분하는 심리적 경계이다.
> • 개인이나 집단이 어떤 장소를 소유하거나 지배하기 위한 환경장치이다.
> • 침해당하면 소유한 사람들은 방어적인 반응을 보인다.
> • 오스카 뉴먼(Oscar Newman)은 이 개념을 이용해 방어적 공간(defensible space)을 주장했다.

① 영역성
② 과밀
③ 프라이버시
④ 개인공간

20 음환경에 대한 설명으로 옳지 않은 것은?

① 다공성 흡음재는 중·고주파 흡음에 유리하고 판(막)진동 흡음재는 저주파 흡음에 유리하다.
② 잔향시간이란 실내에 일정 세기의 음을 발생시킨 후 그 음이 중지된 때로부터 실내의 평균에너지 밀도가 최초값보다 60dB 감쇠하는 데 소요되는 시간을 말한다.
③ 동일 면적의 공간에서 층고를 낮추면 잔향시간은 늘어난다.
④ 공기의 점성저항에 의한 음의 감쇠는 잔향시간에 영향을 준다.

ANSWER 19.① 20.③

19 보기에 제시된 사항들은 영역성에 관한 내용들이다.
  ※ **방어공간의 영역성** … 인간이 물리적 경계를 정해 자기영역을 확보하고 유지하는 행동을 의미하며 어떤 물건 또는 장소를 개인화, 상징화하여 자신과 다른 사람을 구분하는 심리학적 경계이다. 동물과 사람 모두에게 적용되며 범죄예방을 위한 공간설계에 적용될 수 있는 개념이다.

20 동일 면적의 공간에서 층고를 낮추게 되면 실의 체적이 감소되어 잔향시간이 줄어들게 된다.

1 건축가와 주요 사상 및 대표 작품의 연결이 옳지 않은 것은?

① 프랭크 로이드 라이트(Frank Lloyd Wright) – 유기적 건축 – 낙수장(Falling Water)

② 르 꼬르뷔제(Le Corbusier) – 근대건축의 5원칙 – 라투레트 수도원(Sainte Marie de La Tourette)

③ 미스 반 데어 로에(Mies van der Rohe) – 적을수록 풍부하다(Less is more) – 시그램 빌딩(Seagram Building)

④ 필립 존슨(Philip Johnson) – 지역주의 – 로이드 보험 본사(Lloyd's of London)

2 기후대에 따른 토속건축에 대한 설명으로 옳은 것은?

① 고온건조기후에서는 일사가 충분하므로 이를 최대한 활용하기 위해 개구부의 수가 많고 크기 또한 크다.

② 고온다습기후에서는 증발에 의한 냉각효과가 잘 일어나므로 습공기의 실내 체류 시간이 최대한 길게 설계되었다.

③ 온난기후에서는 따뜻한 기후가 유지되므로 처마 등의 차양으로 연중 최대한 일사가 들지 않도록 하였다.

④ 한랭기후에서는 열손실을 최소로 하는 것이 중요하므로 용적에 대한 표면적의 비율이 최소화되었다.

ANSWER 1.④ 2.④

1 로이드 보험 본사(Lloyd's of London)는 제임스스털링의 작품으로서 신합리주의 성향의 건축물이다.

2 ① 고온건조기후에서는 일사의 직접적 영향을 최소화하기 위해 개구부의 수와 크기를 최소로 한다.
② 고온다습기후에서는 높은 습도로 인해 증발이 원활하지 않으므로 습공기의 실내 체류 시간이 최대한 짧도록 설계되었다.
③ 온난기후는 여름에 덥고 겨울에 춥다. 주로 여름철의 강한 일사를 피하기 위해 처마 등의 차양을 설치하였으나 연중 일사가 들지 않도록 하기 위한 것은 아니었다. (온난기후지역이라고 하여도 기온이 낮아지기 시작하는 가을과 겨울철에는 가능한 많은 일사를 받도록 하였다.)

3 학교건축계획에서 교과교실형에 대한 설명으로 옳은 것은?

① 각 학급이 전용 일반교실을 가지며 특정 교과는 특별교실을 두고 운영한다.

② 각 교과의 순수율이 높은 교실이 주어지며 시설의 수준이 높아진다.

③ 학생의 이동이 적으며 교실 이용률이 100%라 하더라도 반드시 순수율이 높다고 할 수 없다.

④ 초등학교 저학년에 가장 적합하며 안정적인 생활을 위한 홈베이스가 필요하다.

4 난방방식에 대한 설명으로 옳지 않은 것은?

① 온수난방은 난방 휴지기간이 길면 동결의 우려가 있으나 증기난방에 비하여 쾌감도는 높다.

② 증기난방은 현열을 이용하므로 배관 관경이 크고 열의 운반능력 또한 커서 연속난방에 적합하다.

③ 온풍난방은 예열시간이 짧아 손쉽게 이용할 수 있으나 소음이 크고 쾌감도가 낮다.

④ 복사난방은 방이 개방된 상태에서도 난방효과가 있으며 방열기가 필요 없어 바닥면의 이용도가 높다.

ANSWER 3.② 4.②

3 ① 각 학급이 전용 일반교실을 가지며 특정 교과는 특별교실을 두고 운영하는 방식은 종합교실형이다.
   ③ 교과교실형은 학생의 이동이 많고 해당 교과를 위해 교실의 사용빈도가 높아질수록 순수율이 높아진다.
   ④ 교과교실형은 초등학교 저학년에는 적합하지 않으며 고학년에 적합한 방식이다.

4 증기난방은 잠열을 이용하는 방식으로서 간헐난방에 적합하다.
   ※ 증기난방
   ㉠ 잠열을 이용하기 때문에 열의 운반능력이 크다.
   ㉡ 예열시간이 짧고 증기순환이 빠르다.
   ㉢ 방열면적을 온수난방보다 작게 할 수 있다.
   ㉣ 유지비와 설비비가 저렴하다.
   ㉤ 한랭지에서 동결의 우려가 적다.
   ㉥ 간헐난방을 하는 장소에 적합하다.
   ㉦ 타는 듯한 냄새가 나며 쾌감도가 낮다.
   ㉧ 고온이므로 난방부하의 변동에 따라 방열량 조절이 어렵다.
   ㉨ 소음이 크게 발생하고 방열기 표면에 접하면 화상의 위험이 있다.
   ㉩ 중앙에서 계통별 용량제어가 곤란하다.

5 건축법령상 '건축물'에 해당하지 않는 것은?

    ① 주택의 대문

    ② 공장의 담장

    ③ 높이 6미터의 고가수조

    ④ 지붕과 기둥만 있는 차고

6 「건축법 시행령」상 리모델링이 쉬운 구조의 요건이 아닌 것은?

    ① 각 세대는 인접한 세대와 수직 또는 수평 방향으로 통합하거나 분할할 수 있을 것

    ② 구조체에서 건축설비, 내부 마감재료 및 외부 마감재료를 분리할 수 있을 것

    ③ 개별 세대 안에서 구획된 실(室)의 크기, 개수 또는 위치 등을 변경할 수 있을 것

    ④ 세대 내부 내력벽 및 기둥의 길이 비율을 높여 경제성 확보 및 공기 단축을 유도할 수 있을 것

ANSWER   5.③   6.④

5 건축법에서 건축물이라 함은 토지에 정착하는 공작물 중 지붕과 기둥 또는 벽이 있는 것과 이에 부수되는 담장, 대문 등의 시설물, 지하 또는 고가의 공작물에 설치하는 사무소, 공연장, 점포, 차고, 창고 기타 대통령령으로 정한 것을 말한다〈건축법 제2조(정의) 제2호〉. 고가수조는 건축물이 아닌 공작물로서 분류된다.

6 리모델링이 쉬운 구조 등〈건축법 시행령 제6조의5 제1항〉 … 법 제8조에서 "대통령령으로 정하는 구조"란 다음 각 호의 요건에 적합한 구조를 말한다. 이 경우 다음의 요건에 적합한지에 관한 세부적인 판단 기준은 국토교통부장관이 정하여 고시한다.

    ㉠ 각 세대는 인접한 세대와 수직 또는 수평 방향으로 통합하거나 분할할 수 있을 것

    ㉡ 구조체에서 건축설비, 내부 마감재료 및 외부 마감재료를 분리할 수 있을 것

    ㉢ 개별 세대 안에서 구획된 실(室)의 크기, 개수 또는 위치 등을 변경할 수 있을 것

7 우리나라 전통건축 부재에 대한 설명으로 옳은 것은?

① 첨차는 보방향으로 걸리고, 살미는 도리방향으로 걸리는 공포부재이다.

② 평방은 외진기둥을 한 바퀴 돌면서 기둥머리를 연결한 부재로, 다포식의 경우에는 평방만으로 간포의 하중을 견디기 어려워 그 위에 창방을 올린다.

③ 소로는 주두와 모양이 같고 크기가 작은 부재로, 장혀나 공포재(첨차, 살미 등) 밑에 놓여 상부 하중을 아래로 전달하는 역할을 하는 부재이다.

④ 장혀는 포와 포 사이에 놓여 화반을 받치고 있는 부재이다.

7 ① 살미는 보방향으로 걸리고, 첨차는 도리방향으로 걸리는 공포부재이다. (살미는 보방향으로 놓이는 부재로 도리방향으로 놓이는 첨차와 함께 결구된다.)

② 창방은 외진기둥(건축공간을 형성하는 기본 축부(軸部)로 건축물 구축의 근간이 되는 것으로서, 건물의 외부 변두리에 둘러 세운 기둥)을 한 바퀴 돌면서 기둥머리를 연결한 부재이다.

④ 화반은 주로 익공집에서 볼 수 있는 것으로 포와 포 사이의 포벽에 놓여 장혀의 중간을 받치고 있는 부재를 말한다.

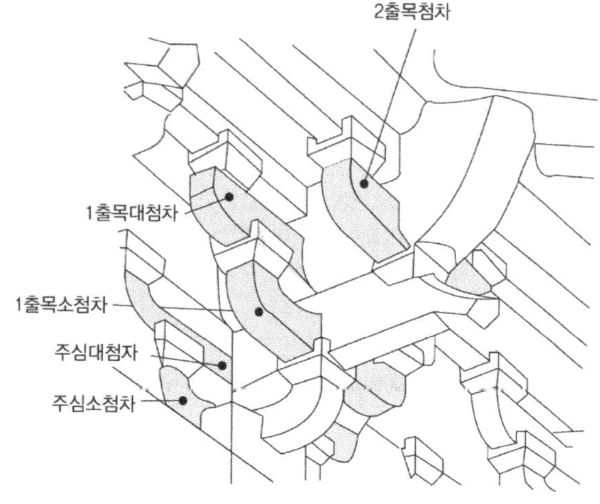

첨차(봉정사 대웅전)

8 르네상스 시대 건축가와 업적에 대한 설명으로 옳은 것만을 모두 고르면?

> ㉠ 필리포 브루넬레스키(Filippo Brunelleschi)는 입체적 원근법을 도입한 투시도법을 창안하였다.
>
> ㉡ 레온 바티스타 알베르티(Leon Battista Alberti)는 「건축론(De re aedificatoria)」을 저술하였다.
>
> ㉢ 안토니오 산텔리아(Antonio Sant'Elia)는 비트루비우스의 「건축십서」를 번역한 초기 르네상스시대 건축가이다.
>
> ㉣ 안드레아 팔라디오(Andrea Palladio)는 「건축의 다섯 오더」에서 고전건축의 다섯 가지 비례를 정량적으로 법칙화 하여 오더를 정확히 그릴 수 있도록 하였다.

① ㉠, ㉡

② ㉢, ㉣

③ ㉠, ㉡, ㉣

④ ㉠, ㉢, ㉣

8 • 안토니오 산텔리아는 이탈리아의 미래주의 건축가였던 인물이다.

• 비트루비우스의 「건축십서」를 번역한 초기 르네상스시대 건축가는 알베르티이다.

• 안드레아 팔라디오는 비트루비우스와 알베르티의 저서를 연구하여 건축사서를 저술하였다. 팔라디오의 작품 중 가장 유명한 건축물은 빌라 라 로툰다Villa La Rotonda(1569)다.

• '건축의 다섯 오더'에서 고전건축의 다섯가지 오더의 비례를 정량적으로 법칙화하여 오더를 정확히 그릴 수 있도록 한 인물은 자코모 바로찌이다. 그의 이 책은 이후 2~3백년간 북유럽의 건축가에게 필수적인 고전주의 건축의 교과서가 되었다.

> 쟈코모 바로찌는 미켈라젤로 이후 로마에서 가장 두각을 나타낸 이탈리아 마니에리스모 건축가. 작품 가운데 공동작품이거나 다른 사람이 시작한 건물을 완성한 것이 많다. 아일(복도)를 없애고 네이브를 넓혀 높은 제단에 초점을 맞춘 일 제수 교회 설계안은 타원형 평면을 가진 산타 안나 데이 팔라프레니에리 교회(1572년경 착공)와 마찬가지로 큰 영향을 미쳤다.

9 「장애인·노인·임산부 등의 편의증진 보장에 관한 법률 시행규칙」상 다음 그림과 같이 복도의 벽에 손잡이를 설치할 때 규격을 바르게 나열한 것은?

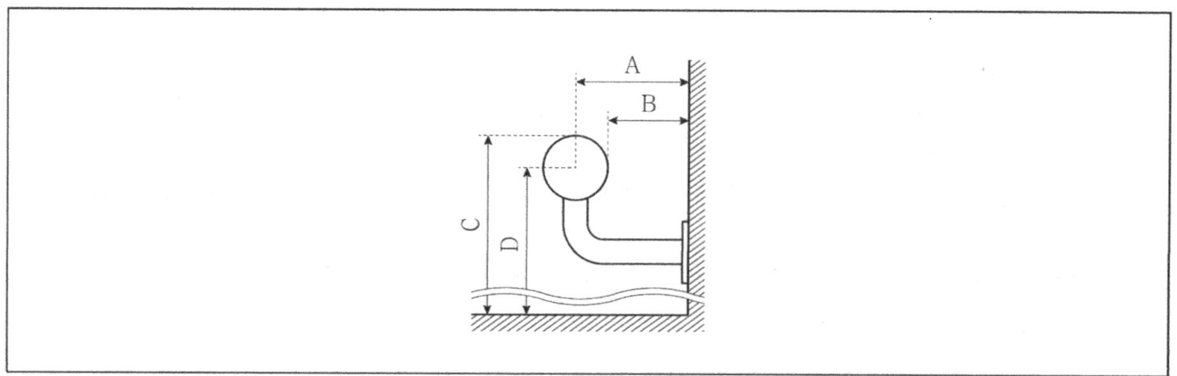

	손잡이와 벽의 간격	간격	손잡이의 높이	높이
①	A	3.2 ~ 3.8cm	D	0.85m 내외
②	A	5cm 내외	D	0.8 ~ 0.9m
③	B	3.2 ~ 3.8cm	C	0.85m 내외
④	B	5cm 내외	C	0.8 ~ 0.9m

9 손잡이와 벽의 간격은 B를 의미하며 적정간격은 5cm내외이어야 한다.
또한 손잡이의 높이는 C를 의미하며 적정높이는 0.8~0.9m정도이다.

10 업무시설 용도의 건축물에서 승강기 설치계획에 대한 설명으로 옳은 것은? (단, 승용승강기는 비상용승강기 구조로 하지 않는다)

① 승강기 대수는 1시간 동안 실제 운반해야 할 총인원수를 5분간 1대가 운반하는 인원수로 나눈 값으로 산정한다.

② 승강기 운행형식 중 스킵스톱운행은 2대 이상의 승강기를 병설하는 경우에 주로 적용하여 승강장 수를 줄일 수 있으나 시설비가 많이 든다.

③ 건축법령상 6층 이상의 거실 면적의 합계가 5,000m^{2}인 경우 16인승 승용승강기로 계획한다면 1대를 설치한다.

④ 건축법령상 높이 31m를 넘는 각 층의 바닥면적 중 최대 바닥면적이 5,000m^{2}인 경우 비상용승강기는 2대를 설치한다.

ANSWER 10.③

10 ① 승강기 대수는 5분간의 최대 이용자수를 기준으로 1대의 왕복시간을 이용하여 대수를 산출한다.

② 승강기 운행형식 중 스킵스톱운행은 필요한 승강장의 수가 늘어나게 된다.

④ 건축법령상 높이 31m를 넘는 각 층의 바닥면적 중 최대 바닥면적이 5,000m^{2}인 경우 비상용승강기는 3대를 설치해야 한다. (아래의 수식을 통해 계산하면 필요한 비상용승강기 대수는 2.16대가 나오며 이는 3대로 산정해야 한다.)

1. 높이 31미터를 넘는 각 층의 바닥면적 중 최대 바닥면적이 1천500 제곱미터 이하인 건축물 : 1대 이상

2. 높이 31미터를 넘는 각 층의 바닥면적 중 최대 바닥면적이 1천500 제곱미터를 넘는 건축물 : 1대에 1천500 제곱미터를 넘는 3천 제곱미터 이내마다 1대씩 더한 대수 이상

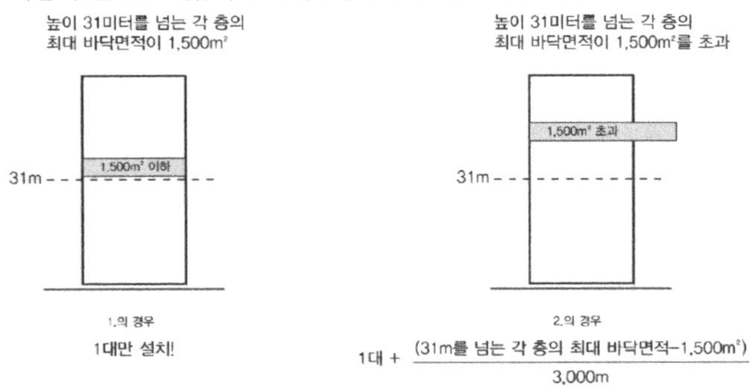

11 공연장 평면유형에 대한 설명으로 옳지 않은 것은?

① 아레나(arena)형은 무대배경을 만들지 않으므로 경제적이다.

② 프로시니엄(proscenium)형은 가까운 거리에서 가장 많은 관객을 수용할 수 있고 연기자와의 접촉면도 넓다.

③ 오픈 스테이지(open stage)형은 연기자가 다양한 방향감 때문에 통일된 효과를 나타내는 것이 쉽지 않다.

④ 가변형 무대(adaptable stage)는 작품의 성격에 따라 연출에 적합한 성격의 공간을 만들어 낼 수 있다.

12 기계식 주차시설에 대한 설명으로 옳지 않은 것은?

① 단시간 내에 많은 차량의 주차가 가능하다.

② 고층의 입체적인 주차가 가능하므로 지가(地價)가 비싼 대지에 유리하다.

③ 기계 고장 시 승강 및 피난이 어렵다.

④ 자주식에 비해 운영비가 많이 든다.

ANSWER 11.② 12.①

11 프로시니엄(proscenium)형식은 프로시니엄 아치로 무대와 객석을 사진틀처럼 확연하게 구분한 무대 형식(액자 무대)이다. 이는 가까운 거리에 많은 관객을 수용하기에는 무리가 있는 형식이다.
'프로시니엄'이라는 말은 높은 바닥의 무대로부터 관객을 분리하는 커다란 중앙의 트인 문을 가진 벽에서 비롯된 말이다. '아치'라고 불렸으나 이것은 실제로는 직사각형이었다. 실제로 관객들은 무대의 정면만을 바라볼 수 있으며, 측면 및 후면은 바라볼 수가 없게 된다. 철저히 제작자들의 의도된 연출만을 관람할 수 있는 형태의 극장인 것이다.
가까운 거리에서 가장 많은 관객을 수용할 수 있고 연기자와의 접촉면도 넓은 형식은 아레나형식이다.

12 기계식 주차는 좁은 면적의 대지상에 여러 대의 차량을 주차시키기 위해 여러 층으로 구성된 운반기계를 적용하는 형식으로서 단시간 내에 많은 차량을 주차시키기는 매우 어려운 방식이다.

13 게슈탈트(gestalt) 이론에 따른 지각법칙에 대한 설명으로 옳은 것은?

① 연속성(good continuation) – 형이나 그룹이 방향성을 잃고 단절되어 지각되는 경향

② 폐쇄성(closure) – 불완전한 형이나 그룹이 완전한 형이나 그룹으로 완성되어 지각되는 경향

③ 근접성(proximity) – 형이나 그룹이 가까이 있을수록 분리된 것으로 지각되는 경향

④ 유사성(similarity) – 유사한 모양의 형이나 그룹을 하나의 부류로 지각하지 못하는 경향

14 음에 대한 설명으로 옳은 것만을 모두 고르면?

> ⊙ '음의 강도(sound intensity)'와 '최소가청음 강도($= 10^{-12}$ W/m^2)'의 비율로 '음의 세기레벨'을 구할 수 있다.
> ⓒ '음압레벨'이 20dB에서 40dB로 변하면 음압은 10배로 증가한다.
> ⓒ '잔향시간'은 실의 용적에 비례하고 흡음력에 반비례한다.

① ⊙, ⓒ

② ⊙, ⓒ

③ ⓒ, ⓒ

④ ⊙, ⓒ, ⓒ

13 ① **연속성**(good continuation) : 중간에 끊기는 대상보다 연속적으로 부드럽게 직선이나 곡선을 이루는 시각적 요소들을 더 잘 인지하는데 이러한 형태 지각경향을 말한다.
③ **근접성**(proximity) : 형이나 그룹이 가까이 있을수록 하나로 묶어 지각하려는 경향을 말한다.
④ **유사성**(similarity) : 유사한 모양의 형이나 그룹을 하나의 부류로 지각하는 경향을 말한다.

14 음에 대한 설명으로 제시된 보기는 모두 맞는 것이다.

15 일조와 일사에 대한 설명으로 옳은 것은?

① 일조는 태양으로부터 받는 열의 복사에너지를 말한다.

② 일조시간을 가조시간으로 나눈 비율을 일조율이라고 한다.

③ 일사 차단을 위한 차양은 실내에 설치하는 것이 실외에 설치하는 것보다 효과적이다.

④ 일사량의 단위는 W/m$^2 \cdot$ °C로 나타낸다.

16 주거건축에서 부엌에 대한 설명으로 옳은 것은?

① 일렬형(일자형)은 소규모에 적합하다.

② 주방의 시설은 개수대, 조리대, 냉장고, 준비대, 가열대, 배선대 순으로 배치한다.

③ 작업삼각형은 냉장고, 개수대, 배선대를 연결한 것이다.

④ 작업삼각형의 길이는 2.4 ~ 3.4m 범위가 적당하다.

15 ① 일사는 지표면에 도달하는 태양복사에너지로 따갑고 강한 느낌을 주는 등 피부가 인지할 수 있는 요소이다. 반면 일조는 태양광선이 구름이나 안개로 가려지지 않고 실재로 땅위를 비춰 시각적으로 느낄 수 있는 현상으로 양적의미보다 시간적 개념으로 표현된다.

③ 일사 차단을 위한 차양은 실외에 설치하는 것이 실내에 설치하는 것보다 효과적이다.

④ 일사량은 단위면적당 입사하는 태양광에너지를 말한다. 일사량의 단위는 (kWh/m$^2 \cdot$ 기간으로 나타낸다. 실측치를 기초로 한 추정치에 따라 국내 각지의 일사량을 구할 수 있으며, 그 값은 대략 3.4~5.3kWh/m$^2 \cdot$ 일(연간 최적경사각 1일 m^{2}당 일사량)의 범위에 들어오게 된다.

16

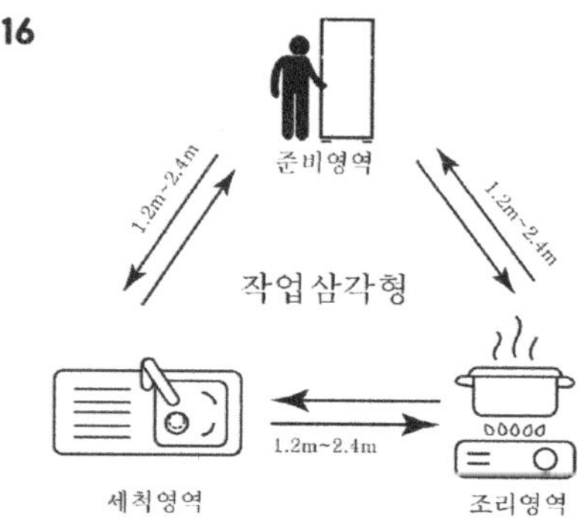

② 주방의 시설은 냉장고-개수대(싱크대)-조리대-가열대-배선대 순으로 배치한다.

③ 작업삼각형은 냉장고, 개수대, 조리대를 연결한 것이다.

④ 작업삼각형의 길이는 3.6 ~ 6.0m 범위가 적당하다

17 「지구단위계획수립지침」상 '지구단위계획의 성격'에 대한 설명으로 옳지 않은 것은?

① 관할 행정구역내의 일부지역을 대상으로 토지이용계획과 건축물계획이 서로 환류되도록 함으로써 평면적 토지이용계획과 입체적 시설계획이 서로 조화를 이루도록 하는데 중점을 둔다.

② 난개발 방지를 위하여 개별 개발수요를 집단화하고 기반시설을 충분히 설치함으로써 개발이 예상되는 지역을 체계적으로 개발·관리하기 위한 계획이다.

③ 지구단위계획구역 및 지구단위계획은 도시·군관리계획으로 결정한다.

④ 향후 20년에 걸쳐 나타날 시·군의 성장·발전 등의 여건변화와 향후 10년에 개발이 예상되는 일단의 토지 또는 지역과 그 주변지역의 미래모습을 상정하여 수립하는 계획이다.

18 「건축물의 설비기준 등에 관한 규칙」상 '피뢰설비'에 대한 설명으로 옳은 것은?

① 피뢰설비의 재료는 최소 단면적이 피복이 없는 동선(銅線)을 기준으로 수뢰부, 인하도선 및 접지극은 40제곱밀리미터 이상이거나 이와 동등 이상의 성능을 갖추어야 한다.

② 급수·급탕·난방·가스 등을 공급하기 위하여 건축물에 설치하는 금속배관 및 금속재 설비는 전위(電位) 차이가 발생하도록 전기적으로 접속해야 한다.

③ 낙뢰의 우려가 있는 건축물, 높이 20미터 이상의 건축물에는 기준에 적합한 피뢰설비를 설치해야 한다.

④ 돌침은 건축물의 맨 윗부분으로부터 20센티미터 이상 돌출시켜 설치해야 한다.

17 지구단위계획은 향후 10년 내외에 걸쳐 나타날 시·군의 성장·발전 등의 여건변화와 향후 5년 내외에 개발이 예상되는 일단의 토지 또는 지역과 그 주변지역의 미래모습을 상정하여 수립하는 계획이다.

18 ① 피뢰설비의 재료는 최소 단면적이 피복이 없는 동선(銅線)을 기준으로 수뢰부, 인하도선 및 접지극은 50제곱 밀리미터 이상이거나 이와 동등 이상의 성능을 갖추어야 한다.

② 급수·급탕·난방·가스 등을 공급하기 위하여 건축물에 설치하는 금속배관 및 금속재 설비는 전위(電位)가 균등하게 이루어지도록 전기적으로 접속해야 한다.

④ 돌침은 건축물의 맨 윗부분으로부터 25센티미터 이상 돌출시켜 설치해야 한다.

19 일정한 실내온도상승률 이상에서 작동하는 기능을 포함하고 있는 '자동화재탐지설비'만을 모두 고르면?

> ㉠ 정온식 감지기
> ㉡ 차동식 감지기
> ㉢ 보상식 감지기
> ㉣ 광전식 감지기

① ㉠, ㉢
② ㉠, ㉣
③ ㉡, ㉢
④ ㉡, ㉣

20 배수 및 통기설비에 대한 설명으로 옳지 않은 것은?

① 자기 사이펀 작용은 수직관 가까이 기구가 설치되어 있을 때 수직관 위로부터 일시에 대량의 물이 낙하하면 순간적으로 관내 연결부에 진공이 생겨 봉수를 파괴한다.

② 루프통기방식은 2개 이상의 트랩을 하나의 통기관을 이용하여 통기하는 방식이며, 감당할 수 있는 기구 수는 8개 이내이다.

③ 트랩은 배수관 내의 유해가스나 악취의 역류를 방지하는 기구이다.

④ 통기관의 설치목적은 트랩의 봉수가 파괴되지 않도록 하며 배수의 흐름을 원활히 하는 것이다.

ANSWER 19.③ 20.①

19 감지기는 차동식, 정온식, 보상식으로 나누어지는데 차동식은 일정한 온도상승률 이. 상 되면 작동하는 감지기이며, 정온식은 일정한 온도가 되면 작동하는 감지기이다. 보상식은 차동식과 정온식의 성능을 겸한 감지기이다. 따라서 보기에 제시된 감지기들 중 일정한 실내온도상승률 이상에서 작동하는 감지기는 차동식감지기와 보상식감지기이다.

20 • 자기사이펀작용 : 배수관 내 다량의 공기가 배수 중 혼입되어 사이펀관을 형성하여 만수상태로 흐르면 사이펀작용으로 트랩 내의 봉수가 배수관 쪽으로 흡입 배출되는 현상이다.
• 유인사이펀작용(흡입작용, 흡출작용) : 수직관에 접근하여 있는 트랩일 경우, 수직관 상부에서 다량의 물을 배수할 때 감압에 의한 흡입작용으로 트랩의 봉수가 흡입, 흡출되는 현상이다.

1 박물관의 특수전시기법에 대한 설명으로 옳지 않은 것은?

① 영상 전시 – 현물을 직접 전시할 수 없는 경우나 오브제 전시만의 한계를 극복하기 위해 사용한다.

② 하모니카 전시 – 하모니카의 흡입구처럼 동일한 공간을 연속하여 배치한다.

③ 파노라마 전시 – 연속적인 주제를 전경으로 펼쳐지도록 연출한다.

④ 디오라마 전시 – 2차원적인 매체를 활용하여 입체감이나 현장감보다는 전시물의 군집배치에 초점을 맞춘다.

2 다음 제시된 건축의 과정을 순서대로 바르게 나열한 것은?

(개) 계획설계(기본계획)	(내) 실시설계
(대) 거주 후 평가	(래) 기본설계(중간설계)
(매) 시공 및 감리	(배) 기획

① (배) → (개) → (래) → (내) → (매) → (대)

② (배) → (개) → (대) → (대) → (내) → (매)

③ (배) → (래) → (개) → (내) → (매) → (대)

④ (배) → (래) → (개) → (대) → (내) → (매)

ANSWER 1.④ 2.①

1 디오라마 전시는 3차원적인 매체를 활용하여 입체감이나 현장감을 살린 전시기법이다.

2 건축의 과정 : 기획 → 계획설계(기본계획) → 기본설계(중간설계) → 실시설계 → 시공 및 감리 → 거주 후 평가

3 근린생활권 주거단지 단위 중의 하나로 대략 100ha의 면적에 초등학교를 중심으로 하여 어린이공원, 운동장, 우체국, 소방서 등이 설치되는 단위는?

① 인보구

② 근린분구

③ 근린주구

④ 근린지구

4 백화점의 수직 동선계획에 대한 설명으로 옳지 않은 것은?

① 에스컬레이터는 전체 연면적에 대한 점유율이 높고 설치비용이 많이 든다.

② 엘리베이터는 에스컬레이터에 비해 수송량 대비 점유면적이 작아 가장 효율적인 수송 수단이다.

③ 에스컬레이터는 엘리베이터에 비해 고객의 대기 시간이 짧으며 수송 능력이 좋다.

④ 엘리베이터는 가급적 집중배치하고, 고객용, 화물용, 사무용으로 구분한다.

ANSWER 3.③ 4.②

3 근린주구 : 근린생활권 주거단지 단위 중의 하나로 대략 100ha의 면적에 초등학교를 중심으로 하여 어린이공원, 운동장, 우체국, 소방서 등이 설치되는 단위

4 엘리베이터는 에스컬레이터에 비해 수송량 대비 점유면적이 크다.

5 「건축물의 설비기준 등에 관한 규칙」상 다음 창호 평면에 나타난 피벗(pivot) 종축창의 배연창 유효면적 산정기준은? (단, W는 창의 폭, H는 창의 유효 높이이다)

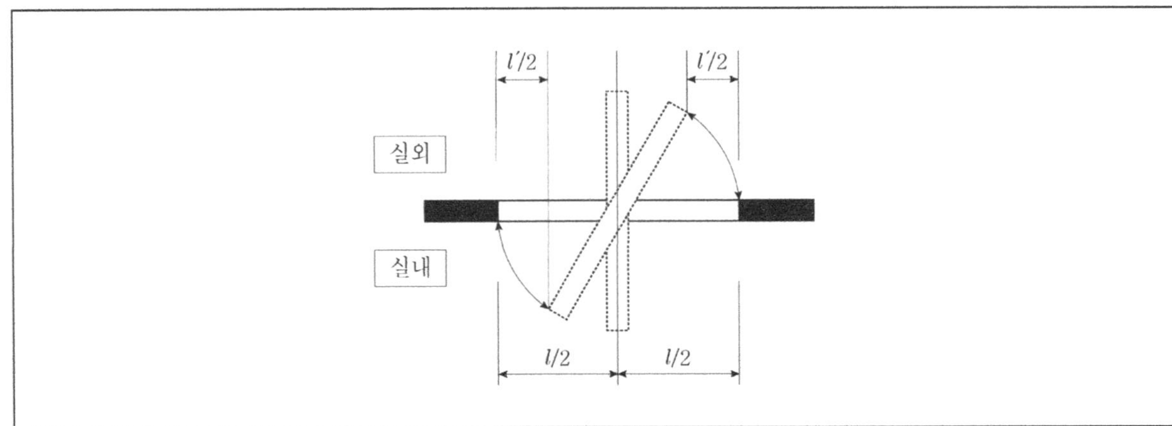

l : 90° 회전시 창호와 직각방향으로 개방된 수평거리

l' : 90° 미만 0° 초과시 창호와 직각방향으로 개방된 수평거리

① $W \times l'/2 \times 2$

② $W \times l/2 \times 2$

③ $H \times l'/2 \times 2$

④ $H \times l/2 \times 2$

5 엘리베이터는 에스컬레이터에 비해 수송량 대비 점유면적이 크다.

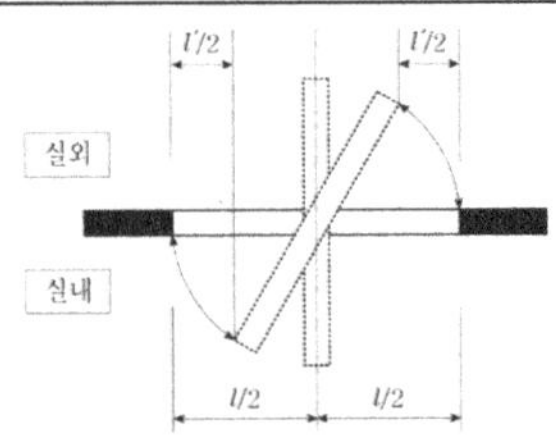

배연창의 유효면적 산정식: $H \times l'/2 \times 2$

H : 창의 유효높이

l' : 90° 미만 0° 초과시 창호와 직각방향으로 개방된 수평거리

6 유치원의 세부공간 계획에 대한 설명으로 옳지 않은 것은?

① 유희실은 안전성과 방음효과를 고려하여 바닥의 소재를 선정한다.

② 화장실은 교실 내부 또는 가장 가까운 곳에 배치하여 교사가 지도할 수 있도록 한다.

③ 유원장은 정적 놀이공간, 중간적 놀이공간, 동적 놀이공간으로 구분하여 공간을 구성한다.

④ 개인용 물품이나 교재 등을 보관하는 창고는 필수공간이 아니므로 선택적으로 계획한다.

7 극장 건축계획에 대한 설명으로 옳지 않은 것은?

① 아레나(arena)형은 객석과 무대가 하나의 공간에 있으므로 배우와 관객 간의 일체감을 높여 긴장감이 높은 공연에 적합하다.

② 프로시니엄(proscenium)형은 그림의 액자와 같이 관객의 눈을 무대에 쏠리게 하는 시각적 효과가 있어 강연, 연극공연 등에 적합하다.

③ 플라이 갤러리(fly gallery)는 그리드 아이언에 올라가는 계단과 연결되며, 무대 주위의 벽에 6~9m 높이로 설치되는 좁은 통로이다.

④ 사이클로라마(cyclorama)는 무대의 천장 밑에 철골을 촘촘히 깔아 바닥을 형성하여 무대배경이나 조명기구 또는 음향 반사판 등을 매달 수 있게 하는 장치이다.

8 「도시 및 주거환경정비법」상 이 법에서 정한 절차에 따라 도시기능을 회복하기 위하여 정비구역에서 정비기반시설을 정비하거나 주택 등 건축물을 개량 또는 건설하는 "정비사업" 해당하지 않는 것은?

① 재건축사업

② 재개발사업

③ 가로주택정비사업

④ 주거환경개선사업

6 개인용 물품이나 교재 등을 보관하는 창고는 필수공간이다.

7 무대의 천장 밑에 철골을 촘촘히 깔아 바닥을 형성하여 무대배경이나 조명기구 또는 음향 반사판 등을 매달 수 있게 하는 장치는 그리드아이언(Grid iron)이다.

8 가로주택정비사업은 종전의 가로를 유지하고 기반시설의 추가부담 없이 소규모로 주거환경을 개선하기 위한 사업이다.

9 상점의 건축계획에 대한 설명으로 옳지 않은 것은?

① 평면형식 중 환상배열형은 중앙에 소형 상품을, 벽면에 대형 상품을 진열하는 데 적합하다.

② 고객 동선은 가능한 한 길게, 종업원의 동선은 가능한 한 짧게 하는 것이 합리적이다.

③ 측면판매 방식은 충동적 구매와 선택이 용이하지만, 판매원을 위한 통로 공간으로 인해 진열면적이 감소한다.

④ 매장계획 시 고객을 감시하기 쉬우나, 고객이 감시받고 있다는 인상을 주지 않도록 한다.

10 교육시설의 건축계획에 대한 설명으로 옳지 않은 것은?

① 과학교실은 실험 실습을 위한 전기, 가스, 급배수 설비를 갖춘다.

② 미술실은 실내가 균일한 밝기의 조도를 유지할 수 있도록 배치한다.

③ 음악실은 적당한 잔향 시간을 유지하도록 한다.

④ 도서실은 학교의 모든 곳으로부터 접근이 편리한 위치에 있도록 배치하며 이용 활성화를 위해 폐가식으로 운영한다.

11 실내공기질 관리법령상 다중이용시설의 실내공기질에 대해서는 공기오염물질에 따라 유지기준과 권고기준으로 구분하고 있다. 다음 중 유지기준 항목인 공기오염물질만을 모두 고르면?

㉠ 미세먼지	㉡ 이산화탄소
㉢ 오존	㉣ 라돈
㉤ 석면	㉥ 일산화탄소

① ㉠, ㉡, ㉢

② ㉠, ㉡, ㉥

③ ㉢, ㉣, ㉤

④ ㉣, ㉤, ㉥

ANSWER 9.③ 10.④ 11.②

9 측면판매방식의 경우 판매원을 위한 공간면적이 대면판매방식에 비해서 감소되므로 진열 면적이 증가한다.

10 도서실은 학교의 모든 곳으로부터 접근이 편리한 위치에 있도록 배치하며 이용 활성화를 위해 개가식으로 운영한다.

11 • 실내공기질 유지기준 : 미세먼지, 이산화탄소, 일산화탄소, 포름알데히드, 총부유세균

• 실내공기질 권고기준 : 이산화질소, 라돈, 총휘발성유기화합물, 곰팡이

12 「건축법」상 건축물의 높이를 일조 등의 확보를 위하여 정북방향의 인접 대지경계선으로부터의 거리에 따라 대통령령으로 정하는 높이 이하로 하여야 하는 지역만을 모두 고르면?

㉠ 제1종전용주거지역	㉡ 제3종일반주거지역
㉢ 준주거지역	㉣ 준공업지역

① ㉠
② ㉠, ㉡
③ ㉠, ㉡, ㉢
④ ㉡, ㉢, ㉣

13 사무소의 건축계획에 대한 설명으로 옳지 않은 것은?

① 코어의 종류에는 편심코어형, 중앙(중심)코어형, 독립코어형, 양단코어형 등이 있다.
② 코어는 내력 구조체의 기능을 수행하여 건물의 구조적 안정성을 증대시킨다.
③ 오피스 랜드스케이핑(office landscaping)은 개방식 배치의 한 형태로, 업무환경의 변화에 따라 공간을 조정할 수 있다.
④ 복도형 사무실(corridor office)은 한 장소에서 책상과 시설을 서열에 따라 배치하며, 업무에 대한 감독 및 커뮤니케이션이 쉽다.

ANSWER 12.② 13.④

12 주거지역은 반드시 건축물의 높이를 일조 등의 확보를 위하여 정북방향의 인접 대지경계선으로부터의 거리에 따라 대통령령으로 정하는 높이 이하로 하여야한다. 그러나 준주거지역이나 준공업지역 등은 그러하지 아니하다.

13 복도형 사무실은 주로 개실임대나 연구실, 음원실 등을 위한 사무실 형태로서 폐쇄적 구조로 인해 업무에 대한 감독과 커뮤니케이션이 어렵다.

14 그림은 한국전통건축의 기법을 표현한 것이다. (가)~(라)를 바르게 연결한 것은?

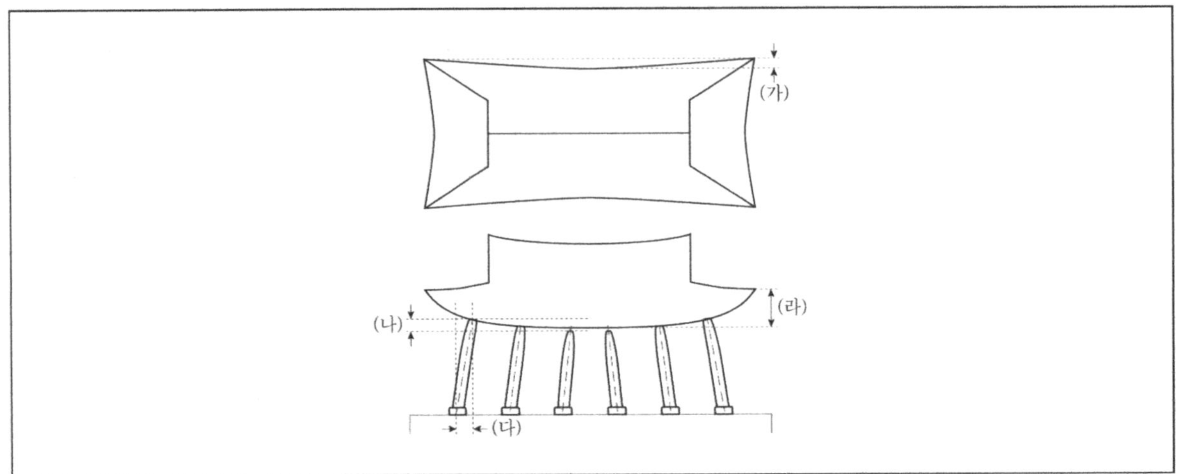

	(가)	(나)	(다)	(라)
①	안허리곡	귀솟음	안쏠림	앙곡
②	앙곡	안허리곡	안쏠림	귀솟음
③	안허리곡	귀솟음	앙곡	후림
④	후림	귀솟음	안쏠림	안허리곡

14 (가)는 안허리곡, (나)는 귀솟음, (다)는 안쏠림, (라)는 앙곡이다.

15 주거시설의 건축계획에 대한 설명으로 옳지 않은 것은?

① 평면계획 시 생활행위를 고려하여 일반적으로 취침공간과 식사공간을 분리하여 배치한다.

② 동선의 3요소인 빈도, 속도, 궤적을 고려하여 침실−테라스−창고와 같이 속도가 높은 구간에 가구를 배치한다.

③ 향에 따른 배치계획을 할 경우 북쪽은 종일 햇빛이 들지 않고 북풍을 받아 춥지만, 조도가 균일하여 아틀리에 등의 작업실을 두기에 유리하다.

④ 개인생활공간, 공동 생활공간, 가사노동공간으로 구분할 수 있는 3개 생활공간의 동선은 상호 분리하여 간섭이 없어야 한다.

16 「노인복지법」상 노인복지시설에 대한 설명으로 옳지 않은 것은?

① 노인의료복지시설에는 노인요양시설, 노인요양공동생활가정이 있다.

② 노인여가복지시설에는 노인복지관, 노인공동생활가정, 노인교실이 있다.

③ 노인주거복지시설 중 양로시설은 노인을 입소시켜 급식과 그 밖에 일상생활에 필요한 편의를 제공함을 목적으로 한다.

④ 재가노인복지시설 중 단기보호서비스를 제공하는 시설은 부득이한 사유로 가족의 보호를 받을 수 없어 일시적으로 보호가 필요한 심신이 허약한 노인과 장애노인을 단기간 입소시켜 보호하는 시설이다.

ANSWER   15.②   16.②

15 가구는 안정성과 고정성을 확보할 수 있도록 속도가 낮은 구간에 배치해야 한다.

※ [동선의 3요소]

- 속도 : 얼마나 빠를 수 있냐의 정도
- 빈도 : 얼마나 많이 통행하느냐의 정도 (공간적 두께)
- 하중 : 동선을 따라 이동하는 대상의 무게감 (짐을 운반하거나 할 시)

16 노인여가복지시설〈노인복지법 제36조 제1항〉 … 노인여가복지시설은 다음의 시설로 한다.

㉠ **노인복지관** : 노인의 교양·취미생활 및 사회참여활동 등에 대한 각종 정보와 서비스를 제공하고, 건강증진 및 질병예방과 소득보장·재가복지, 그 밖에 노인의 복지증진에 필요한 서비스를 제공함을 목적으로 하는 시설

㉡ **경로당** : 지역노인들이 자율적으로 친목도모·취미활동·공동작업장 운영 및 각종 정보교환과 기타 여가활동을 할 수 있도록 하는 장소를 제공함을 목적으로 하는 시설

㉢ **노인교실** : 노인들에 대하여 사회활동 참여욕구를 충족시키기 위하여 건전한 취미생활·노인건강유지·소득보장 기타 일상생활과 관련한 학습프로그램을 제공함을 목적으로 하는 시설

17 다음에서 설명하는 덕트(duct)의 배치방식은?

> • 가장 간단한 방식으로 설비비가 저렴하다.
> • 덕트 스페이스가 작다.

① 개별 덕트 방식
② 간선 덕트 방식
③ 환상 덕트 방식
④ 원형 덕트 방식

18 건축법령상 건축물의 승강기에 대한 설명으로 옳지 않은 것은?

① 비상용승강기의 승강로는 당해 건축물의 다른 부분과 내화구조로 구획하고 각 층으로부터 피난층까지 이르는 승강로를 단일구조로 연결하여 설치한다.
② 층수가 30층 이상인 건축물에는 승용승강기 중 1대 이상을 피난용승강기로 설치한다.
③ 비상용승강기의 승강장에는 채광이 되는 창문이 있거나 예비전원에 의한 조명설비를 한다.
④ 비상용승강기의 승강장에는 배연설비를 설치해야 하되, 외부를 향하여 열 수 있는 창문을 설치해서는 안 된다.

17 간선 덕트 방식은 1개의 주덕트에 각 취출구가 직접 고정된다. 시공이 용이하며, 설비비가 싸고, 덕트 스페이스도 비교적 적어, 공조·환기용에 가장 많이 사용된다.

18 노대 또는 외부를 향하여 열 수 있는 창문이나 제14조 제2항의 규정에 의한 배연설비를 설치해야 한다〈건축물의 설비기준 등에 관한 규칙 제제10조(비상용승강기의 승강장 및 승강로의 구조) 제2호 다목〉.

19 병원의 형태에 따른 건축계획에 대한 설명으로 옳지 않은 것은?

① 수직 고층의 병원은 도시지역에 충분한 대지를 확보하기 어려울 경우에 적합하다.

② 분관형은 평면 분산식으로, 저층 건물이 일반적이고 채광 및 통풍 조건이 좋다.

③ 기단형은 넓은 저층동 상부에 고층동 건물을 계획한 것으로, 저층동의 공간 배치가 자유롭지 못하다.

④ 다익형은 분관형과 기단형의 절충형태로, 각 부분 간의 긴밀한 연계성을 유지하면서도 좀 더 자유로운 계획이 가능한 형태이다.

20 20세기 국제주의 양식 건축의 대표적인 건축가와 그의 작품을 연결한 것으로 옳지 않은 것은?

① 피터 쿡(Peter Cook) – 로비 하우스(Robie House)

② 르코르뷔지에(Le Corbusier) – 빌라 사보아(Villa Savoye)

③ 발터 그로피우스(Walter Gropius) – 바우하우스(Bauhaus)

④ 미스 반데어로에(Mies Van Der Rohe) – 바르셀로나 파빌리온(Barcelona Pavilion)

ANSWER 19.③ 20.①

19 기단형 시스템은 중앙진료부가 저층에 수평배열을, 그 위층에는 병동부가 수직배열을 한 시스템이다. 이는 각 부문의 독립성이 보장되며 hospital street라는 길을 두어 환자들이 길을 찾기에 좀 더 용이하게 된다. 이런 장점 때문에 많은 병원들이 L자형 기단형 시스템을 선호하는 추세이다.

20 로비 하우스(Robie House)는 프랭크로이드 라이트의 작품이다.

1 전시관의 자연채광 방식에 대한 설명으로 옳은 것은?

① 정측광창(top side light) 형식은 관람자의 위치(중앙부)는 어둡고 전시 벽면의 조도는 밝다.

② 측광창(side light) 형식은 직접 측면창에서 광선을 사입하는 방식으로 대규모 전시실에 적합하다.

③ 고측광창(clearstory) 형식은 천장 상부에서 경사 방향으로 광선을 벽에 사입하는 방식이다.

④ 정광창(top light) 형식은 천장의 중앙에 천창을 계획하며 전시실 채광방식 중 가장 불리한 방식이다.

ANSWER 1.①

1
- 정광창 형식(top light) : 전시실 천장의 중앙에 천창을 계획하는 방법으로, 전시실의 중앙부를 가장 밝게 하여 전시 벽면에 조도를 균등하게 한다. 그러나 반사장애가 일어나기 쉽다.
- 측광창 형식(side light) : 전시실의 직접 측면창에서 광선을 사입하는 방법으로 광선이 강하게 투과할 때는 간접사입으로 조도분포가 좋아질 수 있게 하여야 한다. 소규모 전시실에 적합하며 채광방식 중 가장 나쁘다.
- 고측광창 형식(clerestory) : 천장에 가까운 측면에서 채광하는 방법으로 측광식과 정광식을 절충한 방법이다. 가장 이상적인 자연 채광법으로 회화면은 밝고 관람자 부분은 어둡다.
- 정측광창 형식(top side light monitor) : 관람자가 서 있는 위치의 상부에 천장을 불투명하게 하여 측벽에 가깝게 채광창을 설치하는 방법이며, 천장의 높이가 높기 때문에 광선이 약해지는 것이 결점이다. 양측채광을 하며, 반사율이 높은 재료로 마감하고 개구부 부근의 벽면을 경사지게 한다.

정광창방식	측광창방식	정측광창방식	고측광창방식	특수채광방식

2 공장건축의 레이아웃(layout) 형식에 대한 설명으로 옳은 것은?

① 공정중심의 레이아웃은 선박과 같이 제품이 크고 수량이 적은 경우에 적합하다.

② 제품중심의 레이아웃은 대량생산에 유리하고 생산성이 높다.

③ 연속작업식 레이아웃은 다품종 소량생산, 주문 생산에 적합하다.

④ 고정식 레이아웃은 기능이 동일 또는 유사한 공정과 기계를 집합 배치한다.

3 단지의 동선계획에 대한 설명으로 옳은 것은?

① 보행자동선은 대지 주변부의 자동차전용 도로와 연결하고 오르내림을 없게 한다.

② 보행자동선은 놀이터나 공원 등과 인접시켜 시설의 활용도를 높이고 가로의 활력을 도모하는 것이 좋다.

③ 쿨데삭(cul-de-sac)을 활용하면 입체적인 보차분리가 가능하며, 교통의 흐름을 원활하게 할 수 있다.

④ 오버브리지(overbridge), 언더 패스(under path), 지상인공지반 등은 평면적인 보차분리 방식이다.

ANSWER 2.② 3.②

2 ① 제품의 중심의 레이아웃(연속 작업식)
　　ⓐ 생산에 필요한 모든 공정, 기계 기구를 제품의 흐름에 따라 배치하는 방식이다.
　　ⓑ 대량생산 가능, 생산성이 높음, 공정시간의 시간적, 수량적 밸런스가 좋고 상품의 연속성이 가능하게 흐를 경우 성립한다.
② 공정중심의 레이아웃(기계설비 중심)
　　ⓐ 동일종류의 공정 즉 기계로 그 기능을 동일한 것, 혹은 유사한 것을 하나의 그룹으로 집합시키는 방식으로 일명 기능식 레이아웃이다.
　　ⓑ 다종 소량생산으로 예상생산이 불가능한 경우, 표준화가 행해지기 어려운 경우에 채용한다.
③ 고정식 레이아웃
　　ⓐ 주가 되는 재료나 조립부품이 고정된 장소에, 사람이나 기계는 그 장소에 이동해 가서 작업이 행해지는 방식이다.
　　ⓑ 제품이 크고 수가 극히 직을 경우(신박, 건축)

3 ① 보행자동선은 대지 주변부의 자동차전용 도로와 분리되어야 한다.
③ 쿨데삭(cul-de-sac)은 평면적인 보차분리가 가능하다. (입체적 보차분리개념이 아님)
④ 오버브리지(overbridge), 언더 패스(under path), 지상인공지반 등은 입체적인 보차분리 방식이다.

4 연립주택에 대한 설명으로 적합한 것만을 모두 고르면?

> ⊙ 중정형 하우스(patio house)는 자연지형인 경사지를 따라 축조할 때 유리한 주거형식이다.
> ⓛ 타운 하우스(town house)는 단독주택의 장점을 최대한 활용하고 토지의 효율성을 높인 주거형식이다.
> ⓒ 로 하우스(row house)는 단독주택보다 높은 주거밀도를 유지할 수 있는 주거형식이다.

① ⊙

② ⊙, ⓛ

③ ⊙, ⓒ

④ ⓛ, ⓒ

5 빛의 단위와 개념에 대한 설명으로 옳지 않은 것은?

① 광속의 단위는 루멘(lm)이며, 복사속 중에서 우리 눈으로 확인할 수 있는 빛의 양이다.

② 광도의 단위는 니트(nt)이며, 단위면적에서 발산하는 광속이다.

③ 조도의 단위는 럭스(lx)이며, 어떤 면에 투사되는 광속의 밀도이다.

④ 휘도의 단위는 cd/m^2이며, 특정 방향에서 바라보았을 때의 빛의 밝기이다.

ANSWER 4.④ 5.②

4 ⊙ 자연지형인 경사지를 따라 축조할 때 유리한 주거형식은 테라스하우스이다.
ⓛ 타운 하우스(town house)는 단독주택의 장점을 최대한 활용하고 토지의 효율성을 높인 주거형식이다.
ⓒ 로 하우스(row house)는 단독주택보다 높은 주거밀도를 유지할 수 있는 주거형식이다.

5 •광속 : 단위시간당 흐르는 광의 에너지량 (단위는 루멘(lm)을 사용한다.)
•광도 : 빛을 발하는 점에서 어느 방향으로 향한 단위 입체각당 발산광속 (단위는 칸델라(cd)를 사용한다.)
•조도 : 어떤 면에서의 입사광속밀도 (단위는 럭스(lx)를 사용한다.)
•휘도 : 광원은 겉보기상으로 밝기에 대한 느낌이 달라지는데 이러한 표면의 밝기를 의미한다. (단위는 cd/m^2 또는 nit를 사용한다.)
•광속발산도 : 단위면적당 발산광속 (단위는 rlx를 사용한다.)

6 근대건축 사조 중의 하나인 데 스틸(De Stijl)에 대한 설명으로 옳지 않은 것은?

① 네덜란드를 중심으로 발전하였다.

② 국립 교육기관을 설립하여 근대건축 확산에 이바지하였다.

③ 게리트 토머스 리트벨트(Gerrit Thomas Rietveld)의 슈뢰더 주택(Schröder House)이 대표적인 작품이다.

④ 피에트 몬드리안(Piet Mondrian)의 신조형주의 이론은 데 스틸(De Stijl)의 미학적 기본원리를 마련하는데 기여하였다.

6 데 스틸(De Stijl)은 1917년에 결성되어 화가, 조각가, 가구 디자이너, 그리고 건축가들을 중심으로 추상과 직선을 강조하는 새로운 양식으로 전개되었다. 신 조형주의 이론을 조형적, 미학적 기본원리로 하여 회화, 조각, 건축 등 조형예술 전반에 걸쳐 전개하였으며 입체파의 영향을 받아 20세기 초 기하학적 추상 예술의 성립에 결정적 역할을 하였고, 근대건축이 기능주의적인 디자인을 확립하는데 커다란 역할을 하였다. 이 조직이 국립교육기관을 설립한 사실은 확인되지 않는다.

7 고층 사무소에 엘리베이터 6대를 대면배치하고자 한다. A사무소는 고층행, 저층행 구분 없이 한 그룹으로 운영하고 B사무소는 한쪽은 고층행, 한쪽은 저층행의 두 그룹으로 운영할 경우, 각 사무소의 엘리베이터 대면거리를 가장 바르게 연결한 것은? (다음 그림은 엘리베이터 평면도임)

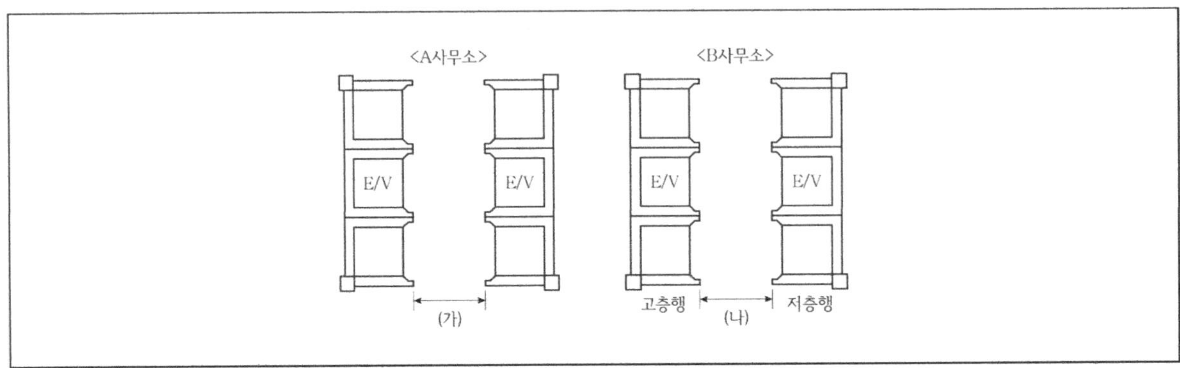

(가)	(나)
① 3.5~4.5m	3.5~4.5m
② 3.5~4.5m	6~8m
③ 4.5~5.5m	3.5~4.5m
④ 6~8m	4.5~5.5m

ANSWER 7.②

7 엘리베이터 유형별 배치대수

⊓⊔⊔⊓	직선형 : 1뱅크(Bank)는 4대 이하로 하고 5대 이상은 보행거리가 길어서 좋지 않다.
(엘코브형 평면도) 3.5~4.5m	엘코브형 : 1뱅크는 4~6대로 하고 대면거리는 3.5~4.5m 정도로 한다.
(대면형 평면도) 3.5~4.5m	대면형 : 1뱅크는 4~8대의 대면배치로 하고 대면거리는 3.5~4.5m로 하며 대기 홀을 통로 교통으로 사용하지 않는다. 저층용과 고층용을 직선으로 병렬배치하여 그룹으로 배치하는 것이 좋다.
(대면혼용형 평면도) 저층용 고층용 6m 이상	대면혼용형 : 저층용과 고층용을 대면배치하는 경우 거리를 충분히 확보한다.

8 「주택건설기준 등에 관한 규정」상 공동주택의 층간소음 방지를 위한 세대 내의 층간바닥 기준에 적합한 것만을 모두 고르면? (단, 공업화주택이 아님)

> ㉠ 벽식구조의 침실 바닥 콘크리트 슬래브 두께를 230밀리미터로 하였다.
> ㉡ 라멘구조의 침실 바닥 콘크리트 슬래브 두께를 160밀리미터로 하였다.
> ㉢ 벽식구조의 침실 바닥 경량충격음을 50데시벨로 하였다.
> ㉣ 벽식구조의 침실 바닥 중량충격음을 45데시벨로 하였다.

① ㉠, ㉢

② ㉡, ㉣

③ ㉠, ㉡, ㉢

④ ㉠, ㉡, ㉣

9 공기선도(psychrometric chart)와 관련된 설명으로 옳지 않은 것은?

① 노점온도는 공기 중의 수증기가 응축되어 이슬이 형성되는 온도이다.

② 공기선도에는 건구온도, 습구온도, 상대습도, 절대습도, 비체적, 엔탈피 등을 표시할 수 있다.

③ 상대습도가 100%일 때 노점온도는 건구온도보다 낮다.

④ 건구온도와 습구온도를 알면, 공기선도를 활용하여 노점온도를 알 수 있다.

ANSWER 8.④ 9.③

8 바닥기준〈주택건설기준 등에 관한 규정 제14조의2〉 … 공동주택의 세대 내의 층간바닥(화장실의 바닥은 제외한다. 이하 이 조에서 같다)은 다음의 기준을 모두 충족하여야 한다.
> ㉠ 콘크리트 슬래브 두께는 210밀리미터[라멘구조(보와 기둥을 통해서 내력이 전달되는 구조를 말한다. 이하 이 조에서 같다)의 공동주택은 150밀리미터] 이상으로 할 것. 다만, 법 제51조제1항에 따라 인정받은 공업화주택의 층간바닥은 예외로 한다.
> ㉡ 각 층간 바닥충격음이 경량충격음(비교적 가볍고 딱딱한 충격에 의한 바닥충격음을 말한다)은 58데시벨 이하, 중량충격음(무겁고 부드러운 충격에 의한 바닥충격음을 말한다)은 50데시벨 이하의 구조가 되도록 할 것. 다만, 다음의 어느 하나에 해당하는 층간바닥은 예외로 한다.
> • 라멘구조의 공동주택(법 제51조제1항에 따라 인정받은 공업화주택은 제외한다)의 층간바닥
> • 위의 공동주택 외의 공동주택 중 발코니, 현관 등 국토교통부령으로 정하는 부분의 층간바닥

9 상대습도가 100%일 때 노점온도는 건구온도와 같다.

10 건축법령상 건축물의 배연설비 계획에 대한 설명으로 옳은 것은? (단, 건축물의 피난층은 제외함)

① 지상 5층 규모의 요양병원 거실에는 배연설비를 설치하지 않아도 된다.

② 배연설비를 설치해야 하는 건축물은 배연창을 설치하되, 소방안전을 위하여 기계식 배연설비 설치를 금지한다.

③ 건축물이 방화구획으로 구획된 경우에는 그 구획마다 1개소 이상의 배연창을 설치한다.

④ 반자높이가 바닥으로부터 3미터 이상인 경우, 배연창의 하변이 바닥으로부터 1.8미터 이상의 위치에 놓이도록 배연창을 설치한다.

11 「건축법 시행령」상 용도별 건축물의 종류에 대한 설명으로 옳은 것은?

① 아파트, 연립주택, 다세대주택은 공동주택이다.

② 치과의원, 한의원, 산후조리원 등 주민의 진료·치료 등을 위한 시설은 제2종 근린생활시설이다.

③ 다가구주택은 1개 동의 주택으로 쓰이는 바닥면적의 합계가 660제곱미터 이하이고, 주택으로 쓰는 층수(지하층은 제외한다)가 4개 층 이하인 주택이다.

④ 일반음식점, 사진관, 독서실 등은 제1종 근린생활시설이다.

ANSWER 10.③ 11.①

10 ① 층수와 상관없이 요양병원 거실에는 배연설비를 설치하지 않아도 된다.

② 배연설비를 설치해야 하는 건축물은 배연창을 설치해야 하며 소방안전을 위하여 기계식 배연설비 설치도 가능하다.

④ 반자높이가 바닥으로부터 3미터 이상인 경우, 배연창의 하변이 바닥으로부터 2.1미터 이상의 위치에 놓이도록 배연창을 설치한다.

11 ② 치과의원, 한의원, 산후조리원 등 주민의 진료·치료 등을 위한 시설은 제1종 근린생활시설이다.

③ 다가구주택은 1개 동의 주택으로 쓰이는 바닥면적의 합계가 660제곱미터 이하이고, 주택으로 쓰는 층수(지하층은 제외한다)가 3개 층 이하인 주택이다.

④ 일반음식점, 사진관, 독서실 등은 제2종 근린생활시설이다.

12 초기 르네상스 시대의 건축가인 레온 바티스타 알베르티(Leon Battista Alberti)에 대한 설명으로 옳지 않은 것은?

① 만토바(Mantova)의 성 안드레아(St. Andrea) 성당에서는 고대 신전과 개선문의 복합 양식을 빌려오는 방식을 채택하였다.

② 리미니(Rimini)의 성 프란체스코(St. Francesco) 성당은 고대의 옛 건물을 개조한 것으로 건물 측면을 굵은 각주로 구획하였다.

③ 미(美)란 각 부분들과 전체 사이의 부조화와 불일치에서 얻어지는 것이라고 주장하였다.

④ 건물들에 고전적 요소를 적용하며 과거의 건축형태를 창조적인 출발점으로 삼았다.

13 「주차장법 시행규칙」상 노외주차장의 주차형식에 따른 차로의 너비 기준으로 옳지 않은 것은? (단, 이륜자동차전용 노외주차장이 아니며, 출입구가 1개인 경우임)

① 45도 대향주차 : 5.0미터 이상

② 60도 대향주차 : 5.5미터 이상

③ 평행주차 : 4.0미터 이상

④ 직각주차 : 6.0미터 이상

ANSWER 12.③ 13.③

12 알베르티는 미(美)란 각 부분들과 전체 사이의 조화와 일치에서 얻어지는 것이라고 주장하였다.

13 차로의 구조기준
– 주차부분의 장, 단변 중 1변 이상이 차로에 접해야 한다.
– 차로의 폭은 주차형식에 따라 다음 표에 의한 기준이상으로 해야 한다.

주차형식	차로의 폭	
	출입구가 2개 이상인 경우	출입구가 1개인 경우
평행주차	3.3m	5.0m
45˚대향주차	3.5m	5.0m
교차주차		
60˚대향주차	4.5m	5.5m
직각주차	6.0m	6.0m

14 한국 건축의 처마 부분 ㈎~㈑ 부재의 명칭을 바르게 연결한 것은?

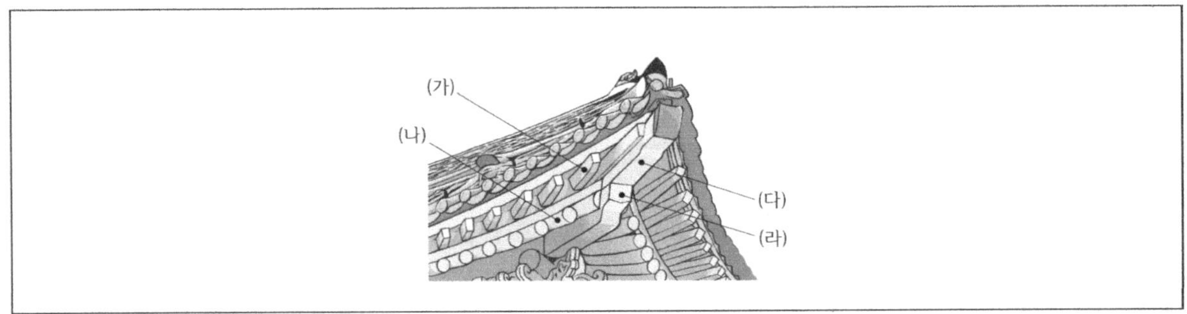

	㈎	㈏	㈐	㈑
①	부연	서까래	사래	추녀
②	서까래	추녀	부연	사래
③	사래	서까래	부연	추녀
④	서까래	사래	추녀	부연

15 「건축법」상 용어 정의에 대한 설명으로 옳지 않은 것은?

① '건축'이란 건축물을 신축·증축·개축·재축하거나 건축물을 이전하는 것을 말한다.

② '지하층'이란 건축물의 바닥이 지표면 아래에 있는 층으로서 바닥에서 지표면까지 평균높이가 해당 층 높이의 2분의 1 이상인 것을 말한다.

③ '거실'이란 건축물 안에서 거주, 집무, 작업, 집회, 오락, 그 밖에 이와 유사한 목적을 위하여 사용되는 방을 말한다.

④ '공사시공자'란 자기의 책임(보조자의 도움을 받는 경우를 포함한다)으로 건축물, 건축설비 또는 공작물이 설계도서의 내용대로 시공되는지를 확인하고, 품질관리·공사관리·안전관리 등에 대하여 지도·감독하는 자를 말한다.

14 ㈎는 부연, ㈏는 서까래, ㈐는 사래, ㈑는 추녀이다.

15 • 감리자 : 자기의 책임(보조자의 도움을 받는 경우를 포함한다)으로 건축물, 건축설비 또는 공작물이 설계도서의 내용대로 시공되는지를 확인하고, 품질관리·공사관리·안전관리 등에 대하여 지도·감독하는 자를 말한다.
• 공사시공자 : 건축주와 공사도급계약에 따라 설계도에 의거하여 건설공사를 직접 수행하는 자이다. 건축주가 직접 시공하는 소규모 직영공사의 경우를 제외하면 건설업 면허를 가진 건설회사가 시공자가 된다.

16 프랭크 로이드 라이트(Frank Lloyd Wright)의 작품으로 옳지 않은 것은?

① 유니티 교회(Unity Temple)

② 판즈워스 주택(Farnsworth House)

③ 존슨 왁스 사옥(Johnson Wax Headquarters)

④ 로비 하우스(Robie House)

17 건물의 난방용 열원기기인 보일러의 종류에 대한 설명으로 옳지 않은 것은?

① 관류보일러는 수관보일러와 다르게 수관이 없지만, 드럼이 있기 때문에 보유 수량이 많은 장점이 있다.

② 수관보일러는 드럼과 드럼 간에 여러 개의 수관을 연결하고 관내에 흐르는 물을 가열하여 온수 및 증기를 발생시킨다.

③ 노통연관보일러는 노통 내의 파이프 속으로 연소 가스를 통과시켜 파이프 밖에 있는 물을 가열 또는 증발시킨다.

④ 주철제보일러는 주철제로 된 여러 장의 섹션(section)을 조합하여 구성하는 보일러로 난방 부하의 크기에 따라 조립하여 사용한다.

16 판즈워스 주택(Farnsworth House)은 미스반데어로에의 작품이다.

17 • 관류형 보일러란, 관으로 이루어진 시스템으로 구성된 보일러를 말하며 소용량 및 저압 보일러로써 빌딩 및 사무실에 적합하다.
  • 관류 보일러는 큰 드럼을 본체로 하는 노통연관식 보일러나 증기드럼을 본체로 하는 수관식 보일러처럼 보일러 물을 보일러 내부에서 순환시키는 방식이 아니라 일방통행으로 수관에 물을 흐르게 하는 형식의 보일러이다.
  • 드럼이 있는 수관보일러가 보일러수를 순환하면서 증기를 발생시키는데 대해서 드럼이 없는 단관 또는 관모임에 부착시킨다. 관내에서 보일러수가 순환하는 일 없이 급수펌프에 의해서 압송된 급수가 수관내를 1회만 통과하면서 전열면에서 증기를 발생하는 것으로서 발전용 보일러와 같은 대용량, 고압의 것에서 소용량, 저압의 것까지 널리 이용되고 있다.

18 「건축물의 피난·방화구조 등의 기준에 관한 규칙」상 연면적 200제곱미터를 초과하는 건축물에 설치하는 복도의 유효너비를 바르게 연결한 것은? (단, 용도변경의 경우는 제외함)

구분	양 옆에 거실이 있는 복도	기타의 복도
유치원·초등학교 중학교·고등학교	(가) 미터 이상	1.8미터 이상
공동주택·오피스텔	1.8미터 이상	(나) 미터 이상

(가)	(나)
① 2.1	1.0
② 2.1	1.2
③ 2.4	1.0
④ 2.4	1.2

19 단열방식에 대한 설명으로 옳은 것은?

① 난방을 하는 경우, 내단열은 외단열보다 실온이 늦게 상승하고 변동이 작다.

② 내단열은 외단열보다 내부결로 예방에 유리하다.

③ 외단열은 단시간 사용하는 난방보다 장시간 사용하는 난방에 효과적이다.

④ 내단열은 열교 부분의 단열 보호 처리가 용이하다.

ANSWER 18.④ 19.③

18 복도의 너비 및 설치기준〈건축물의 피난·방화구조 등의 기준에 관한 규칙 제15조의2 제1항〉

구분	양 옆에 거실이 있는 복도	기타의 복도
유치원·초등학교 중학교·고등학교	2.4미터 이상	1.8미터 이상
공동주택·오피스텔	1.8미터 이상	1.2미터 이상

19 ① 난방을 하는 경우, 내단열은 외단열보다 실온이 빨리 상승하고 변동이 크다.

② 내단열은 외단열보다 내부결로 예방에 불리하다.

③ 외단열은 단시간 사용하는 난방보다 장시간 사용하는 난방에 효과적이다.

④ 내단열은 열교 부분의 단열 보호처리가 어렵다.

20 공기조화방식에 대한 설명으로 적합한 것만을 모두 고르면?

> ㉠ 전공기방식은 덕트의 크기가 크기 때문에 덕트 스페이스가 많이 요구된다.
> ㉡ 수-공기방식은 사무소, 병원, 호텔 등 규모가 큰 건축물의 외부 존(zone)에 많이 사용된다.
> ㉢ 냉매방식은 중앙공조방식으로 개별방식과 달리 중앙에서 제어가 이루어지므로 개별제어가 불편하여 비경제적이다.

① ㉢
② ㉠, ㉡
③ ㉠, ㉢
④ ㉡, ㉢

20 냉매방식은 패키지타입과 에어컨타입이 있으며 온도조절기를 내장하고 있어 개별제어가 용이하고 부분별 운전이 가능하다.

1 미술관 건축계획에 대한 설명으로 옳지 않은 것은?

① 관람객 동선의 흐름에 막힘이 없어야 한다.

② 측광창 형식은 소규모 전시실에 적합하다.

③ 중앙홀 형식은 장래의 확장 측면에서 유리하다.

④ 특수전시기법으로는 디오라마 전시, 파노라마 전시, 아일랜드 전시, 하모니카 전시, 영상 전시 등이 있다.

2 도서관 출납시스템 중 폐가식에 대한 설명으로 옳지 않은 것은?

① 서고와 열람실을 분리하여 설치한다.

② 대출 절차가 간결하여 직원의 업무량이 적다.

③ 대규모 도서관에 적합하다.

④ 도서의 유지 관리가 양호하다.

ANSWER 1.③ 2.②

1 중앙홀 형식은 장래의 확장 측면에서 불리한 형식이다.

※ **중앙홀형식**

㉠ 중심부에 하나의 큰 홀을 두고 그 주위에 각 전시실을 배치하여 자유로이 출입하는 형식

㉡ 관람자의 선택이 자유로움

㉢ 적정한 휴식 공간을 배치할 수 있음

㉣ 큰 대지에 적합하다.

㉤ 장래 증축의 어려움이 있다.

2 폐가식은 대출절차가 복잡하고 관원의 업무량이 많다.

※ **폐가식**(closed access) … 열람자는 책의 목록에 의해 책을 선택하여 관원에게 대출 기록을 제출한 후 대출받는 형식이다. 서고와 열람실이 분리되어 있다.

㉠ 도서의 유지관리가 양호하다.

㉡ 감시할 필요가 없다.

㉢ 희망한 내용이 아닐 수 있다.

㉣ 대출 절차가 복잡하고 관원의 작업량이 많다.

3 호텔건축 분류상 시티호텔(city hotel)이 아닌 것은?

① 커머셜 호텔(commercial hotel)

② 터미널 호텔(terminal hotel)

③ 아파트먼트 호텔(apartment hotel)

④ 리조트 호텔(resort hotel)

4 은행의 건축계획에 대한 설명으로 옳지 않은 것은?

① 객장은 은행의 중핵 공간이다.

② 은행지점의 시설규모(연면적)는 고객수 1인당 $5 \sim 10 \ m^2$ 또는 객장 면적의 $1.5 \sim 3$배 정도로 한다.

③ 고객 출입구는 안여닫이로 한다.

④ 직원과 고객의 출입구는 따로 설치한다.

3 리조트호텔은 시티호텔에 속하지 않는다.

① **리조트 호텔** … 주로 관광객이나 휴양객을 위해 운영되는 호텔로서 해변호텔, 온천호텔, 스키 호텔, 산장 호텔, 클럽하우스, 모텔, 유스호스텔 등이 있다. 커머셜호텔과 달리 일반적으로 경관을 교통보다 우선 고려해야 하므로 커머셜 호텔보다 넓은 공공공간을 갖는다.

② **시티 호텔** … 도시의 시가지에 위치하여 여행객의 단기체류나 각종 연회 등의 장소로 이용되는 호텔이다.

  ㉠ 시티호텔의 대지선정 조건

    • 교통이 편리해야 하며 자동차의 접근이 용이하고 주차설비를 설치하는데 무리가 없을 것

    • 인근 호텔과의 경쟁과 제휴 등에 있어서 유리한 곳일 것

  ㉡ 시티호텔의 종류

    • 커머셜 호텔 : 주로 비즈니스를 주체로 하는 여행자용 단기체류 호텔이며, 객실이 침실위주로 되어 있어 숙박면적비가 가장 크다. 외래 방문객에게 개방(집회, 연회 등)되어 이들을 유인하기 위해서 교통이 편리한 도시중심지에 위치하며, 각종 편의시설이 갖추어져 있다. 도심지에 위치하므로 부지가 제한되어 있어 건축계획 시 복도의 면적을 되도록 작게 하고 고층화한다.

    • 레지덴셜 호텔 : 여행자나 관광객 등이 단기체류하는 여행자용 호텔이다. 커머셜호텔보다 규모가 작고 설비는 고급이며 도심을 피하여 인정된 곳에 위치힌다.

    • 아파트먼트 호텔 : 장기간 체제하는 데 적합한 호텔로서 각 객실에는 주방설비를 갖추고 있다.

    • 터미널 호텔 : 터미널 인근에 위치한 호텔로서 주요 교통요지에 위치한다.

4 은행지점의 시설규모(연면적)는 행원수 1인당 $16 \sim 26 \ m^2$ 또는 객장 면적의 $1.5 \sim 3$배 정도로 한다.

5 채광창의 경사에 따라 채광이 조절되며, 상부 창의 개폐에 의해 환기량이 조절되는 공장의 지붕 형태는?

① 솟을지붕

② 뾰족지붕

③ 톱날지붕

④ 샤렌지붕

6 건축가와 그 설계 작품이 옳게 짝지어지지 않은 것은?

① 피터 베렌스(Peter Behrens) – A.E.G 터빈공장(A.E.G Turbine Factory)

② 에리히 멘델존(Erich Mendelsohn) – 아인슈타인 타워(Einstein Tower)

③ 게리트 리트벨트(Gerrit Rietveld) – 슈뢰더 주택(Schröder House)

④ 월터 그로피우스(Walter Gropius) – 로비 하우스(Robie House)

5 공장건축 지붕형식
- 톱날지붕 : 북향의 채광창으로 하루 종일 변함없는 조도를 유지할 수 있다.
- 뾰족지붕 : 직사광선을 어느 정도 허용하는 결점이 있다.
- 솟을지붕 : 채광, 환기에 가장 이상적이다.
- 샤렌지붕 : 지붕 슬래브가 곡면으로 되어 있어 외력에 저항하도록 만들어진 지붕이므로 일반평지붕보다 기둥이 적게 소요된다.

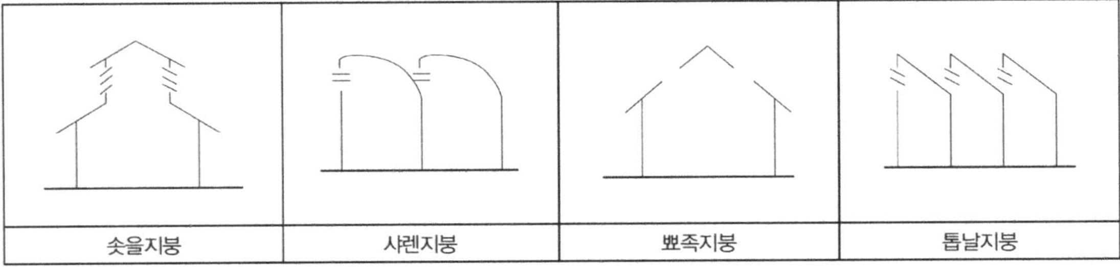

솟을지붕	샤렌지붕	뾰족지붕	톱날지붕

6 로비하우스는 프랭크 로이드라이트의 작품이다.

7 그림과 같이 서까래가 노출되어 보이는 천장의 명칭은?

① 연등천장

② 우물천장

③ 귀접이천장

④ 보개천장

8 통기관의 설치 목적에 대한 설명으로 옳지 않은 것은?

① 트랩의 봉수를 보호한다.

② 모세관 현상을 촉진한다.

③ 배수의 흐름을 원활하게 한다.

④ 배수관 내에 환기가 이루어지도록 한다.

7 • 연등천장 : 천장을 만들지 않아 서까래가 그대로 노출되어 보이는 천장이다. (현존하는 고려시대 건물인 봉정사 극락전,
　　　수덕사 대웅전, 부석사 조사당 등은 모두 맞배지붕이며 연등천장인데, 팔작지붕인 부석사 무량수전도 연등천장이다.)
　　• 우물천장 : 우물 정자 모양의 천장이므로 붙여진 이름이다. (섬세한 가공이 필요하고 품이 많이 드는 일이기 때문에 부
　　　유층이 아니면 설치할 수 없었다.)

8 통기관의 역할
　　트랩의 봉수를 보호하고 배수의 흐름을 원활하게 하며 관내의 기압을 일정하게 하며 배수관 내의 악취를 실외로 배출하
　　여 청결을 유지한다. (모세관현상은 트랩의 봉수를 파괴시키는 원인이 되므로 방지해야 하는 현상이다.)

9 공기조화방식과 그 시스템 명칭이 옳게 짝지어지지 않은 것은?

① 이중덕트방식 – 전공기방식(all air system)

② 패키지유닛방식 – 냉매방식(refrigerant system)

③ 유인유닛방식 – 공기-수방식(air-water system)

④ 멀티존유닛방식 – 전수방식(all water system)

10 주거의 동선계획에 대한 설명으로 옳은 것은?

① 동선의 3요소는 그리드, 속도, 하중이다.

② 개인, 사회, 가사노동권 동선은 효율성을 높이기 위해 서로 간섭이 이루어져야 한다.

③ 동선에는 공간이 필요하다.

④ 사용 빈도가 낮은 동선은 짧게 계획하여야 한다.

ANSWER 9.④ 10.③

9 멀티존유닛방식은 전공기방식에 속한다.

공기조화방식	
전공기방식	단일덕트정풍량방식
	단일덕트변풍량방식
	2중 덕트방식
	멀티존 유닛방식
	각층 유닛방식
	유인유닛 전공기방식
수공기방식	팬코일유닛방식
	덕트병용방식
	유인유닛방식
	복사패널 덕트병용방식
전수방식	팬코일 유닛방식
냉매방식	패키지방식

10 ① 동선의 3요소는 속도, 빈도, 하중이다.

② 개인, 사회, 가사노동권 동선은 서로 분리되어야 한다.

④ 사용빈도가 높은 동선은 짧게 계획되어야 한다.

11 학교 건축계획에 대한 설명으로 옳지 않은 것은?

① 일반교실 + 특별교실형은 각 학급에 하나씩 일반교실이 할당되고, 그 외에 특별교실을 갖는다.

② 관리부분은 학교의 중심부를 피해 계획하고, 학생의 동선을 차단한다.

③ 플래툰형은 전 학급을 2분단으로 하고, 한쪽이 일반교실을 사용할 때 다른 분단은 특별교실을 사용한다.

④ 특별교실군은 교과내용에 대한 융통성 · 보편성을 갖도록 배치하고, 학생 이동 시 소음을 방지하도록 검토한다.

12 「건축법 시행령」상 다중이용 건축물에 해당하지 않는 것은?

① 동물원 및 식물원 용도로 쓰이는 바닥면적의 합계가 5천 제곱미터 이상인 건축물

② 판매시설 용도로 쓰이는 바닥면적의 합계가 1만 제곱미터 이상인 건축물

③ 여객용 운수시설 용도로 쓰이는 바닥면적의 합계가 5천 제곱미터 이상인 건축물

④ 종합병원 용도로 쓰이는 바닥면적의 합계가 1만 제곱미터 이상인 건축물

ANSWER 11.② 12.①

11 관리부분은 학교의 중심부쪽에 배치하는 것이 관리상 효율적이며 학생의 동선을 차단해서는 안된다.

12 정의〈건축법 시행령 제2조 제17호〉 … "다중이용 건축물"이란 다음의 어느 하나에 해당하는 건축물을 말한다.

㉠ 다음의 어느 하나에 해당하는 용도로 쓰는 바닥면적의 합계가 5천제곱미터 이상인 건축물
• 문화 및 집회시설(동물원 및 식물원은 제외한다)
• 종교시설
• 판매시설
• 운수시설 중 여객용 시설
• 의료시설 중 종합병원
• 숙박시설 중 관광숙박시설
㉡ 16층 이상인 건축물

13 사무소 편심코어에 대한 설명으로 옳지 않은 것은?

① 바닥면적이 증가하면 코어와 별개로 추가적인 피난시설, 설비 샤프트 등이 필요하다.

② 바닥면적이 큰 대규모 사무소 건축에 유리하다.

③ 고층 규모에는 구조(structure) 계획상 불리하다.

④ 코어의 위치가 한편(쪽)에 치우쳐 위치하는 유형이다.

14 병실계획에 대한 설명으로 옳지 않은 것은?

① 천장은 반사율이 큰 마감재료를 피한다.

② 창면적은 바닥면적의 1/3 ~ 1/4 정도로 계획한다.

③ 출입문은 밖여닫이로 한다.

④ 환자의 머리 후면에 개별 조명시설을 설치한다.

15 인간의 열쾌적에 영향을 미치는 물리적인 요소로 옳지 않은 것은?

① 기온

② 습도

③ 기류

④ 착의량

13 편심코어형
- 바닥면적이 작은 경우에 적합하다.
- 바닥면적이 커지면 코어외에 피난설비, 설비 샤프트 등이 필요하다.
- 고층일 경우 구조상 불리하다.

14 병실의 출입문은 안여닫이로 한다.

15 물리적요소의 범위를 어떻게 보느냐에 따라 논란이 있을 수 있는 문제이다. 착의량 역시 물리적요소로 볼 수 있는 여지가 있다고 본다.
   ※ **열쾌적지표**
   PMV(Predicted Mean Vote)란 인간 생활공간의 온열환경 6요소 (공기 온도, 상대습도, 기류, 복사온도, 착의량, 대사량)의 복합효과를 평가하기 위해 1970년 덴마크 교수 P.O.Fanger가 피험자를 사용한 실험과 인체 열 평형식을 결합하여, 온열감각을 정량화된 수치로 나타낸 것이다.

16 백화점 기능에 따른 공간 구성에 대한 설명으로 옳지 않은 것은?

① 고객권은 고객용 출입구, 통로, 계단, 휴게실, 식당 등의 서비스 부분으로 구성된다.

② 상품권은 상품의 전시, 진열, 선전이 행해지는 공간이다.

③ 판매권은 고객의 구매욕을 높이고 종업원의 능률적인 작업환경이 조성되도록 한다.

④ 업무(종업원)권은 고객권과는 별개의 계통으로 독립시키며, 매장 내에 접하게 한다.

17 근린주구 이론에 대한 설명으로 옳지 않은 것은?

① 루이스(H. M. Lewis)는 도시와 농촌의 장점을 결합한 「전원 도시(Garden City) 계획」을 발표하고, 런던 교외 신도시 지역인 레치워스와 웰윈 지역 등에서 실현되었다.

② 라이트와 스타인(H. Wright & C. S. Stein)은 「래드번(Radburn) 계획」에서 자동차와 보행자를 분리한 슈퍼블록과 쿨데삭(cul-de-sac)을 제안하였다.

③ 페더(G. Feder)는 「새로운 도시(Die Neue Stadt)」에서 단계적인 생활권을 바탕으로 도시를 조직적으로 구성하고자 하였다.

④ 페리(C. A. Perry)는 「뉴욕 및 그 주변지역계획」에서 일조문제와 인동간격의 이론적 고찰을 통하여 근린주구의 중심시설을 교회와 커뮤니티센터로 하였다.

16 상품권은 상품의 매입, 보관, 배달이 행해지는 공간으로서 판매권과 접하며 고객권과는 분리한다.

17 전원도시계획은 에비네저 하워드에 의해 발표되었다.

　※ **전원도시이론**

　　㉠ 1898년에 영국의 에버니저 하워드 경이 제창한 도시 계획 방안으로서 "전원 속에 건설된 도시"라는 뜻이다. 영국 산업혁명의 결과로 도시들이 걷잡을 수 없이 팽창했으며 슬럼이 생겨나고 생활환경이 매우 조악해졌다. 사회일각에서 이를 우려하여 도시관리 및 계획에 대해 새롭게 생각하기 시작했다. 이에 에버네저 하워드는 그의 여러 저서를 통해 새로운 도시개념을 피력하였고 이를 전원도시(가든시티)라고 칭하였다.

　　㉡ 그는 전원(농경지)로 둘러싸이고 산업체가 있으며 철도 등 교통시설이 설치되고 독립적인 행정기관과 교육시설, 문화시설을 두어 대도시에 의존하지 않아도 생존이 가능한 곳을 만들고자 하였다.

　　㉢ 이러한 전원도시는 자급자족 기능을 갖춘 계획도시로써, 주변에는 그린 벨트로 둘러싸여 있고 주거, 산업, 농업 기능이 균형을 갖추도록 하였다.

　　㉣ 영국 레치워스, 웰린 등에 가든시티가 건설되었으나 본래 의도대로 완전 자급자족을 하는데는 성공하지 못하고 런던에 의존해야만 하는 한계를 드러내었다.

18 건물 내의 급수방식에 대한 설명으로 옳지 않은 것은?

① 수도직결방식은 수도의 압력 변화에 따라 급수압이 변하고, 단수 시에는 급수가 안된다.

② 고가탱크(수조)방식은 단수 시에도 일정 시간 급수할 수 있으며, 각 급수전의 수압이 항상 일정하다.

③ 압력탱크(수조)방식은 수압변동이 작고, 시설비 및 유지관리비가 적게 드는 장점이 있다.

④ 탱크가 없는 부스터방식은 급수펌프로 직접 저수조의 물을 건물 내의 필요 개소에 공급하는 방식이다.

19 개별식 급탕방식에 대한 설명으로 옳은 것만을 모두 고르면?

> ㉠ 배관이 길어 열손실이 크다.
> ㉡ 필요시 더운물을 손쉽게 얻을 수 있다.
> ㉢ 직접 가열식과 간접 가열식으로 구분한다.
> ㉣ 급탕 개수가 적을 경우 시설비가 저렴하다.

① ㉠, ㉢

② ㉠, ㉣

③ ㉡, ㉢

④ ㉡, ㉣

18 압력탱크방식 : 수조의 물을 펌프로 압력탱크에 보내고 이곳에서 공기를 압축, 가압하며 그 압력으로 건물내에 급수하는 방식으로 탱크의 설치위치에 제한을 받지 않고 국부적으로 고압을 필요로 하는 곳에 적합하며 옥상에 탱크를 설치하지 않아 건축물의 구조를 강화할 필요가 없다. 그러나 급수압이 일정하지 않으며 펌프의 양정이 커서 시설비가 많이 들며 정전이나 단수시 급수가 중단된다.

19 ① 개별식 급탕방식의 특징
　　㉠ 배관 및 기기로부터 열손실이 적다.
　　㉡ 급탕개소가 적기 때문에 가열비, 배관 길이 등 설비규모가 작다.
　　㉢ 급탕개소마다 가열기의 설치 스페이스가 필요하다.
　　㉣ 용도에 따라 필요한 개소에서 필요한 온도의 양을 비교적 간단히 얻을 수 있다.
　　㉤ 완공 후에도 급탕개소의 증설이 비교적 쉽다.
② 중앙식 급탕방식의 특징
　　㉠ 대규모이므로 열효율이 좋다.
　　㉡ 설치비 및 시설비가 고가이다.
　　㉢ 배관도중 열손실이 크다.

20 「건축법」상 용어 정의에 대한 설명으로 옳지 않은 것은?

① “실내건축”이란 건축물의 실내를 안전하고 쾌적하며 효율적으로 사용하기 위하여 내부 공간을 칸막이로 구획하거나 벽지, 천장재, 바닥재, 유리 등 대통령령으로 정하는 재료 또는 장식물을 설치하는 것을 말한다.

② “설계도서”란 건축물의 건축등에 관한 공사용 도면, 구조 계산서, 시방서(示方書), 그 밖에 국토교통부령으로 정하는 공사에 필요한 서류를 말한다.

③ “리모델링”이란 건축물의 노후화를 억제하거나 기능 향상 등을 위하여 대수선하거나 건축물의 일부를 이전 또는 재축하는 행위를 말한다.

④ “건축물의 용도”란 건축물의 종류를 유사한 구조, 이용 목적 및 형태별로 묶어 분류한 것을 말한다.

20 건축물의 일부를 이전하는 것은 리모델링에 해당되지 않는다.

※ **리모델링** … 건축물의 노후화 억제 또는 기능 향상 등을 위한 다음 각 목의 어느 하나에 해당하는 행위

> ① 대수선
> ② 사용검사일, 도는 사용승인일료부터 15년이 경과된 공동주택을 가 세대의 주거전용면적 외 10분외 3이내에서 증축하는 행위 (이 경우 공동주택의 기능향상 등을 위하여 공용부분 에 대하여도 별도로 증축할 수 있다.)
> ③ ②에 따른 각 세대의 증축 가능 면적을 합산한 면적의 범위 에서 기존 세대수의 100분의 15 이내에서 세대수를 증가하는 증축 행위

1 건축의 척도조정(Modular Coordination)에 대한 설명으로 옳지 않은 것은?

① 설계 작업이 단순화되고 편리해진다.

② 건축 구성재의 대량 생산과 수송이 용이해진다.

③ 다양한 형태의 창의적인 디자인에 유리하다.

④ 현장 작업이 단순해지므로 공사 기간이 단축될 수 있다.

ANSWER 1.③

1 건축물의 척도조정은 동일한 형태가 집단을 이루는 경향이 있으므로 건물의 배치와 외관이 단순해지므로 배색에 신중을 기해야 한다.

※ **척도조정**(modular coordination, M.C. 모듈정합) ··· 건축 설계 및 구성재의 치수체계를 모듈로 조합하는 것으로서 건축물의 재료나 부품에서부터 설계·시공에 이르기까지 건축생산 전반에 걸쳐 치수의 유기적인 연계성을 만들어내는 것이다.

• 설계작업이 단순해지고 간편해진다.

• 대량생산이 용이하다.(생산가가 낮아지고 질이 향상된다.)

• 건축재의 수송이나 취급이 편리하다.

• 현장작업이 단순해지고 공기가 단축된다.

• 국제적인 MC 사용 시 건축 구성재의 국제교역이 용이하다.

• 건축물 형태에 있어서 창조성 및 인간성을 상실할 우려가 있다.

• 동일한 형태가 집단을 이루는 경향이 있으므로 건물의 배치와 외관이 단순해지므로 배색에 신중을 기해야 한다.

2 주로 비즈니스 여행자를 위한 호텔로 도시의 번화한 교통중심에 위치하는 것은?

① 터미널 호텔
② 커머셜 호텔
③ 레지덴셜 호텔
④ 아파트먼트 호텔

3 전시실의 공간 계획에 대한 설명으로 옳은 것은?

① 연속 순회 형식은 공간의 낭비가 심하다.
② 중앙홀 형식은 중정을 둘러싼 복도를 따라 전시실을 배치하며 복도에도 전시가 가능하다.
③ 관람자의 수평적 시각은 45°이내, 최량(最良)의 수직적 시각은 27 ~ 30°임을 고려한다.
④ 파노라마 전시는 동일한 공간으로 연속 배치되어 동일 종류의 전시물을 반복 전시하기에 유리하다.

2 • 커머셜 호텔 : 주로 비즈니스를 주체로 하는 여행자용 단기체류 호텔이며, 객실이 침실위주로 되어 있어 숙박면적비가 가장 크다. 외래 방문객에게 개방(집회, 연회 등)되어 이들을 유인하기 위해서 교통이 편리한 도시중심지에 위치하며, 각종 편의시설이 갖추어져 있다. 도심지에 위치하므로 부지가 제한되어 있어 건축계획 시 복도의 면적을 되도록 작게 하고 고층화한다.

　　• 레지덴셜 호텔 : 여행자나 관광객 등이 단기체류하는 여행자용 호텔이다. 커머셜 호텔보다 규모가 작고 설비는 고급이며 도심을 피하여 안정된 곳에 위치한다.

　　• 아파트먼트 호텔 : 장기간 체제하는 데 적합한 호텔로서 각 객실에는 주방설비를 갖추고 있다.

　　• 터미널 호텔 : 터미널 인근에 위치한 호텔로서 주요 교통요지에 위치한다.

　　• 리조트 호텔 : 주로 관광객이나 휴양객을 위해 운영되는 호텔로서 해변호텔, 온천호텔, 스키호텔, 산장호텔, 클럽하우스, 모텔, 유스호스텔 등이 있다. 커머셜 호텔과 달리 일반적으로 경관을 교통보다 우선 고려해야 하므로 커머셜 호텔보다 넓은 공공공간을 갖는다.

3 • 파노라마전시 : 전시물들의 나열 자체가 하나의 큰 그림이나 풍경처럼 보이도록 하여 전체적인 맥락이 이해될 수 있도록 한 전시기법

　　• 하모니카 전시 : 동일한 형태의 연속적 배치로 동일 종류의 전시물을 반복 전시할 경우 유리한 기법

4 극장의 건축계획에 대한 설명으로 옳지 않은 것은?

① 록 레일(lock rail)은 와이어 로프를 한곳에 모아서 조정하는 장소이다.

② 그린 룸(green room)은 출연자 대기실로서 크기는 일반적으로 30 m² 이상으로 한다.

③ 그리드 아이언(grid iron)은 무대 주위의 벽에 6 ~ 9m 높이로 설치되는 좁은 통로이다.

④ 프로시니엄 스테이지(proscenium stage)는 프로시니엄 아치 벽으로 공연 공간과 관람 공간이 양분되는 무대형식이다.

4 ③ 무대 주위의 벽에 6 ~ 9m 높이로 설치되는 좁은 통로는 플라이갤러리이다.
- **그리드 아이언** : 격자 발판으로 무대 천장에 설치되어 무대의 배경이나 조명기구 또는 음향반사판 등을 매달 수 있게 장치된 것이다.
- **티이서** : 극장 전무대 아치의 상부를 가로질러 위쪽으로 설치한 수평인 커튼으로 무대지붕의 이면의 은폐에 사용하며 무대 양측을 따라서 있는 막과 함께 사용한다.
- **사이클로라마(호리존트)** : 무대의 제일 뒤에 설치되는 무대 배경용의 벽이다.
- **플라이갤러리** : 무대 후면 벽주위 6~9m 높이에 설치되는 통로이다.
- **그리드 아이언** : 격자 발판으로 무대 천장에 설치되어 무대의 배경이나 조명기구 또는 음향반사판 등을 매달 수 있게 장치된 것이다.
- **플라이로프트** : 무대 상부 공간(프로세니움 높이의 4배)
- **플라이갤러리** : 무대 주위 벽에 6~9m 높이로 설치되는 좁은 통로로 그리드 아이언에 올라가는 계단과 연결된다.
- **잔교** : 프로세니움 바로 뒤에 접하여 설치된 발판으로 조명조작, 비나 눈 내리는 장면을 위해 필요하며 바닥높이가 관람석보다 높아야 한다.
- **로프트블록** : 그리드 아이언에 설치된 활차
- **플로어트랩** : 무대의 임의 장소에서 연기자의 등장과 퇴장이 이루어질 수 있도록 무대와 트랩 룸 사이를 계단이나 사다리로 오르내릴 수 있는 장치
- **그린 룸** : 출연자 대기실
- **앤티룸** : 무대와 그린 룸 가까이에서 배우가 출연 직전에 대기하는 곳
- **프롬프터 박스** : 무대 중앙에 객석측을 둘러싸고 무대측만 개방하여 이곳에서 대사를 불러주고 기타 연기의 주의환기를 주지시키는 곳이다.
- **록 레일**(lock rail) : 와이어 로프(wire rope)를 한곳에 모아서 조정하는 장소이며, 벽에 가이드레일을 설치해야 되기 때문에 무대의 좌우 한쪽 벽에 위치한다.

5 반도체 공장의 클린룸에 적합한 환기방식은?

① 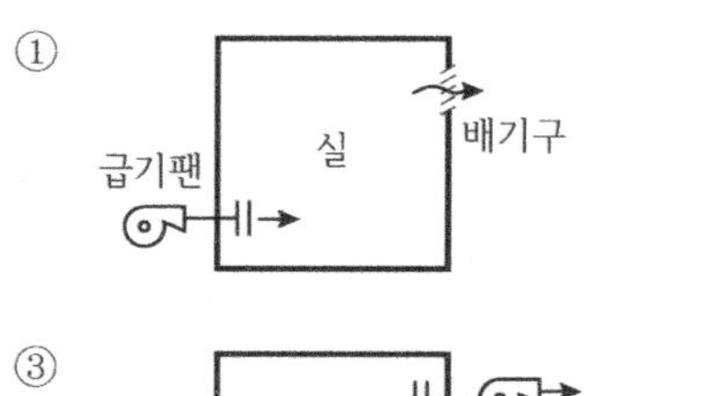

② 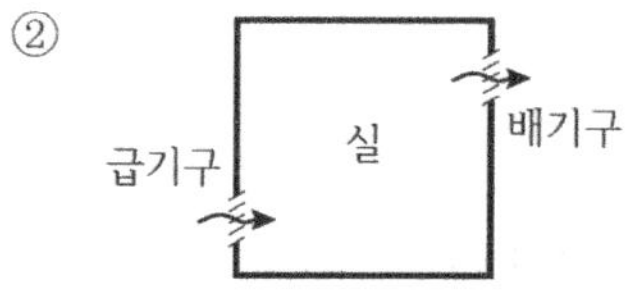

③ 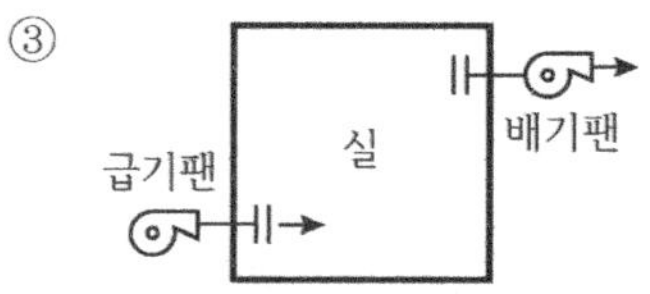

④ 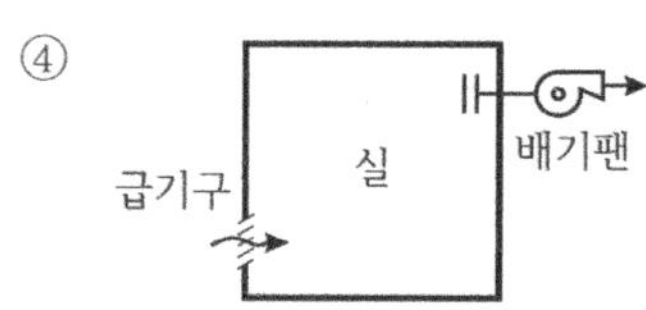

5 **기계환기(강제환기)** : 기계를 사용하여 환기조작을 하여 외기 혹은 실내공기의 일부를 통하여 각 실에 보내어 환기하는 방식

ⓐ **제1종(병용식)환기** : 송풍기와 배풍기 모두를 사용해서 실내 환기를 행하는 것이며, 실내외의 압력차를 조정할 수 있고, 가장 우수한 환기를 행할 수 있다.

ⓑ **제2종(압입식)환기** : 송풍기에 의해서 일방적으로 실내로 송풍하고 배기는 배기구 및 틈새 등으로부터 배출된다. 따라서 송풍공기 이외의 외기라든가 기타 침입공기는 없지만, 역으로 다른 실로 배기가 침입할 수 있으므로 주의해야만 한다. 반도체공장이나 병원무균실에 있어서 신선한 청정공기를 공급하는 경우에 많이 이용된다.

ⓒ **제3종(흡출식)환기** : 배풍기에 의해서 일방적으로 실내공기를 배기한다. 따라서 공기가 실내로 들어오는 장소를 설치해서 환기에 지장이 없도록 해야만 한다. 주방, 화장실 등 냄새 또는 유해가스, 증기발생이 있는 장소에 적합하다

명칭	급기	배기	실내압	적용대상
제1종 환기	기계	기계	임의	병원 수술실
제2종 환기	기계	자연	정압	무균실, 반도체공장
제3종 환기	자연	기계	부압	화장실, 주방

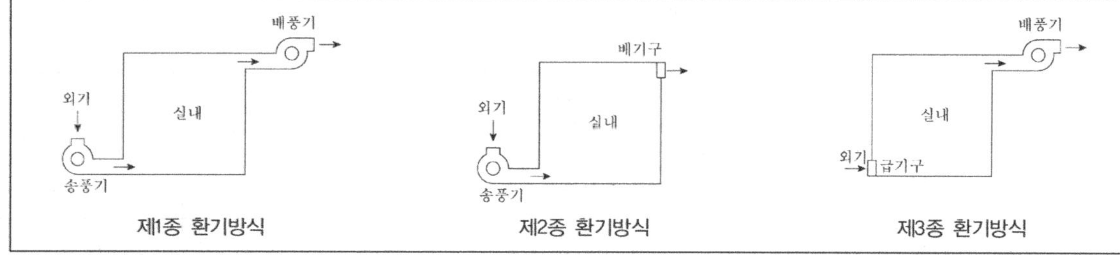

6 다음 설명에 해당하는 업무시설의 코어(core) 형식은?

> • 자유로운 사무실 공간계획이 가능하다.
> • 코어와 사무실 간 설비 덕트나 배관을 연결하는 데 제약이 많다.
> • 방재상 불리하고, 바닥면적이 커지면 피난시설을 포함한 서브 코어(sub core)가 필요하다.
> • 내진구조상 불리하다.

① 양단 코어   ② 독립 코어

③ 중앙 코어   ④ 편심 코어

---

6 ② **독립 코어형**(외코어형)
 • 편심 코어형에서 발전된 형으로 특징은 편심 코어형과 거의 동일하다.
 • 코어와 관계없이 자유로운 사무실 공간을 만들 수 있다.
 • 설비 덕트, 배관을 사무실까지 끌어 들이는데 제약이 있다.
 • 방재상 불리하고 바닥면적이 커지면 피난시설을 포함한 서브 코어가 필요하다.
 • 코어의 접합부 평면이 과대해지지 않도록 계획할 필요가 있다.
 • 사무실 부분의 내진벽은 외주부에만 하는 경우가 많다.
 • 코어부분은 그 형태에 맞는 구조형식을 취할 수 있다.
 • 내진구조에는 불리하다.

① **양단 코어형**(분리 코어형)
 • 하나의 대공간을 필요로 하는 전용 사무소에 적합하다.
 • 2방향 피난에 이상적이며, 방재상 유리하다.
 • 임대사무소일 경우 같은 층을 분할하여 대여하면 복도가 필요하게 되고 유효율이 떨어진다.

③ **중심 코어형**(중앙 코어형)
 • 바닥면적이 큰 경우에 적합하다.
 • 고층, 초고층에 적합하고 외주 프레임을 내력벽으로 하여 중앙 코어와 일체로 한 내진구조로 만들 수 있다.
 • 내부공간과 외관이 획일적으로 되기 쉽다.

④ **편심 코어형**
 • 바닥면적이 작은 경우에 적합하다.
 • 바닥면적이 커지면 코어 외에 피난설비, 설비 샤프트 등이 필요하다.
 • 고층일 경우 구조상 불리하다.

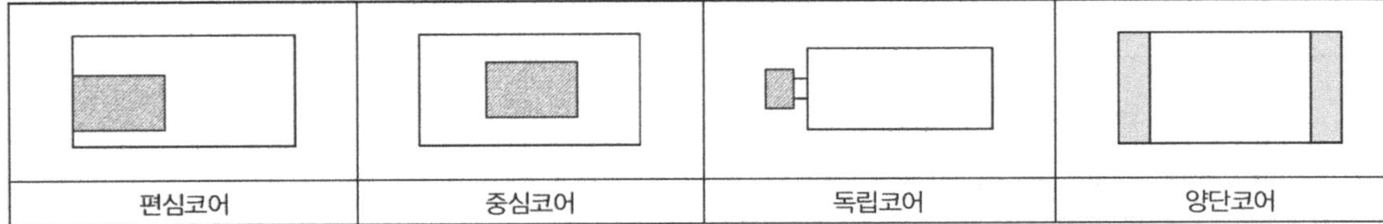

편심코어	중심코어	독립코어	양단코어

7 상업시설의 에스컬레이터 배치형식에 대한 설명으로 옳지 않은 것은?

① 병렬식 배치에는 단층식과 연층식이 있다.

② 직렬식 배치는 승객의 시야가 한쪽 방향으로 고정된다.

③ 병렬식 배치는 매장 내부를 내려다보는 것이 용이하다.

④ 교차식 배치는 타 형식에 비해 점유면적이 크다.

8 공조방식에 대한 설명으로 옳지 않은 것은?

① 정풍량 단일덕트 방식은 외기 냉방이 가능하다.

② 이중덕트 방식은 계절마다 냉 · 난방 전환이 필요하다.

③ 팬코일유닛 방식은 고성능 필터를 사용하기 어렵다.

④ 가변풍량 단일덕트 방식은 실별 부하변동의 대응에 유리하고, 개별 제어가 가능하다.

ANSWER 7.④ 8.②

7 에스컬레이터의 형식의 점유면적 크기는 직렬식 > 병렬단속식 > 병렬연속식 > 교차식이다.

8 이중덕트방식
- 냉풍과 온풍을 각각의 덕트로 보낸 후 말단의 혼합상자에서 냉 · 온풍을 열부하에 알맞은 비율로 혼합해 각 실에 송풍하는 방식이다.
- 냉 · 난방을 동시에 할 수 있으며 계절마다 냉 · 난방의 전환이 필요하지 않다.
- 각 실별로 또는 존별로 온습도의 개별제어가 가능하다.
- 복잡한 조닝에 적합하여 칸막이나 공사비의 증감에 따라 융통성 있는 계획이 가능하다.
- 운전비가 많이 들며 혼합유닛으로 인해 설비비가 증가한다.
- 덕트가 이중이므로 차지하는 면적이 넓다.
- 공기혼합에 의한 혼합손실(에너지손실)이 크다.
- 여름철에도 보일러의 운전이 필요하다.

9 흡음과 차음에 대한 설명으로 옳은 것만을 모두 고르면?

> ㉠ 흡음은 음에너지가 열에너지로 변하는 현상을 말한다.
> ㉡ 차음효과는 공진이나 일치효과와 같은 현상에 의해 증가된다.
> ㉢ 구조체의 차음성능은 투과율이나 투과손실에 의해 표시된다.
> ㉣ 재료의 흡음률은 주파수에 따라 다르다.

① ㉠, ㉡
② ㉠, ㉣
③ ㉡, ㉢
④ ㉠, ㉢, ㉣

10 상점의 진열장 배치 유형에 대한 설명으로 옳지 않은 것은?

① 굴절배열형은 진열장의 배치와 고객의 동선이 굴절 또는 곡선으로 구성된 것으로 대면판매와 측면판매의 조합으로 구성된다.

② 직렬배열형은 통로가 직선으로 되어 있고 진열이 용이하지만 대량 판매형식이 불가능하고 주로 수예품점, 민예품점 등의 소형상점에 적합한 형식이다.

③ 환상배열형은 진열장을 직선 또는 곡선에 의한 환상 형태로 배치하는 형식이다.

④ 복합형은 여러 유형을 조합시킨 형식으로 매장의 뒷부분은 대면판매 또는 카운터의 접객 부분으로 계획한다.

9 ㉡ 차음효과는 공진이나 일치효과와 같은 현상에 의해 감소된다.

※ **일치효과** : 벽체의 임계주파수에서 차음성능이 갑자기 떨어지는 현상으로 중공벽에서 많이 일어난다.

※ **흡음률** : 흡음률은 백분율이므로 완전 반사이면 흡음률이 0이 되고, 완전 흡음이면 1이 되며, 그 사이를 100으로 분할하여 주파수의 관계로 나타낸다. 흡음률이 0이란 100% 음이 반사되어 전혀 흡음이 되지 않는 상태를 말하며, 흡음률이 1이란 100% 흡음되는 경우라 볼 수 있다. 흡음률이 1이 되는 경우를 Open Window Unit이라고 하며, 이는 창이나 문을 완전히 열어놓아 반사가 전혀 되지 않는 상태이다.

10 ② 직렬배열형은 대량 판매형식이 가능한 형식이며 주로 침구점이나 전기용품, 서점, 식기점 등에 적용되는 형식이다.

배치 유형	특징	적용 대상
굴절배열형	대면판매와 측면판매의 조합	안경점, 양품점, 모자점, 문방구
직렬배열형	• 고객의 흐름이 가장 빠름 • 부분별로 상품진열이 용이하여 대량판매형식도 가능	침구점, 전기용품, 서점, 식기점
환상배열형	중앙에 판매대 등을 설치하고 판매대를 둘러싼 벽면에는 대형상품을 진열한 방식	민속예술품점, 수공예품점
복합형	위의 방식들을 조합시킨 방식	서점, 부인복점, 피혁제품점

11 다음과 같은 조건의 도서관에서 실내 이산화탄소 농도를 1,000ppm으로 유지하기 위해 필요한 환기량 [m³/h]은? (단, 실내 연소물에 의한 이산화탄소 배출은 없다)

> • 재실자 수 : 20인
> • 1인당 이산화탄소 배출량 : 0.018 m³/h · 인
> • 외기의 이산화탄소 농도 : 400ppm

① 100

② 200

③ 300

④ 600

12 병원 건축계획에 대한 설명으로 옳지 않은 것은?

① 외래진료부는 환자가 통원하면서 치료받는 곳으로 병원의 가장 중요한 기능을 담당하므로 중앙진료부에 비해 면적 비율이 높다.

② 큐비클(cubicle) 시스템은 천장에 닿지 않는 커튼이나 칸막이를 써서 병실을 몇 개의 큐비클로 나누어 베드를 배치하는 방식이다.

③ 간호사실(nurse station)은 방문객과 환자의 감시와 통제가 용이하도록 하고 계단, 엘리베이터에 인접하여 배치한다.

④ 중앙진료부에 해당하는 수술실은 외래부와 병동부의 중간 위치에 배치하도록 하고, 통과교통이 없도록 한다.

11 Q는 필요 환기량, N은 재실자 수, G는 1인당 이산화탄소 배출량[m³/h · 인], C_i는 실내 이산화탄소 농도, C_o은 외기의 이산화탄소 농도이므로

$$Q = \frac{N \cdot C}{C_i - C_o} = \frac{20 \cdot 0.018}{(1000 - 400) \cdot 10^{-6}} = 600[m^3/h]$$

12 ① 중앙진료부는 외래진료부보다 면적이 크다.

부분	병동부	서비스부	중앙진료부	외래진료부	관리부
면적비	30~40%	20~25%	15~17%	10~14%	8~10%

13 건축법령상 건축신고 대상에 해당하는 것은?

① 일반주거지역 내 연면적 150m²(1층) 규모의 단독주택 신축

② 일반공업지역 내 연면적 400m²(2층) 규모의 공장 신축

③ 일반상업지역 내 연면적 200m²(1층)의 사무실을 90m² 수평 증축

④ 지구단위계획구역 내 연면적 300m²(2층) 규모의 창고 신축

14 근현대 건축 사조와 이를 대표하는 건축가를 옳게 짝지은 것은?

① 포스트 모더니즘 – 로버트 벤츄리(Robert Venturi)

② 바우하우스 – 안토니 가우디(Antoni Gaudi)

③ 표현주의 – 알바 알토(Alvar Aalto)

④ 아르누보 – 아돌프 로스(Adolf Loos)

ANSWER 13.② 14.①

13 건축신고 대상(「건축법」 제14조, 같은 법 시행령 제11조)

ㄱ 바닥면적의 합계가 85제곱미터이내의 증축·개축 또는 재축

ㄴ 관리지역·농림지역 또는 자연환경보전지역안에서 연면적 200제곱미터 미만이고 3층 미만인 건축물의 건축 (다만, 제2종지구단위계획구역 안에서의 건축을 제외한다.)

ㄷ 연면적 200제곱미터미만이고 3층 미만인 건축물의 대수선

ㄹ 주요구조부의 해체가 없는 등 대통령령으로 정하는 대수선

ㅁ 그 밖에 소규모 건축물로서 다음의 어느 하나에 해당하는 건축물

- 연면적의 합계가 100제곱미터이하인 건축물
- 건축물의 높이를 3m이하의 범위에서 증축하는 건축물
- 표준설계도서에 따라 건축하는 건축물로서 그 용도 및 규모가 주위환경이나 미관에 지장이 없다고 인정하여 「건축조례」로 정하는 건축물
- 「국토의 계획 및 이용에 관한 법률」에 따른 공업지역, 같은 법에 따른 제2종 지구단위계획구역(산업형에 한함) 및 「산업입지 및 개발에 관한 법률」에 따른 산업단지에서 건축하는 2층 이하인 건축물로서 연면적의 합계가 500제곱미터이하인 공장
- 농업이나 수산업을 경영하기 위하여 읍면지역(특별자치도지사·시장·군수가 지역계획 또는 도시계획에 지장이 있다고 지정·공고한 구역은 제외)에서 건축하는 연면적 200제곱미터 이하의 창고 및 연면적 400제곱미터 이하의 축사·작물재배사

14 ② 바우하우스 – 발터 그로피우스

③ 표현주의 – 미스반데어로에, 에릭멘델존

④ 아르누보 – 안토니 가우디(Antoni Gaudi)

15 「장애인·노인·임산부 등의 편의증진 보장에 관한 법률 시행규칙」상 출입구에 대한 세부기준으로 옳은 것은?

① 건축물의 주출입구와 통로의 높이 차이는 3센티미터 이하가 되도록 설치한다.

② 연속된 출입문이 아닌 출입문의 전면 유효거리는 0.9미터 이상으로 한다.

③ 출입문이 자동문이 아닌 경우 출입문 옆에 0.3미터 이상의 활동공간을 확보하여야 한다.

④ 건축물의 주출입구 0.3미터 전면에는 문의 폭만큼 점형블록을 설치하거나 시각장애인이 감지할 수 있도록 바닥재의 질감 등을 달리하여야 한다.

ANSWER 15.④

15 출입구

- 건축물의 주 출입구와 통로의 높이 차이는 2cm이하가 되도록 해야 한다.
- 출입구(문)은 아래의 그림과 같이 그 통과 유효폭이 0.8m이상으로 해야 하며 출입구(문)의 전면유효거리는 1.2m이상으로 해야 한다. 다만, 연속된 출입문의 경우 문의 개폐에 소요되는 공간은 유효거리에 포함하지 아니한다.

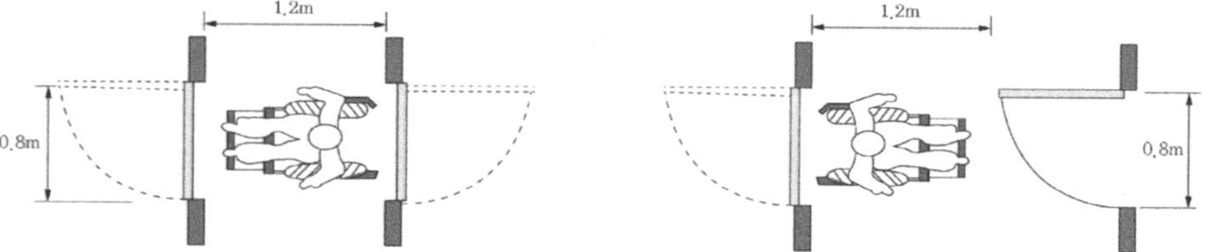

- 자동문이 아닌 경우 아래의 그림과 같이 출입문 옆에 0.6m이상의 활동공간을 확보할 수 있다.

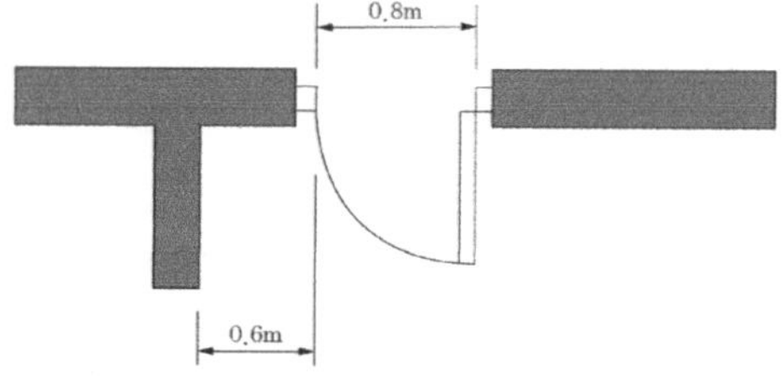

- 출입문은 회전문을 제외한 다른 형태의 문을 설치해야 한다.
- 미닫이문은 가벼운 재질로 하며 턱이 있는 문지방이나 홈을 설치해서는 안 된다.
- 출입문의 손잡이는 중앙지점이 바닥면으로부터 0.8m와 0.9m 사이에 위치하도록 설치해야 하며 그 형태는 레버형이나 수평 또는 수직막대형으로 할 수 있다.
- 건축물 안의 공중의 이용을 주목적으로 하는 사무실 등의 출입문 옆 벽면의 1.5m 높이에는 방이름을 표기한 점자표지판을 부착해야 한다.
- 건축물 주출입구의 0.3m 전면에는 점형블록을 설치하거나 시각장애인이 감지할 수 있도록 바닥재의 질감을 달리해야 한다.

16 학교 건축계획에 대한 설명으로 옳은 것만을 모두 고르면?

> ㉠ 교실의 이용률은 어느 교실이 사용되는 총 시간에서 특정 교과에 사용되는 시간 비율을 나타낸 값이다.
> ㉡ 초등학교에서 강당과 체육관의 기능을 겸용할 경우 강당 기능을 위주로 계획하는 것이 바람직하다.
> ㉢ 초등학교 교실의 색채계획 시, 저학년은 난색 계통, 고학년은 사고력 증진을 위해 중성색이나 한색 계통을 사용하는 것이 바람직하다.
> ㉣ 교실의 반자는 균질한 조도 분포를 위해 반사율을 80% 이상 확보하도록 계획한다.

① ㉠, ㉡
② ㉠, ㉣
③ ㉡, ㉢
④ ㉢, ㉣

17 우리나라 전통건축의 공포 양식에 대한 설명으로 옳은 것은?

① 공포는 구조체의 기능은 없으며 장식적인 요소로 사용된다.
② 주심포 양식은 공포가 기둥과 기둥 사이에도 배치되며, 다포 양식에 비해 화려하다.
③ 강릉의 오죽헌, 해운정에는 익공 양식이 적용되었다.
④ 다포 양식은 주심포 양식에 비해 기둥의 배흘림이 강조된다.

ANSWER 16.④ 17.③

16 ㉠ 교실의 순수율은 어느 교실이 사용되는 총 시간에서 특정 교과에 사용되는 시간 비율을 나타낸 값이다. 교실의 이용률은 1주간의 평균 수업시간에 대하여 교실이 사용되고 있는 시간비율을 나타낸 값이다.
㉡ 초등학교에서 강당과 체육관의 기능을 겸용할 경우 체육관 기능을 위주로 계획하는 것이 바람직하다.

17 ① 공포는 구조체의 기능을 한다.
② 다포 양식은 공포가 기둥과 기둥 사이에도 배치되며, 주심포 양식에 비해 화려하다.
④ 주심포 양식은 다포 양식에 비해 기둥의 배흘림이 강조된다.

18 공동주택 단면형식 중 메조넷형(maisonette type)에 대한 설명으로 옳지 않은 것은?

① 엘리베이터 정지 층수를 줄일 수 있다.

② 소규모 주택에 적용하기에는 비경제적이다.

③ 복도면적이 증가하고 전용면적은 감소한다.

④ 복도가 없는 층은 통풍, 채광, 프라이버시 확보에 유리하다.

18 ③ 일반적인 형식에 비해 메조넷형은 복도(공용)면적이 감소하고 임대(전용)면적은 증가한다.

※ **메조넷형**(maisonette type) … 작은 저택의 뜻을 지니고 있는 유형으로 하나의 주거단위가 복층형식을 취하는 경우로, 단위주거의 평면이 2개 층에 걸쳐 있을 때 듀플렉스형(duplex type), 3개 층에 걸쳐 있을 때 트리플렉스형(Triplex type)이라고 한다.

ㄱ 장점
- 통로면적이 감소하고 임대면적이 증가한다.
- 프라이버시가 좋다.

ㄴ 단점
- 주호내에 계단을 두어야 하므로 소규모 수택에서는 비경제적이다.
- 공용복도가 없는 층은 화재 및 위험시 대피상 불리하다.
- 스킵플로어형 계획 시 구조 및 설비상 복잡하고 설계가 어렵다.
- 공용복도가 중복도일 때 복도의 소음처리가 특별히 고려되어야 한다.

19 「주차장법 시행규칙」상 평행주차형식에 대한 주차단위 구획기준이다. ㈎, ㈏에 들어갈 내용을 바르게 연결한 것은?

구분	너비	길이
경형	1.7미터 이상	㈎ 미터 이상
일반형	㈏ 미터 이상	6.0미터 이상

	㈎	㈏
①	4.5	2.0
②	4.5	2.3
③	5.0	2.0
④	5.0	2.3

20 「건축물의 피난·방화구조 등의 기준에 관한 규칙」상 건축물의 내부에 설치하는 피난계단의 구조기준에 대한 설명으로 옳지 않은 것은?

① 계단실은 창문·출입구 기타 개구부를 제외한 당해 건축물의 다른 부분과 내화구조의 벽으로 구획한다.

② 계단실의 실내에 접하는 부분의 마감은 난연재료로 한다.

③ 건축물의 내부에서 계단실로 통하는 출입구의 유효너비는 0.9미터 이상으로 한다.

④ 건축물의 내부와 접하는 계단실의 창문등(출입구 제외)은 망이 들어있는 유리의 붙박이창으로서 그 면적을 각각 1제곱미터 이하로 한다.

19 평행주차형식에 대한 주차단위 구획기준

구분	너비	길이
경형	1.7미터 이상	4.5미터 이상
일반형	2.0미터 이상	6.0미터 이상

20 계단실의 실내에 접하는 부분의 마감은 불연재료로 한다.

1 치수와 모듈에 대한 설명으로 옳지 않은 것은?

① 기본모듈은 10cm이며, 1M으로 표시한다.

② 건축물의 수평 치수는 5M(50cm)의 배수로 한다.

③ 모듈치수는 공칭치수(줄눈과 줄눈 간 중심길이)로 한다.

④ 조립식 건축물은 각 부재의 줄눈 중심 간 거리가 모듈치수에 일치해야 한다.

2 건축물의 용적률에 대한 개념으로 옳은 것은?

① 대지면적에 대한 연면적의 비율

② 대지면적에 대한 건축면적의 비율

③ 대지면적에 대한 외부공지 면적의 비율

④ 건축물 바닥면적 합계에 대한 지상층 전체면적의 비율

3 호텔의 건축계획에 대한 설명으로 옳지 않은 것은?

① 숙박객과 연회객의 동선은 구분하지 않고 교차되도록 계획한다.

② 고객 동선과 서비스 동선이 교차되지 않도록 분리하여 계획한다.

③ 종업원 출입구, 물품의 반출입구는 관리의 용이를 위해 각각 1개소로 계획한다.

④ 호텔의 기능은 일반적으로 숙박부분, 공공부분(사교부분), 관리부분 등으로 나누어진다.

ANSWER 1.② 2.① 3.①

1 건축물의 수평 치수는 3M(30cm)의 배수로 한다.

2 용적률과 건폐율은 토지 위에 건축물을 지을 때 적용되는 비율로, 도시의 밀도와 토지 이용 효율성을 나타내는 중요한 지표이다. 건폐율은 대지면적에 대한 건축면적의 비율을, 용적률은 대지면적에 대한 연면적(각 층의 바닥면적 합계)의 비율을 의미한다.

3 숙박객과 연회객의 동선을 구분하여 서로 교차되지 않도록 계획한다.

4 공동주택의 형식에 대한 특징으로 옳지 않은 것은?

① 편복도형은 한 측에 복도를 두고, 여기에서 각 세대로 접근하는 유형이다.

② 중복도형은 단위 주거가 복도 양쪽으로 배치되어 대지의 이용률을 높일 수 있다.

③ 계단실형은 통행부 면적이 작아 건축물의 이용도가 높으나, 통풍, 채광, 사생활 보장 등에 불리하다.

④ 탑상형은 단지의 랜드마크 역할을 할 수 있으나, 각 세대의 환경조건을 동일하게 계획하기 어렵다.

4 ③ 계단실형은 통행부 면적이 작아 건축물의 이용도가 높으며 다른 형식에 비해 통풍, 채광, 사생활 보장에 유리하다.

※ 공동주택의 형식

㉠ 계단실형(홀형)
- 계단 또는 엘리베이터 홀로부터 직접 주거단위로 들어가는 형식
- 각 세대간 독립성이 높다.
- 고층아파트일 경우 엘리베이터 비용이 증가한다.
- 단위주호의 독립성이 좋다.
- 채광, 통풍조건이 양호하다.
- 복도형보다 소음처리가 용이하다.
- 통행부의 면적이 작으므로 건물의 이용도가 높다.

㉡ 편복도형
- 남면일조를 위해 동서를 축으로 한쪽 복도를 통해 각 주호로 들어가는 형식
- 거주자의 자연적 환경을 동일하게 만들고자 할 때 일반적으로 채용
- 통풍 및 채광은 양호한 편이지만 복도 폐쇄 시 통풍이 불리하다.

㉢ 중복도형
- 부지의 이용률이 높다.
- 고층·고밀화에 유리하여 주로 독신자 아파트에 적용된다.
- 통풍 및 채광이 불리하다.
- 프라이버시가 좋지 않다.

㉣ 집중형(코어형)
- 채광 및 통풍조건이 좋지 않으므로 기후조건에 따라 기계적 환경조절이 필요하다.
- 부지이용률이 극대화된다.
- 프라이버시가 좋지 않다.

5 다음에서 설명하는 연립주택 유형은?

> • 경사지를 이용하여 주택을 계단식으로 계획한 형식이다.
> • 일반적으로 자연형, 인공형, 혼합형으로 구분할 수 있다.
> • 아래층 세대의 지붕을 위층 세대의 전용 정원으로 확보할 수 있다.
> • 각 세대마다 개별적인 옥외공간이 주어짐에 따라 조망, 일조권 확보에 유리하다.

① 로 하우스(row house)　　　　　　② 중정형 하우스(patio house)
③ 타운 하우스(town house)　　　　　④ 테라스 하우스(terrace house)

ANSWER 5.④

5 보기에 제시된 사항은 테라스하우스의 특징이다.
　① 로우 하우스
　　• 2동 이상의 단위주거가 경계벽을 공유하고 단위주거 출입은 홀을 거치지 않고 지면에서 직접 출입하며 밀도를 높일 수 있는 저층 주거로 3층 이하이며 2층이 일반적이다.
　　• 저층이 갖는 사회적 친교와 활동의 기회가 원활하다.
　　• 토지의 이용률을 높일 수 있으며 경사지의 이용이 가능하다.
　　• 사유대지를 갖고 독립된 개인정원을 소유할 수 있다.
　　• 지하실 설치가 용이하며 공동설비를 집약할 수 있다.
　　• 지형조건에 따라 다양한 배치계획, 풍부한 시각변화, 변화 있는 외관을 가질 수 있다.
　　• 단독주택이 갖는 대지경계선과 건물의 법규상 거리가 없어 공공공간의 확보가 용이하다.
　　• 벽체의 공유로 일조, 통풍, 채광, 프라이버시 유지 등이 단독주택보다 불리하다.
　　• 계획이 불충분한 경우 매우 단조로운 창고공간의 느낌을 준다.
　② 중정형 하우스
　　• 중앙에 중정을 두고 이를 거주용건물이 둘러싼 형식이다.
　　• 격자형의 단조로움을 피하기 위해 돌출, 후퇴시킬 수 있다. 입구의 연속적인 효과를 위해 도로나 공공보도에 면해 중정을 배치시켜 중정이 입구가 되게 한다.
　　• 수영장 등 커뮤니티시설이나 높이, 휴식, 오픈스페이스를 확보하기 위해 한 세대를 제거할 수 있다.
　　• 다양하고 풍부한 외부공간을 구성하기에 유리하다.
　　• 일조를 위한 방위조절이 어렵고, 개성 있는 설계나 변형된 평면구성이 어렵다.
　③ 타운 하우스
　　• 토지의 효율적인 이용, 건설비 및 유지관리비의 절약을 고려한 연립주택의 한 종류로 단독주택의 이점을 최대한 살리고 있다.
　　• 인접 주호와의 사이 경계벽 연장을 통해 프라이버시를 확보할 수 있다.
　　• 각 주호마다 주차가 용이하며 다양한 배치형식의 적용이 가능하다.
　　• 층의 다양화를 위해 동의 양 끝 세대나 단지 외곽 등을 1층으로 하여 중앙부에 3층을 배치한다.
　　• 프라이버시확보는 조경을 통해 해결이 가능하다.
　　• 일조확보를 위해 남향이나 남동향으로 배치한다.

6 다음에서 설명하는 ㈎, ㈏의 건축가를 바르게 연결한 것은?

> ㈎ 바우하우스(Bauhaus) 교장을 역임하였고 베를린 프리드리히슈트라세(Friedrichstrasse)에 입체의 모든 면이 전부 유리로 감싸인 고층 오피스빌딩을 제안하였으며, 베를린 신국립미술관(New National Gallery)이 주요 작품이다.
>
> ㈏ 도미노 시스템과 근대건축의 5원칙을 제안하였으며, 빌라 사보아(Villa Savoye)와 마르세유 아파트(Unité d'Habitation, Marseille)가 주요 작품이다.

	<u>㈎</u>	<u>㈏</u>
①	알바 알토(Alvar Aalto)	발터 그로피우스(Walter Gropius)
②	르 코르뷔지에(Le Corbusier)	알바 알토(Alvar Aalto)
③	발터 그로피우스(Walter Gropius)	르 코르뷔지에(Le Corbusier)
④	미스 반 데어 로에(Mies Van der Rohe)	르 코르뷔지에(Le Corbusier)

7 미술관 건축계획에 대한 설명으로 옳지 않은 것은?

① 특수전시기법으로는 하모니카, 아일랜드, 파노라마, 디오라마 등이 있다.

② 미술관 전시실 순회형식은 연속순로형식, 중앙홀형식, 갤러리 및 코리도 형식으로 구분할 수 있다.

③ 연속순로형식은 연속된 복도에 접하여 각 전시실을 배치하며, 독립적으로 각 전시실을 폐쇄할 수 있다.

④ 자연채광 시, 정광창 형식은 전시실의 중앙부를 밝게 하여 전시벽면의 조도를 균등하게 할 수 있다.

ANSWER 6.④ 7.③

6 ㉠ **미스 반 데어 로에**(Mies Van der Rohe) : 바우하우스(Bauhaus) 교장을 역임하였고 베를린 프리드리히슈트라세(Friedrichstrasse)에 입체의 모든 면이 전부 유리로 감싸인 고층 오피스빌딩을 제안하였으며, 베를린 신국립미술관(New National Gallery)이 주요 작품이다.

㉡ **르 코르뷔지에**(Le Corbusier) : 도미노 시스템과 근대건축의 5원칙을 제안하였으며, 빌라 사보아(Villa Savoye)와 마르세유 아파트(Unité d'Habitation, Marseille)가 주요 작품이다.

㉢ **알바 알토**(Alvar Aalto) : 유기주의적 구성원리를 바탕으로 합리주의적 구성원리를 수용하여 표준화와 유기적 구성의 결합을 추구하였다. 핀란드의 역사적, 지리적 전통과 지역성을 독자적 건축 어휘로 표현한 근대건축가이다.

㉣ **발터 그로피우스**(Walter Gropius) : 독일 출신의 건축가로서 바우하우스를 설립하여 기능을 반영한 형태라는 근대적인 원칙과 노동자 계층을 위한 환경을 제공하기 위한 헌신적 활동을 하였다. 건축의 표준화, 대량생산 시스템, 합리적 기능주의를 추구하였으며 국제주의 양식을 확립하였다.

7 연속순로형식은 구형 또는 다각형의 각 전시실을 연속적으로 연결하는 형식으로서 많은 실을 순서별로 통해야 하고 1실을 닫으면 전체 동선이 막히게 된다.

8 건축물의 소방에 필요한 소화설비의 종류에 해당하지 않는 것은?

① 소화기구

② 비상경보설비

③ 스프링클러설비

④ 옥내소화전설비

9 다음은 공연장의 평면형식에 대한 설명이다. ㈎, ㈏에 해당하는 내용을 바르게 연결한 것은?

> ㈎ 가까운 거리에서 가장 많은 관객을 수용할 수 있으며, 무대배경을 만들지 않으므로 경제성이 있다.
>
> ㈏ 연기자가 일정한 방향으로 관객을 대하게 되며, 전체적인 통일성을 얻는 데 유리하다.

	㈎	㈏
①	아레나형	프로시니엄형
②	아레나형	오픈 스테이지형
③	가변형 무대	프로시니엄형
④	가변형 무대	오픈 스테이지형

8 소방시설의 분류

ㄱ **소화설비** : 물, 그 밖의 소화약제를 사용하여 소화를 행하는 기구나 설비(소화기, 스프링클러 등)

ㄴ **경보설비** : 화재발생 사실을 통보하는 기계, 기구(비상경보설비, 누전경보기, 자동화재속보설비, 가스누설 경보기 등)

ㄷ **피난설비** : 화재가 발생할 경우 피난하기 위하여 사용하는 장치(미끄럼대, 피난사다리, 구조대, 완강기 등)

ㄹ **소화용수설비** : 화재를 진압하거나 인명구조활동을 위하여 사용하는 설비(제연설비, 연결송수관설비, 연결살수설비 등)

ㅁ **소화활동설비** : 화재를 진압하거나 인명구조활동을 위하여 사용하는 설비(제연설비, 연결송수관, 연결살수설비, 비상콘센트설비, 연소방지설비 등)

소화설비	경보설비	피난설비	소화용수설비	소화활동설비
• 소화기구 • 자동소화장치 • 옥내소화전설비(호스릴 옥내소화전설비를 포함) • 스프링클러설비 • 물분무등소화설비 • 옥외소화전설비	• 단독경보형 감지기 • 비상경보설비 • 시각경보기 • 자동화재탐지설비 • 비상방송설비 • 자동화재속보설비 • 통합감시시설 • 누전경보기 • 가스누설경보기	• 피난기구 • 인명구조기구 • 유도등 • 비상조명등 및 휴대용 비상조명등	• 상수도소화용수설비 • 소화수조 · 저수조, 그 밖의 소화용수설비	• 제연설비 • 연결송수관설비 • 연결살수설비 • 비상콘센트설비 • 무선통신보조설비 • 연소방지설비

9 • **아레나형** : 가까운 거리에서 가장 많은 관객을 수용할 수 있으며, 무대배경을 만들지 않으므로 경제성이 있다.

• **프로시니엄형** : 연기자가 일정한 방향으로 관객을 대하게 되며, 전체적인 통일성을 얻는 데 유리하다.

10 다음에서 설명하는 도서관 출납시스템 유형은?

> • 도서 열람 체크시설이 필요하며, 1실의 규모가 1만 5천 권 이하의 도서관에 적합하다.
> • 열람자가 직접 원하는 책을 서가에서 꺼내어 사서의 확인을 받고 기록을 남긴 후 열람한다.

① 폐쇄식

② 반개가식

③ 안전개가식

④ 자유개가식

10 보기에 제시된 사항은 안전개가식에 관한 것들이다.

※ **출납 시스템의 분류**

  ㉠ **자유개가식**(free open access) : 열람자 자신이 서가에서 책을 꺼내어 책을 고르고 그대로 검열을 받지 않고 열람하는 형식으로 보통 1실형이고 10,000권 이하의 서적 보관과 열람에 적당하다.

- 책 내용 파악 및 선택이 자유롭고 용이
- 책의 목록이 없어 간편하다.
- 책 선택 시 대출, 기록의 제출이 없어 분위기가 좋다.
- 서가의 정리가 잘 안 되면 혼란스럽게 된다.
- 책의 마모, 망실이 된다.

  ㉡ **안전개가식**(safe-guarded open access) : 자유개가식과 반개가식의 장점을 취한 형식으로서, 열람자가 책을 직접 서가에서 뽑지만 관원의 검열을 받고 대출의 기록을 남긴 후 열람하는 형식이다. 보통 15,000권 이하의 서적 보관과 열람에 적당하다.

- 출납 시스템이 필요 없어 혼잡하지 않다.
- 도서 열람의 체크 시설이 필요하다.
- 도서 열람이 가능하여 책을 보고 직접 뽑을 수 있다.
- 감시가 필요하지 않다.

  ㉢ **반개가식**(semi-open access) : 열람자는 직접 서가에 면하여 책의 체재나 표시 정도는 볼 수 있으나 내용을 보려면 관원에게 요구하여 대출 기록을 남긴 후 열람하는 형식이다.

- 신간 서적 안내에 채용되며 대량의 도서에는 부적당하다.
- 출납 시설이 필요하다.
- 서가의 열람이나 감시가 불필요하다.

  ㉣ **폐가식**(closed access) : 열람자는 책의 목록에 의해 책을 선택하여 관원에게 대출 기록을 제출한 후 대출받는 형식이다. 서고와 열람실이 분리되어 있다.

- 도서의 유지관리가 양호하다.
- 감시할 필요가 없다.
- 희망한 내용이 아닐 수 있다.
- 대출 절차가 복잡하고 관원의 작업량이 많다.

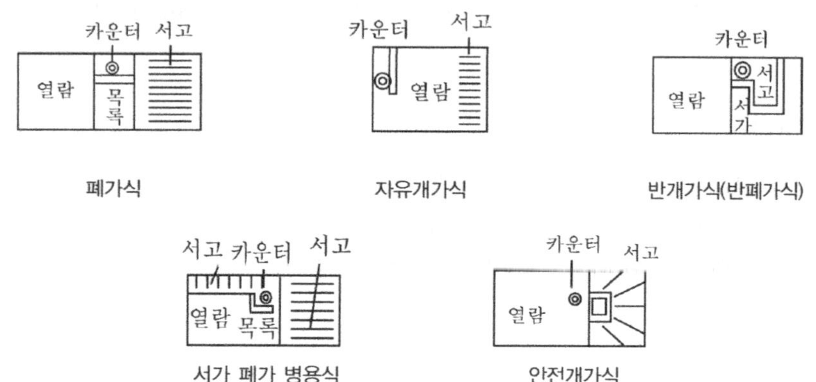

11 학교 교사(校舍)의 배치형식에 대한 설명으로 옳지 않은 것은?

① 폐쇄형은 대지의 효율적인 이용이 가능하다.

② 집합형은 동선이 짧아 학생 이동이 유리하다.

③ 클러스터형은 교사동 사이의 놀이공간 구성이 용이하다.

④ 분산병렬형은 일조, 통풍 등 교실의 환경조건이 불균등하다.

12 「건축법 시행령」상 대수선에 해당하는 내용이다. (가), (나)에 들어갈 내용을 바르게 연결한 것은?

> • 내력벽을 증설 또는 해체하거나 그 벽면적을 (가) 제곱미터 이상 수선 또는 변경하는 것
>
> • 기둥을 증설 또는 해체하거나 (나) 개 이상 수선 또는 변경하는 것

	(가)	(나)
①	20	2
②	20	3
③	30	2
④	30	3

13 건축가와 그의 작품을 옳게 짝지은 것은?

① 마리오 보타(Mario Botta) – 판스워스 저택(Farnsworth House)

② 프랭크 게리(Frank Gehry) – 시드니 오페라하우스(Sydney Opera House)

③ 노먼 포스터(Norman Foster) – 비트라 소방서(Vitra Fire Station)

④ 프랭크 로이드 라이트(Frank Lloyd Wright) – 뉴욕 구겐하임미술관(New York Guggenheim Museum)

11 분산병렬형은 일조, 통풍 등 교실의 환경조건이 균등하다.

12 • 내력벽을 증설 또는 해체하거나 그 벽면적을 30제곱미터 이상 수선 또는 변경하는 것

   • 기둥을 증설 또는 해체하거나 3개 이상 수선 또는 변경하는 것

13 ① 판스워스 저택(Farnsworth House) – 미스 반 데어 로에(Mies Van der Rohe)

  ② 시드니 오페라하우스(Sydney Opera House) – 예른 웃손(Jørn Utzon)

  ③ 비트라 소방서(Vitra Fire Station) – 자하 하디드(Zaha Hadid)

14 건축물의 단열에 대한 설명으로 옳지 않은 것은?

① 일반적으로 결로 방지에는 외단열이 내단열보다 효과적이다.

② 열전도율이 높은 단열재를 사용하면 단열 효과를 높일 수 있다.

③ 단열재는 가능한 한 열의 이동을 차단할 목적으로 사용되는 재료이다.

④ 외단열은 건축물 각 부위의 단열에서 단열재를 구조체의 외기측에 설치하는 단열방법이다.

15 트랩과 봉수파괴 현상에 대한 설명으로 옳지 않은 것은?

① 모세관 작용은 머리카락, 걸레 등 이물질에 의해 발생한다.

② 거주자가 장기간 집을 비워 트랩의 물이 증발되는 경우 취기가 발생할 수 있다.

③ 드럼 트랩은 관 트랩에 비하여 다량의 봉수를 가지고 있으며, 일반적으로 세면기, 대변기, 소변기 등에 사용한다.

④ 트랩은 배수관 속의 악취, 유독가스 등이 실내로 침투하는 것을 방지하기 위하여 배수 계통의 일부에 봉수가 고이게 하는 기구를 말한다.

16 거주 후 평가(Post Occupancy Evaluation)에 대한 설명으로 옳지 않은 것은?

① 평가항목 중 건축법규는 건축물이 완공되기 전에 실시한다.

② 향후 건축계획이나 개조 시 설계자료로 활용할 수 있다.

③ 평가 요소에는 환경 장치, 사용자, 주변 환경, 디자인 활동 등이 있다.

④ 인터뷰, 현지답사, 관찰 및 기타 방법 등을 이용하여 평가한다.

Answer 14.② 15.③ 16.①

14 단열효과를 높이려면 열전도율이 낮은 단열재를 사용해야 한다.

15 드럼 트랩은 주방 싱크의 배수용 트랩으로 다량의 물을 고이게 하므로 봉수가 잘 파괴되지 않으며 청소가 가능하다. 다량의 봉수를 가지고 있으며 트랩 내부가 넓은 구조로 되어 있어 이물질이 많이 유입되는 곳에 적합하므로 주로 사용되는 곳은 욕조, 세탁기 배수구, 바닥 배수구 등에 사용된다. 관 트랩이란 일반적으로 S트랩, P트랩, U트랩 등과 같이 관(파이프) 형태로 만들어진 트랩을 말한다.

16 건축법규 평가는 '거주 전' 단계, 즉 설계 및 시공 시점에서 이루어져야 하며, 거주 후 평가 항목으로 포함되거나 그 시점에 실시되는 것이 아니다.

17 「주택법」상 용어의 정의이다. ㈎~㈐에 들어갈 내용을 바르게 연결한 것은?

> • 도시형 생활주택은 ㈎ 세대 미만의 국민주택규모에 해당하는 주택으로서 대통령령으로 정하는 주택을 말한다.
>
> • ㈏ 은 건강하고 쾌적한 실내환경의 조성을 위하여 실내공기의 오염물질 등을 최소화할 수 있도록 대통령령으로 정하는 기준에 따라 건설된 주택을 말한다.
>
> • ㈐ 은 구조적으로 오랫동안 유지·관리될 수 있는 내구성을 갖추고, 입주자의 필요에 따라 내부 구조를 쉽게 변경할 수 있는 가변성과 수리 용이성 등이 우수한 주택을 말한다.

	㈎	㈏	㈐
①	200	건강친화형 주택	장수명 주택
②	200	장수명 주택	건강친화형 주택
③	300	건강친화형 주택	장수명 주택
④	300	장수명 주택	건강친화형 주택

18 공동주택 주동계획의 스킵 플로어(skip floor) 형식에 대한 설명으로 옳지 않은 것은?

① 단위주거의 다양성 및 입면상의 변화가 가능하다.

② 복도 등 공유면적이 많아 전용면적이 감소하는 단점이 있다.

③ 주거단위의 단면을 단층과 복층형의 동일 층을 택하지 않고 반층씩 어긋나게 배치하는 형식이다.

④ 복도가 없거나 엘리베이터가 정지하지 않는 층이 있어, 동선이 복잡하고 피난에 불리하다.

ANSWER 17.③ 18.②

17 • 도시형 생활주택은 300세대 미만의 국민주택규모에 해당하는 주택으로서 대통령령으로 정하는 주택을 말한다.
  • 건강친화형 주택은 건강하고 쾌적한 실내환경의 조성을 위하여 실내공기의 오염물질 등을 최소화할 수 있도록 대통령령으로 정하는 기준에 따라 건설된 주택을 말한다.
  • 장수명 주택은 구조적으로 오랫동안 유지·관리될 수 있는 내구성을 갖추고, 입주자의 필요에 따라 내부 구조를 쉽게 변경할 수 있는 가변성과 수리 용이성 등이 우수한 주택을 말한다.

18 스킵 플로어(skip floor)형식
  • 주거단위의 단면을 단층과 복층형의 동일 층을 택하지 않고 반층씩 어긋나게 배치하는 형식으로 단위주거의 다양성 및 입면상의 변화가 가능하다.
  • 일반 주택들은 공용 복도가 있어 각 방들을 유기적으로 연결하는 공간이 있지만 스킵플로어는 이 공간을 최소화하여 면적을 절약하는 구조이다.
  • 복도가 없거나 엘리베이터가 정지하지 않는 층이 있어, 동선이 복잡하고 피난에 불리하다.

19 근린생활권 주거단지 단위의 하나로 대략 0.5~2.5ha의 면적에 어린이 놀이터 등을 중심으로 설치되는 것은?

① 인보구

② 근린지구

③ 근린주구

④ 근린분구

20 다음에서 설명하는 서양의 근대 건축 운동은?

> • 오스트리아 빈에서 시작되었으며, 과거 양식에서의 분리와 해방을 지향하는 건축 운동으로 실용적, 기능적, 합리적 건축을 추구하였다.
> • 오토 바그너의 영향을 받은 요셉 호프만, 요셉 마리아 올브리히 등이 대표적인 건축가이다.

① 미래파(Futurism)

② 아르데코(Art Deco)

③ 세제션(Sezession)

④ 신고전주의(Neo Classicism)

ANSWER 19.① 20.③

구분	인보구	근린분구	근린주구	근린지구
규모	0.5~2.5ha (최대 6ha)	15~25ha	100ha	400ha
반경	100m 전후	150~250m	400~500m	1,000m
가구 수	20~40호	400~500호	1,600~2,000호	20,000호
인구	100~200명	2,000~2,500명	8,000~10,000명	100,000명
중심시설	유아놀이터, 구멍가게 등	유치원, 어린이 놀이터, 근린상점, 진료소, 노인정, 독서실, 파출소, 버스정거장 등	초등학교, 어린이공원, 동사무소, 우체국, 근린상가, 유치원 등	도시생활의 대부분의 시설
상호관계	친분유지의 최소단위	주민 간 면식이 가능한 최소생활권	보행 최대거리	

20 보기에 제시된 사항들은 세제션운동(빈 분리파운동)에 대한 사항들이다.

① 미래파(Futurism) : 제도권 문명과 형식적인 것들을 부정하고 과학과 테크놀로지 등 기계문명을 신봉하면서 동시에 새로운 가치추구와 미래지향적 도전의식을 가지고 있었다. 과거를 부정하되 현실을 바탕으로 신세계 건설이나 기계문명을 예찬하며 미래의 유토피아를 꿈꾸었다.

② 아르데코(Art Deco) : 파리의 현대적인 양식을 대표하는 아르데코 디자인은 1925년 개최된 '장식미술국제박람회'에서 유래한 말로 '장식미술'을 뜻하는 용어이며 1930년대 양식적 발전을 가리키는 유행어 또는 유행하던 양식이다. 곡선과 포물선을 주로 사용했던 아르누보와 달리 아르데코는 고전적인 직선을 강조했으며, 이는 건축에서 기능성이 결여된 장식을 배제하려는 경향으로 나타났다. 아르데코는 과거의 고급스럽고 화려했던 모습들을 산업화의 기술로 나타내고, 기계가 주는 새로운 문명 속에서 다양하고 풍부한 부를 표현하려 했다.

④ 신고전주의(Neo Classicism) : 18C 중기에 바로크, 로코코 수법을 퇴폐적인 것으로 보고, 그 반동으로 엄정한 고전주의(그리스, 로마) 부흥을 모색한 사조로서 로마문화와 그리스문화를 연구하여 고전건축의 우수한 여러 면을 모방하였다.